高 等 学 校 教 材

有机化学实验

朱 靖 肖咏梅 马 丽 主编

化学工业出版社

·北京·

本书包括有机化学实验的基础知识、基本操作技术、基础合成实验、天然产物的提取与分离实验、部分人名反应实验、综合性实验、设计性实验、有机化合物的定性鉴定等内容。本书除经典的有机实验项目外，还将当前化学学科的研究热点如非水介质中的酶催化合成反应、离子液体的合成、超声辐射有机反应等内容收编入本书，以开阔学生的视野，本书天然产物的提取与分离实验项目较多，粮油、食品、生物等学科可根据自己的专业特色选择性开设。

本书可作为化学、应用化学、化工、轻工、环境、食品、生物、粮食工程、贮藏工程、动物科学等专业的教材，也可供相关人员参考。

图书在版编目（CIP）数据

有机化学实验/朱靖，肖咏梅，马丽主编．—北京：化学工业出版社，2011.3（2019.2 重印）

高等学校教材

ISBN 978-7-122-10457-1

Ⅰ．有…　Ⅱ．①朱…②肖…③…　Ⅲ．有机化学-化学实验-高等学校-教材　Ⅳ．O62-33

中国版本图书馆 CIP 数据核字（2011）第 012659 号

责任编辑：宋林青	装帧设计：史利平
责任校对：蒋　宇	

出版发行：化学工业出版社（北京市东城区青年湖南街 13 号　邮政编码 100011）
印　　刷：北京市振南印刷有限责任公司
装　　订：北京国马印刷厂
787mm×1092mm　1/16　印张 13　字数 321 千字　2019 年 2 月北京第 1 版第 5 次印刷

购书咨询：010-64518888　　　　售后服务：010-64518899
网　　址：http://www.cip.com.cn
凡购买本书，如有缺损质量问题，本社销售中心负责调换。

定　　价：29.80 元　　　　　　　　　　　　　　　　版权所有　违者必究

前　言

　　我校《有机化学实验》的编写始于 1990 年，首先以讲义形式于 1992 年正式成稿，1998 年由成都科技大学出版社出版，先后在粮食工程、食品安全、食品科学与工程、动物科学、化学、应用化学、化学工程与工艺、环境工程、生物工程等本科专业使用多年。

　　作为河南省面向 21 世纪《高等工程教育化学课程教学内容和体系的改革与实践》项目的组成部分之一，根据"拓宽口径，加强基础，注重素质、能力及创新精神培养"的原则，增加课堂信息量、强化训练学生的动手能力、全方位提高学生的专业素质成为有机化学实验教学的既定目标。根据多年的试用结果和学科发展的趋势，我们在以下三个方面对本书进行了反复修改和补充，于 2010 年定稿。

　　突出体现粮油、轻工学科特色。增加了大量的天然产物提取与分离实验，如：花椒油的提取与胡椒酮的分离；辣椒色素与辣椒素的提取与分离等。粮油、食品、生物等学科可根据自己的专业特色进行选择性开设。本书还将当前化学学科的研究热点——"绿色化学"这一概念引入到有机化学实验中，培养学生的环保意识。把非水介质中酶促合成、绿色反应溶剂——离子液体的合成、超声辅助有机反应等内容收编入本书，以开阔学生的视野，体现了新的教学理念。

　　调整实验内容，突出创新型人才培养的理念。为了培养学生独立开展科学研究的能力，在保证基础实验技能得到较为全面训练的基础上，减少传统实验，尽可能利用有限的实验学时向学生传授更多的知识；增加了覆盖面大、综合性强、设计性新的实验内容。在提示问题的引导下，使学生独立完成文献查阅、方案设计及实验结果分析等综合性的训练，以全面提高学生的科研能力。

　　在信息资源丰富的今天，网络资源的利用是设计实验方案必不可少的环节。与传统有机化学实验教材不同的是，本书在介绍常用辞典、手册等有机化学文献资源的使用方法以及相应的查阅方法的基础上，系统、简明地介绍了网络资源应用方法，使学生可以方便、快速地查找相关的文献资料。

　　本书包括有机化学实验的基础知识、基本操作技术、基础合成实验、天然产物的提取与分离、人名反应、综合性实验、设计性实验、有机化合物的定性鉴定等内容。对于基本操作技术，本书给予了较为详细的说明，并配有大量具体的实验内容以供练习。同时在提高性合成实验中，基础操作也多次反复应用，以加强学生对基础操作的理解和掌握。反应机理包括了取代、氧化、加成、消除等基本类型，合成产物覆盖了不饱和烃、卤代烃、醇、醚、醛、酮、羧酸、羧酸衍生物、含硝基和胺类化合物等，并介绍了不同的制备方法。本书不仅体现了基础课和专业的紧密结合，也利于不同层次、不同需要的读者学习和选用。

　　本书还附有常用元素原子量表、制冷剂的组成、常用有机化合物的物理常数、常用有机溶剂的纯化方法、常见有机基团的 IR 特征吸收频率等内容，供读者学习、查阅和参考。

本书由朱靖、肖咏梅、马丽担任主编，参加编写的人员有：朱靖（第1、4、6章、附录），肖咏梅（第2、7、8章），马丽（第1、3、7章），楚晖娟（第2、4、5章），魏宏亮（第1、9章），夏萍（第2、4章），杨亮茹（第1、3章），李志成（第3、6章），游利琴（第4、5章），郭书玲（第1、9章），刘星（第5、7章），李建伟（第5、7章），买文鹏（第7、9章、附录），何娟（第3章、附录），赵文杰（第7、8章和所有反应方程式），袁金伟（第4、9章及全书统稿、所有插图）。

本书在编写过程中得到了河南工业大学教务处、化学化工学院的鼓励和支持，在此我们深致谢意。由于编者水平有限和经验不足，书中疏漏及不妥之处难免，在此我们恳请同行和读者批评指正。

编　者

2010年12月于河南工业大学

目　　录

第1章 有机化学实验的基础知识

1.1 有机化学实验室规则

有机化学是一门实践性很强的学科，有机化学实验不仅可以印证所学的有机理论及训练实验基本操作能力，还可以培养理论联系实际、严谨求实的实验作风。有机化学实验室是进行有机化学实验的重要场所，为了保证实验课的正常进行，学生必须遵守以下有机实验室规则：

① 做好实验前的准备工作。实验前必须认真预习有关实验的全部内容及相关的参考资料，并写出预习报告。通过预习明确实验目的与要求，搞清实验基本原理、实验步骤与有关操作技术。了解实验所需试剂及物理常数和毒性，熟悉仪器和装置等，以保证实验顺利进行。进入实验室时，应熟悉实验室环境，知道水、电、气总阀所处位置，灭火器材、急救药箱的放置地点和使用方法。

② 实验时应保持安静，禁止大声喧哗，不得擅自离岗，不得擅自离开实验室。不能穿拖鞋、短裤、背心等暴露过多的服装进入实验室，女士的长发必须捆扎成束或挽盘成髻。实验室内不能吸烟和吃东西。不允许做与实验无关的任何事情。

③ 遵从指导教师的指导，按照所规定的步骤、试剂的规格和用量进行实验。若要改动，须征求教师同意后，才可改变。

④ 保持实验室的整洁。暂时不用的器材，不要放在桌面上。废弃物应放在指定的地点，不得乱丢，更不得丢入水槽；废液应分别倒入指定容器中。

⑤ 爱护公用器材。注意节约水、电、煤气、药品。实验结束后玻璃仪器必须洗净后放回原处。仪器损坏，按照赔偿制度处理。实验室的任何仪器、药品非经教师许可严禁带出实验室。使用精密贵重仪器，应先了解其性能和操作方法，经指导教师认可后才能使用。出现问题，及时报告指导教师，不得随意处理。

⑥ 严格遵守实验室的安排。对公用仪器、设备和试剂，不得任意挪动，更不准将公用物品拿到自己实验台上或藏到实验柜内，以免影响他人实验。

⑦ 认真做好值日工作。值日生要在全部同学实验完毕后，整理公用器材，打扫实验室，及时清理废物缸内的脏物，检查并关好水、电、门窗及煤气阀门。最后经指导老师同意后才可离开实验室。

1.2 实验室安全

有机化学实验中，经常使用沸点较低、易挥发的溶剂，如乙醚、乙醇、丙酮、苯及石油醚等，这些低沸点的溶剂极易挥发，又非常容易着火；有许多有机物有毒，如苯、苯胺、硝基苯等；有许多试剂有腐蚀性，如浓硫酸、浓盐酸、浓硝酸等；还有些有机物受热或撞击会发生爆炸。而所用的仪器大部分是玻璃制品，易碎而造成试剂泄露，所以，必须认识到化学实验室是有潜在危险的场所，如果粗心大意，不遵守操作规程，就容易酿成事故；如中毒、爆炸、烧伤、割伤等，会对家庭造成伤害、给社会带来损失。然而，只要我们重视安全问题，提高警惕，实验时严格遵守操作规程，加强安全措施，就能有效地防止事故发生，保证实验正常进行。

1.2.1　有机实验室安全守则

① 实验开始前应检查仪器是否完整无损，装置是否正确稳妥。

② 实验进行过程中，不得擅自离开岗位，要时刻观察反应进行的情况，注意装置有无漏气、破裂等现象。

③ 当进行有可能发生危险的实验时，要根据实验情况采取必要的安全措施，如戴防护眼镜、面罩或橡皮手套等。

④ 实验中所用药品，不得散失或丢弃。使用易燃、易爆药品时，应远离火源。严禁在实验室内吸烟或吃食物。实验结束后要仔细洗手。

⑤ 正确使用温度计、玻棒和玻管，以免玻管、玻棒折断或破裂而划伤皮肤。

⑥ 常压蒸馏、回流和反应，禁止用密闭体系操作，一定要保持与大气相连通。

⑦ 易燃、易挥发的溶剂不得在敞口容器中加热，该用水浴加热的不得直接用明火加热，加热的玻璃仪器外壁不得有水珠，也不能用厚壁玻璃仪器加热，以免破裂引发危险。

1.2.2　实验室事故的预防与处理

（1）火灾的预防与处理

实验室中使用的有机溶剂大多数是易燃的，着火是有机实验室常见的事故之一，为避免火灾，必须注意下列事项：

① 不能用烧杯或敞口容器盛放易燃溶剂，加热时应根据实验要求及易燃物的特点选择热源。当附近有露置的易燃溶剂时，切勿点火。

② 回流或蒸馏有机物时应放沸石，加热速度宜慢并严禁直接加热。装置不能漏气也勿密闭，否则会造成爆炸。从蒸馏装置接收瓶出来的尾气出口应远离火源，最好用橡皮管引到下水管内或室外。

③ 存放有机物或实验过程中处理有机物时尽量防止或减少易燃性气体外逸；从一个容器向另一个容器转移易燃物时，要灭掉火源，并保持室内空气流通，以排除室内的溶剂蒸气。

④ 当处理大量的可燃性液体时，应在通风橱或在指定地方进行，室内应无火源。

⑤ 不得把燃着或有火星的火柴梗或纸条等乱抛乱掷，也不得丢入废物缸中或水槽内，以免发生危险。

⑥ 易燃及易挥发物，不得倒入废液缸内，应按化合物的性质分别专门回收处理（与水有猛烈反应者除外，金属钠残渣要用乙醇销毁）。

实验室如果发生了着火事故，应沉着镇静并及时处理，一般采用如下措施。

① 防止火势扩展。立即熄灭附近所有火源，切断电源，移开未着火的易燃物。

② 根据火势立即灭火。若火势较小，可用石棉布或黄沙盖熄；如着火面积大，就用灭火器灭火。有机物着火，千万不能用水浇，否则会引起更大火灾，应使用灭火器灭火，也可撒上干燥的固体碳酸氢钠粉末。电器着火，应切断电源，然后再用二氧化碳灭火器或四氯化碳灭火器灭火（注意：四氯化碳蒸气有毒，在空气不流通的地方使用有危险），因为这些灭火剂不导电，绝不能用水和泡沫灭火器灭火。

二氧化碳灭火器是有机化学实验室最常用的灭火器。灭火器内贮放压缩的二氧化碳。使用时，一手提灭火器，一手应握在喷二氧化碳喇叭筒的把手上（不能手握喇叭筒！以免冻伤）。打开开关，二氧化碳即可喷出。这种灭火器灭火后的清理比较容易，特别适用于油脂、电器及其他较贵重的仪器着火时灭火（表1-1）。

表 1-1　常用灭火器种类

名称	药液成分	适　用　范　围
泡沫灭火器	$Al_2(SO_4)_3$ 和 $NaHCO_3$	用于一般失火及油类着火。因为泡沫能导电,所以不能用于扑灭电器设备着火。火后现场清理较麻烦
四氯化碳灭火器	液态 CCl_4	用于电器设备及汽油、丙酮等着火。四氯化碳在高温下生成剧毒的光气,不能在狭小和通风不良的实验室内使用。注意四氯化碳与金属钠接触会发生爆炸
1211 灭火器	CF_2ClBr 液化气体	用于油类、有机溶剂、精密仪器、高压电气设备的着火
二氧化碳灭火器	液态 CO_2	用于电器设备失火和忌水的物质及有机物着火。注意喷出的二氧化碳使温度骤降,手不能握在喇叭筒上,以防冻伤
干粉灭火器	$NaHCO_3$ 等盐类与适宜的润滑剂和防潮剂	用于油类、电器设备、可燃气体及遇水燃烧等物质着火

四氯化碳灭火器和泡沫灭火器,虽然也都具有比较好的灭火性能,但由于存在一些问题,如四氯化碳在高温下能生成剧毒的光气,而且与金属钠接触会发生爆炸,泡沫灭火器喷出大量的硫酸氢钠、氢氧化铝,污染严重,给后处理带来麻烦,因此,除不得已时最好不用这两种灭火器。

水在大多数场合下不能用于扑灭有机物的着火。因为一般有机物都比水轻,泼水后,火不但不熄,反而漂浮在水面燃烧,火随水流促其蔓延。

不管用哪一种灭火器都应从火的周围开始向中心扑灭。

地面或桌面着火,如火势不大,可用淋湿的抹布灭火;反应瓶内有机物着火,可用石棉板盖住瓶口,火即熄灭;身上着火时,切勿在实验室内乱跑,应就近卧倒,用石棉布等把着火部位包起来,或在地上滚动以灭火焰。

总之,当失火时,应根据起火的原因和火场周围的情况,采取不同的方法灭火。

（2）爆炸的预防

对爆炸事故应以预防为主,一旦有爆炸的危险时,首先要镇静,然后再根据情况排除险情或及时撤离,并及时报警。一般预防爆炸的措施有以下几种:

① 实验装置、操作要求正确,不能造成密闭体系,应使装置与大气相连通。常压操作时,切勿在封闭系统内进行加热或反应,在反应进行时,必须经常检查仪器装置的各部分有无堵塞现象。对反应过于剧烈的实验,应严格控制加料速度和反应温度,使反应缓慢进行。

② 减压蒸馏时,不得使用机械强度不大的仪器（如锥形瓶、平底烧瓶、薄壁试管等）。必要时,要戴上防护面罩或防护眼镜。

③ 切勿使易燃易爆气体接近火源。有机溶剂如醚类和汽油一类的蒸气与空气相混时极为危险,可能会由一个热的表面或者一个火花、电花而引起爆炸。

④ 使用乙醚等醚类有机物时,必须检查有无过氧化物存在。因为有过氧化物存在的乙醚加热时易爆炸,必须用硫酸亚铁除去过氧化物后才能使用。同时使用乙醚时应在通风较好的地方或在通风橱内进行,且不能有明火。

⑤ 对于易爆炸的固体,如重金属乙炔化物、三硝基甲苯、苦味酸金属盐等,都不能重压或撞击,必须小心销毁其残渣后再弃去。剩余的金属钠切勿投掷到水中,金属钠遇水将爆炸并燃烧。

（3）中毒的预防与处理

化学药品大多具有不同程度的毒性,当皮肤或呼吸道接触有毒药品时会引起中毒。

在实验中,要防止中毒,应注意以下事项:

① 在有机化学实验中，不准用嘴吸移液管，抽气过滤时也绝对不允许用嘴吸气，以免误服有毒药品。

② 实验中所用的剧毒物质应有专人负责收发，并向使用毒物者提出必须遵守的操作规程。实验后的有毒残渣必须进行妥善且有效的处理，不准乱丢。

③ 有些剧毒物质如氰化钠等会渗入皮肤，因此，接触这些物质时必须戴橡皮手套，操作后应立即洗手，切勿让毒品沾及五官或伤口。

④ 在反应过程中可能生成有毒或有腐蚀性气体的实验应在通风橱内进行，使用后的器皿应及时清洗。在使用通风橱时，实验开始后不要把头部伸入橱内。

若毒物已溅入口中，尚未咽下的应立即吐出，并用大量水冲洗口腔。如已吞下，应根据毒物的性质先做如下处理。

吞下酸：先饮大量水，然后服用氢氧化铝膏、鸡蛋白、牛奶，不要吃呕吐剂。

吞下碱：先饮大量水，然后服用醋、酸果汁、鸡蛋白、牛奶，不要吃呕吐剂。

吞下刺激性及神经性毒物：先服用牛奶或鸡蛋清保护食道黏膜，再将一大匙硫酸镁（约30g）溶于一杯水中饮下催吐，也可用手指伸入喉部促使呕吐。

吸入气体中毒：将中毒者迅速搬到室外，解开衣领及纽扣，若是吸入氯气或溴气可用稀碳酸氢钠溶液漱口。

一般药品溅到手上，通常是用水和乙醇洗去。实验时若有中毒特征，应到空气新鲜的地方休息，最好平卧，出现其他较严重的症状，如头昏、呕吐、瞳孔放大时应及时送往医院。

（4）触电的预防与处理

使用电器时，应防止人体与电器导电部分直接接触，不能用湿手或用手握湿的物体接触电插头。为了防止触电，装置和设备的金属外壳等都应连接地线。实验结束后应切断电源，再将连接电源的插头拔下。若触电应立即设法切断电源，然后对触电严重者做人工呼吸，立即送医院急救。

（5）灼伤的预防与处理

人体暴露在外的部分（如皮肤）接触了高温、强酸、强碱、溴等都会造成灼伤。因此实验时要避免皮肤与上述能引起灼伤的物质接触。取用有腐蚀性的化学药品时，应戴上橡皮手套和防护眼镜。如果发生灼伤应视情况分别处理。

高温灼伤：用大量水冲洗，再用冰块降温。在伤口上涂以烫伤油膏。

药品灼伤：皮肤上遭到药品灼伤应先用大量水冲洗。对于酸灼伤，可用5％碳酸氢钠溶液洗净，再涂上烫伤油膏。若是碱灼伤，可用饱和硼酸溶液或1％醋酸溶液洗涤，再涂上油膏。溴灼伤应立即用酒精洗涤后涂上甘油或烫伤油膏。眼睛遭药品灼伤，应立即用洗眼杯盛大量水冲洗眼内眼外，如果眼睛未恢复正常，应马上去医院就医。

上述各种急救法，仅为暂时减轻疼痛的初步处理。若伤势较重，在急救之后，应速送医院诊治。

（6）玻璃割伤的预防与处理

为避免手部割伤，玻璃管（棒）的锋利边口必须用火烧熔，使之光滑后方可使用。将玻璃管（棒）或温度计插入塞子或橡皮管时，应在玻璃棒（管）或温度计上涂少量水、甘油或其他润滑剂，握玻璃棒的手尽可能离塞子近些，要渐渐旋转插入，不可强行插入或拔出。

一旦发生玻璃割伤，应仔细检查，并及时处理。如果为一般轻伤，应及时挤出污血，用消毒过的镊子仔细取出玻璃碎片，用蒸馏水洗净伤口并涂上碘酒，再用绷带包扎；如果伤口较深，血流不止，应立即用绷带在伤口与心脏之间距伤口10cm处扎紧，使伤口停止出血，再速送医院诊治。

1.2.3　实验室需配备的急救器具

消防器材： 干粉灭火器、四氯化碳灭火器、二氧化碳灭火器、石棉布、毛毡、喷淋设备。

急救药箱： 碘酒、3％双氧水、饱和硼酸溶液、1％醋酸溶液、5％碳酸氢钠溶液、70％酒精、玉树油、烫伤油膏、万花油、药用蓖麻油、硼酸膏或凡士林、磺胺药粉、洗眼杯、消毒棉花、创可贴、纱布、胶布、绷带、剪刀、镊子等。

1.3　有机化学实验室常用仪器和设备

1.3.1　常用玻璃仪器

有机实验的玻璃仪器，根据其塞口可分为普通玻璃仪器和标准磨口玻璃仪器。

（1）普通玻璃仪器（图 1-1）

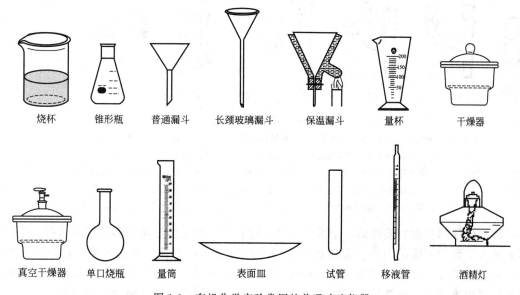

图 1-1　有机化学实验常用的普通玻璃仪器

（2）标准磨口玻璃仪器

目前在有机化学实验中广泛使用标准磨口玻璃仪器（图 1-2）。同一编号的标准磨口仪器可互换、通用，安装与拆卸方便，省时省力，不污染试剂，仪器的利用率高。普通玻璃仪器常需以塞子、玻管相连接，选配塞子及钻孔等不仅费时且装配起来不够整齐美观，有时塞子（特别是橡皮塞）还可能沾污反应物或产物。

标准磨口仪器的口径大小以编号表示。实验室通常使用的有 10、14、19、24、29 等型号，这里的数字编号是磨口一端的最大直径毫米数。有时也用两个数字表示，如 14/19、19/24 等大小接头，即表示大小两头磨口直径最大毫米数。标准磨口仪器有内磨口（如圆底烧瓶的瓶口磨口）和外磨口（如蒸馏头的下端和支管的末管）之分。相同编号的内外磨口可以互相连接，比如 19 号标准磨口的蒸馏头可以插入 19 号玻璃仪器的磨塞中。

1.3.2　玻璃仪器的洗涤、保养与干燥

（1）仪器的洗涤

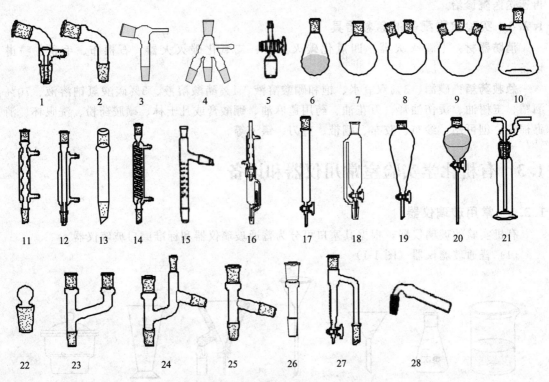

图 1-2   常用的玻璃仪器

1—真空接收管；2,3—普通接收管；4—多尾接收管；5—导气管；6—梨形瓶；7—单口烧瓶；
8—二口烧瓶；9—三口烧瓶；10—抽滤瓶；11—球形冷凝管；12—直形冷凝管；
13—空气冷凝管；14—蛇形冷凝管；15—分馏柱；16—索式提取器；17—柱层析管；
18—恒压滴液漏斗；19—分液漏斗；20—滴液漏斗；21—洗气瓶；22—空心塞；
23—Y 型管；24—克氏蒸馏头；25—蒸馏头；26—变头；27—油水分离器；28—干燥管

洁净的仪器是做好实验的一个重要条件，应养成实验之前清洗仪器及实验结束后洗净仪器并放入干燥器干燥的习惯。及时清洗仪器不仅易洗净，而且因了解残渣污物的成因和性质，也便于处理。例如，已知是酸性残渣或碱性残渣便可分别以碱液或酸液洗涤，而陈旧的残渣洗涤困难较大。通常用毛刷蘸去污粉或肥皂擦洗。可以将刷子略为弯曲后伸入瓶中擦洗烧瓶中某些难以擦洗的部位。刷洗时，拇指与食指握刷子的部位应控制在刷子接近管底或瓶底为度，以防来回刷洗时，因用力过猛而捅破管底或烧瓶底部。

烧瓶中有不溶于水的残留物时，可选择适当的有机溶剂清洗，注意不要将用过的有机溶剂倒入下水道内，以防对管道造成损坏。烧瓶中有焦油状物质和炭化残渣时，一般用去污粉、肥皂、强碱都难以洗掉，应使用铬酸洗液浸泡后洗除，但是铬酸洗液对环境污染严重，应尽量少用。

刷洗仪器时，应先将手用肥皂洗净，以免手上的污物沾附在仪器壁上，增加洗刷的困难。洗净后的玻璃仪器应不沾油腻、不挂水珠。用蒸馏水（或去离子水）冲洗，应顺壁冲并充分振荡，以提高洗涤效果。如洗涤后的玻璃仪器仍挂水珠，则需将仪器重新清洗。

（2）仪器的干燥与存放

化学实验常需使用干燥的仪器以保证反应不受到水的干扰，特别是一些要求绝对无水的实验更应如此，因此仪器的干燥是不能忽视的基本工作。实验中，如能合理利用时间净化、干燥仪器，随用随取，无疑可提高实验质量，节约实验时间。

最简单的办法是晾干法，即将洗净的仪器，如烧杯、量筒等，倒净水滴（器壁应不挂水珠），倒置或将管形仪器开口端向下竖立于柜内，几天后即阴干。若仪器急需干燥，可使用气流烘干器、干燥电烘箱及有机溶剂干燥等法实现。

气流烘干器上斜立着粗细不同的若干带孔的管子，热风经过管孔吹入套在这些管上的仪器中，吹干后再换冷风吹冷，效果良好，最适于管状仪器如冷凝管、量筒、分液漏斗（拔开活塞）等的吹干。

烘箱容积大，适用于干燥体积较大的仪器。烧杯、烧瓶等仪器尽量倒净水后，开口朝上放入箱内，烘干后放石棉网上冷却后使用。

厚壁仪器如量筒、抽滤瓶等以及普通冷凝管等不宜用烘箱烘干；分液漏斗、滴液漏斗宜沥干，若急用，烘干时要拔开活塞、盖子，去掉橡皮筋或连带的橡皮塞等附件后再烘。

（3）玻璃仪器的保养

鉴于标准磨口仪器较精密，价格较高，因此，在使用标准磨口仪器时应特别小心，并应做到：

① 始终保证磨口表面清洁，一旦沾有固体杂质，磨口处就不能紧密连接，硬质沙粒还会造成磨口表面永久性的损伤，严重破坏磨口的严密性。因此，标准磨口仪器使用后，应立即洗涤干净，在洗涤时，不许使用秃顶的毛刷，以免划伤磨口表面。

② 在装配仪器时，要先选定主要仪器（如圆底烧瓶）的位置，用烧瓶夹夹牢，再逐个连接上其他配件，并按其自然位置一一夹紧，勿使仪器的磨口连接处受到应力，以免仪器的磨口处受到损坏。实验完毕，拆卸仪器时则应按与安装相反的顺序，由后往前逐个拆除，在拆开夹子时，必须先用手托住所夹的部件，特别是倾斜安装的部件，决不能使仪器的重量对磨口施加侧向压力，否则仪器容易破损。

③ 磨口仪器使用完毕后，必须立即拆卸、洗净，各个部件一一分开存放，决不允许将连接在一起的磨口仪器长期放置，这样会使磨口仪器的磨口连接处黏结在一起。特别需注意的是无机盐或碱溶液会渗入磨口连接处，蒸发后析出固体物质，更易使磨口处黏结在一起，很难分开。

④ 在常压下使用时，磨口处一般无须润滑，为防止磨口连接处黏结，可在磨口靠粗端涂敷少量凡士林、真空活塞脂或硅脂。而一旦要从这个内磨口涂有润滑脂的仪器中倒出物料时，则需用脱脂棉或滤纸蘸取少量易挥发溶剂（乙醚、丙酮等）将磨口表面的润滑脂擦净，以免样品被润滑脂污染。

（4）磨口玻璃仪器粘连后的处理方法

在使用磨口玻璃仪器时，由于操作不慎或加热温度较高，或磨口处有碱性物质及无机盐等，或几个有磨口的配件长期连接在一起，都可使两个磨口粘连在一起很难打开。遇此情况，可视不同成因采取不同的措施处理。具体做法是：

① 对于粘连时间不长，粘连不太牢时，用小木块自上而下轻轻敲击外面配件的边缘，通常即可打开。但绝不可用力过猛或用金属物敲击，以免损坏仪器。

② 如果是由于沾有无机盐或碱性物质，致使两个有磨口的配件粘连在一起，可将它们一起放入水中浸泡一段时间，或放到水浴中加热煮沸一段时间，冷却后，稍用力旋转亦可打开。

③ 如果粘连不太牢，也可将磨口仪器竖立起来，往连接处滴入少许乙醇或甘油水溶液，待乙醇或甘油水溶液渗入磨口处，再稍用力旋转也可将两配件打开。

④ 用电吹风加热粘连处外面，使外配件受热、内配件未受热时，稍用力旋转也可打开

（注意加热时间不可太长，以免内配件也热起来）。

　　如果粘连时间很长，粘连又太牢时，以上各方法都不能打开时，要请有经验的玻璃工师傅进行处理，以免损坏仪器。

　　以上所述都是被动的，最好的预防方法是：在使用磨口仪器时，要切实养成一个良好的习惯，即每做完一个实验都及时将所有仪器清洗干净。

1.3.3　常用设备

　　（1）电吹风

　　常用于吹干一两件急用的玻璃仪器，应可吹冷热风，先以热风吹干后再调至冷风挡吹冷。

　　（2）气流烘干器

　　气流烘干器是一种用于快速烘干的仪器设备，如图 1-3 所示，有冷风挡和热风挡。

　　使用时先将仪器壁上的水沥干，以防水顺着风孔滴落在电热丝上造成短路而损坏烘干器，先热风吹干后，再以冷风吹冷。

　　（3）鼓风干燥箱

　　是实验室内常用的干燥设备，如图 1-3 所示，其使用温度范围为 50～250℃，主要用于干燥玻璃仪器或烘干无腐蚀性、无挥发性、热稳定性好的药品，切忌将挥发、易燃、易爆物品放在烘箱内干燥。烘干玻璃仪器时，一般将温度控制在 100～120℃，鼓风可加速仪器的干燥。玻璃仪器应尽量倒尽仪器中的水，然后把玻璃器皿依次从上层往下层放入干燥箱烘干。器皿口向上，若器皿口朝下，从仪器内流出来的水珠滴到其他已烘干的仪器上，往往易引起后者炸裂。带有活塞或具塞的仪器，如分液漏斗等，必须拔去塞子，取出活塞并擦去油脂后才能放入烘箱干燥。另外需要注意：使用前检查电源，要有良好地线。箱体附近不可放置易燃物品。箱内应保持清洁，放物网不得有锈，否则影响玻璃器皿清洁度。使用时应定时查看，以免温度升降影响使用效果或发生事故。

　　（4）恒温真空干燥箱

　　用于干燥热敏型、易分解、易氧化物质。因真空环境大大降低了要去除液体的沸点，所以真空干燥可应用于热敏性物质；对于不容易干燥的样品，例如粉末或其他颗粒状样品，使用真空干燥法可以有效缩短干燥时间；在真空或惰性条件下，完全消除了氧化物遇热爆炸的可能；与依靠空气循环的普通干燥相比，粉末状样品不会被流动的空气吹动或者移动。

　　（5）旋转蒸发仪

　　主要用于减压条件下连续蒸馏大量易挥发性溶剂。尤其对萃取液的浓缩或色谱分离时的接收液的蒸馏，可以分离和纯化反应产物。旋转蒸发仪的基本原理就是减压蒸馏，即在减压情况下，蒸馏烧瓶连续转动，将溶剂蒸出。使用时，应先开启减压装置，再开动电机转动蒸馏烧瓶，结束时，应先停止电机转动，再通大气，用手托住烧瓶以防通大气后蒸馏烧瓶脱落。常配有相应的恒温水槽作为蒸馏的热源。

　　（6）电热套

　　电热套是实验室常用的加热设备之一，是以玻璃和石棉纤维丝包裹镍铬电热丝盘成碗状，外边加上金属外壳，中间填充保温材料，如图 1-3 所示，用以加热圆底烧瓶等。电热套的规格为 50～3000mL，使用温度一般不超过 400℃。具有无明火、使用方便、温度可调等优点，是有机化学实验中比较理想的一种加热设备。使用时应注意，不要将药品洒在电热套中，以免加热时药品挥发污染环境，同时避免电热丝被腐蚀而断开。用完后放在干燥处，否则内部吸潮后会降低绝缘性能。

气流烘干器　　　鼓风干燥箱　　　恒温真空干燥箱　　　旋转蒸发仪

电热套　　　恒温水浴锅　　　电动搅拌器　　　集热式恒温磁力搅拌器

真空油泵　　　循环水多用真空泵　　　微波反应器

显微熔点测定仪　　　电子天平　　　超声波清洗器

图 1-3　常用仪器和设备

（7）恒温水浴锅

恒温水浴锅如图 1-3 中所示，可自动控温，操作简便，使用安全。工作完毕，应将温控旋钮置于最小值再切断电源。若水浴锅较长时间不使用，应将工作室水箱中的水排除，用软布擦净、晾干。

（8）电动搅拌器

亦称机械搅拌器，由机座、小型电机和变压调速器三部分组成，如图 1-3 所示，一般在常量有机化学实验的搅拌操作中使用，多用于非均相反应。在开动搅拌器前，应用手先空试搅拌器转动是否灵活，如不灵活应找出摩擦点，进行调整，直至转动灵活。使用时应注意保持转动轴承的润滑，经常加油，因其功率小，不可用于搅拌过于黏稠的物料，以免超负荷。平时应注意保持仪器清洁和干燥，防潮、防腐蚀。

（9）集热式恒温磁力搅拌器

磁力加热搅拌器是利用磁场和漩涡的原理，将液体和搅拌子放入容器后，接通电源使搅拌器底座产生磁场，带动搅拌子作圆周循环运动从而达到搅拌液体的目的。集热式恒温磁力搅拌器一般采用直流电机，可设定温度，有温度显示，全封闭式加热盘可作辅助加热用。

（10）真空油泵

旋片式真空油泵的作用原理是：安装在泵腔内的转子带动旋转时，转子槽内旋片借离心力和旋片弹力紧贴泵壁，把进、排气口分隔开来，并使进气腔容积扩大而吸气，排气腔容积缩小而压缩气体，借泵油压缩气体的压力推开排气阀排气，从而获得真空。

（11）循环水多用真空泵

以循环水作为工作流体，利用射流产生负压原理而设计的一种真空泵。首次使用时，打开水箱上盖注入清洁的凉水，当水面即将升至水箱后面的溢水嘴高度时停止加入，然后将需要抽真空的设备的抽气套管紧密接于本机抽气嘴上，检查循环水，开关应关闭，接通电源，打开电源开关，即可开始抽真空作业，通过真空表可观察真空度。重复开机可不再加水，但每星期需更换一次水，如水质污染严重，真空泵使用率高，可缩短更换水的时间，最终目的要保持水箱中的水质清洁，尤其不含易挥发有机物。

（12）微波反应器

微波反应器主要由高精度温度传感器、不锈钢腔体、波导管、液晶显示屏、玻璃仪器、主面板键盘、微型打印机和磁力搅拌转速调节旋钮等部件组成。图1-3中所示是典型的微波合成反应装置。微波辐射技术在有机合成上的应用日益广泛，通过微波辐射，反应物从分子内迅速升温，反应速率可提高几倍、几十倍甚至上千倍，同时由于微波为强电磁波，能激发反应物得到常态下热力学得不到的高能态原子、分子和离子，因而可使一些热力学上不可能和难以发生的反应得以顺利进行。

（13）显微熔点测定仪

对单晶或共晶等有机物质的分析，工程材料和固体物理的研究，特别是观察物体在加热状态下的形变、色变及物体的三态转化等物理变化的过程，都可以利用显微熔点测定装置完成。图1-3中的显微熔点仪的主要配置是：体视显微镜主机、10×目镜、程序自动控温系统、熔点测定热台、0～300℃温度传感器、防雾玻璃、取物金属镊子、散热器、电源线（三芯）等。

（14）电子天平

电子天平是实验室常用的称量设备，尤其在微量、半微量实验中经常使用。电子天平是一种比较精密的仪器，因此使用时应注意维护和保养。

电子天平应放在清洁、稳定的环境中，以保证测量的准确性。勿将其放在通风、有磁场或产生磁场的设备附近，勿在温度变化大、有振动或存在腐蚀性气体的环境中使用。

要保持机壳和称量台的清洁，以保证天平的准确性。可用蘸有中性清洗剂的湿布擦洗，再用一块干燥的软毛巾擦干。

电子天平不使用时应关闭开关，拔掉变压器。

称量时不要超过天平的最大量程。

（15）超声波清洗器

超声波清洗器是利用超声波发生器所发出的交频讯号，通过换能器转换成交频机械振荡而传播到介质——清洗液中，强力的超声波在清洗液中以疏密相间的形式向被洗物件辐射，产生"空化"现象，即在清洗液中有"气泡"形成，产生破裂现象。"空化"在达到被洗物体表面破裂的瞬间，产生远超过 100MPa 的冲击力，致使物体的面、孔、隙中的污垢被分散、破裂及剥落，使物体达到净化清洁。超声波清洗器主要用于小批量的清洗、脱气、混匀、提取、有机合成、细胞粉碎等。

（16）钢瓶和减压表

钢瓶是一种在加压下储存或运送气体的容器，应用较广。但若使用不当，会引发重大事故。若要使用钢瓶，事先应征得指导教师许可，按要求使用。为了防止各种钢瓶在充装气体时混用，统一规定了瓶身、横条以及标字的颜色。具体见附录 6。

1.4　常用词典、手册及有机化学文献资源

1.4.1　词典

① 英汉化学化工词汇（科学出版社）：列出 17 万条目，内容详尽。

② 英汉-汉英化学化工词汇（化学工业出版社）：分为英汉和汉英两个单行本，各有 8 万个条目。

③ 英汉-汉英化学化工大词典（学苑出版社）：英汉和汉英版分别有 12 万和 14 万条目。

1.4.2　安全手册

① 常用化学危险物品安全手册（中国医药科技出版社）：报道约 1000 种使用、生产、运输中最常见的化学药品的安全资料。

② 化学危险品最新实用手册（中国物资出版社）：报道约 1300 种化学药品的性状、危险性、贮存和运输方式、泄漏处理、防护急救措施等。

1.4.3　百科全书、化学手册、试剂目录

① 化工辞典，化学工业出版社，2000 年 8 月第 4 版。这是一本综合性化工工具书，共收集化学化工名词 10500 余条，并列出了无机和有机化合物的分子式、结构式、基本物理化学性质（如相对密度、熔点、沸点、冰点等）及有关数据，并附有简要制法及主要用途。

② The Merck Index（默克索引），是美国 Merck 公司出版的一本在国际上享有盛名的化学药品大全。第一版在 1889 年出版，它介绍了一万多种化合物的性质、制法以及用途，注重对物质药理、临床、毒理与毒性研究情报的收集，并汇总了这些物质的俗名、商品名、化学名、结构式，以及商标和生产厂家名称等资料。该索引目前有印刷版、光盘版和网络版三种出版形式。

③ Dictionary of Organic Compounds（有机化合物词典），简称 DOC，初版于 1934～1937 年，此后相继修订再版，是有机化学、生物化学、药物化学家重要的参考书。内容和排版与 Merck Index 类似，但数目多了近十倍，报导 10 万多种化合物的资料。

④ CRC Handbook of Chemistry and Physics（CRC 化学物理手册），简称 CRC，由美国化学橡胶公司出版。1913 年首版，目前已出第 79 版（1999 年）。在"有机化合物"部分中，按照 1957 年国际纯粹化学和应用化学联合会对化合物的命名原则，列出了 15031 条常见的有机化合物的物理常数以及别名、Merck Index 编号、CAS 登记号及在 Beilstein 的参考

书目（Beil. Ref）等，按照有机化合物英文名字的字母顺序排列。

⑤ Lange's Handbook of Chemistry（兰氏化学手册）：分 11 章分别报导有机、无机、分析、电化学、热力学等理化资料。其中第七章报导有机化学，刊载 7600 种有机化合物的名称、分子式、分子量、熔点、沸点、闪点、密度、折射率、溶解度及在 Beilstein 的参考书目等。

⑥ Beilstein Handbuch der Organischen Chemie（贝尔斯坦有机化学大全），简称 Beilstein，为德国化学家 Beilstein 编写，1882 年首版，之后由德国化学会编辑，以德文书写，是报导有机化合物数据和资料十分权威的巨著。内容介绍化合物的结构、理化性质、衍生物的性质、鉴定分析方法、提取纯化或制备方法以及原始参考文献。

⑦ 商用试剂目录：可用来查阅化合物的基本数据（分子量、结构式、沸点、熔点、命名等），十分方便实用。著名的商用试剂目录有：

a. Aldrich Catalog Handbook of Fine Chemicals：美国 Aldrich 公司出版，本目录报导 37000 种化学品的理化常数和价格，也可以从公司主页 www. sigmaaldrich. com 检索查询。

b. Acros：欧洲出版的试剂目录，目前在国内流行，订购化合物方便，供应实验室一些国内买不到的试剂。

c. Sigma Biochemical and Organic Compounds for Researchand Diagnostic Clinical Reagents，主要提供生化试剂产品。

1.4.4　化合物标准谱图集

① Aldrich NMR 谱图集，1983 年出版第 2 版，由 C. L. Pouchert 主编，Aldrich 化学公司出品。共两卷，收集了约 3.7 万张谱图。

② Sadtler NMR 谱图集，由美国宾夕法尼亚州 Sadtler 研究实验室收集。至 1996 年已经收入了超过 6.4 万种化合物的[1]H NMR 谱图，以后每年增加 1000 张。

③ Sadtler 标准棱镜红外光谱集，由美国宾夕法尼亚州 Sadtler 研究实验室收集。至 1996 年已经出版 1～123 卷，收入了超过 9.1 万种化合物的红外光谱图。

④ Aldrich 红外光谱集，1981 年出版第 3 版，由 C. L. Pouchert 主编，Aldrich 化学公司出品。共 2 卷，收集了约 1.2 万张红外光谱图。

1.4.5　实验参考书

① Organic Reactions（有机反应）：是一套介绍著名有机反应的综述丛书，1942 年首版，每 1～2 年出版一期，目前已有 40 多期。

② Organic Synthesis（有机合成）：是一套详细介绍有机合成反应操作步骤的丛书。内容可信度极高，每个反应都经过至少两个实验室重复通过。

③ Reagents for Organic Synthesis（有机合成试剂）：Fieser & Fieser 主编，1967 年出版的系列丛书，每 1～2 年出版一期，每个反应都有详细的参考书目。

④ Purification of Laboratory Chemicals（实验室化学品的纯化）：Perrin 等主编，内容为各种化合物的纯化方法。

⑤ 实验室化学药品的提纯方法，第 2 版，D. D. 佩林，W. L. F. 阿马里戈，D. R. 佩林，时雨译。化学工业出版社，1987 年 2 月。内容为各种化合物的纯化方法。

1.4.6　有机化学专业期刊

常用的国外期刊有：

① Journal of the American Chemical Society（美国化学会志）：简写为 J. Am. Chem. Soc. ，

1879 年创刊，由美国化学会主办。发表化学学科领域高水平的研究论文和简报，是世界上最有影响的综合性化学期刊之一，网址为 http：//pubs. acs. org。

② Chemical Reviews（化学综述）：美国化学会主办，目前是 SCI 影响因子最高的化学专业期刊，1924 年创刊，系统综述化学学科领域的研究进展，文章后面附有大量的参考文献。

③ Journal of Organic Chemistry（有机化学）：简写为 J. Org. Chem.，美国化学会主办，以全文形式报导有机化学方面的最新研究成果。

④ Organic Letters（有机化学快报）：简写为 Org. Lett.，美国化学会主办，以短论文形式报导有机化学方面的最新研究成果。

⑤ Journal of the Chemical Society（英国化学会志）：简称 J. Chem. Soc.，英国皇家化学会主办，1848 年创刊，是最老的化学期刊，网址为 www. rsc. org/Publishing/index. asp。1976 年起分成下面几个部分：

a. Chemical Communication：简写为 Chem. Commun.，半月刊，论文内容简短，没有前言、讨论、结论，简洁的介绍实验新的进展或发现。

b. J. Chem. Soc. Perkin Transactions Ⅰ：报导有机和生物有机化学领域的合成反应。

c. J. Chem. Soc. Perkin Transactions Ⅱ：物理有机领域，报导有机、生物有机、有机金属化学方面的反应机理、动力学、光谱及结构分析等文章。

d. J. Chem. Soc. Faraday Transactions：物理化学和化学物理领域，报导动力学、热力学文章。

e. J. Chem. Soc. Dalton Transactions：无机化学领域。

⑥ Angewandte Chemie International Edition in English（德国应用化学英文版）：简称 Angew. Chem. Int. Ed.，是世界上最有影响的综合性化学期刊之一，1965 年出版，是德文版 Angewandte Chemie 的英文版，二者报导的内容相同，栏目有 reviews，highlight 以及 communications。网址为 www. wiley. vch. de/home/angewandte。

⑦ Tetrahedron（四面体）：Elsevier 出版公司出版，1957 年创刊，半月刊，有机化学领域，刊载有机反应、光谱和天然产物，网址为 www. sciencedirect. com。

⑧ Tetrahedron Letters（四面体快报）：Elsevier 出版公司出版，1959 年创刊，周刊。文章内容简洁，本期刊和四面体在中国地区的审稿由中国科学院上海有机化学研究所负责。

⑨ Synthesis（合成）：英文版，以全文形式报导有机合成化学方面的最新研究成果。

⑩ Synlett（合成快报）：以短文形式报导有机合成化学方面的最新研究成果。

⑪ Journal of Heterocyclic Chemistry（杂环化学杂志）：1964 年创刊，双月刊，每期报导杂环化学方面的长篇论文近 30 篇，简讯 3～5 篇。

⑫ Heterocycles（杂环化合物）：日本出版，报导新发现的杂环天然产物，近年探讨天然产物的全合成。

常用国内期刊有：

① 化学学报（Acta Chimica Sinica）：综合性化学期刊，是 SCI 收录的核心期刊，栏目有研究专题综述、研究论文和研究简报。

② Chinese Journal of Chemistry（中国化学）：综合性化学期刊，是 SCI 收录的核心期刊，英文版，原名 Acta Chimica Sinica English Edition，1983 年创刊，1990 年改成目前名称。

③ 有机化学（Organic Chemistry）：1980 年创刊，是 SCI 收录的期刊，专门报导有机化学领域的论文，包括有机合成、生物有机、物理有机、天然有机、金属有机和元素有机等方面。

上述三种期刊为中国科学院上海有机化学研究所和中国化学会合办，2000 年开始可以从网络上查阅，网址为 www. sioc. ac. cn/publication。

④ 化学通报（Huaxue Tongbao）：综合性化学期刊，是国家核心期刊，中科院化学所和中国化学会主办，1934 年创刊，网址为：hppt：//china. chemistrymag. org。

⑤ Chinese Chemical Letters（中国化学快报）：中国医学科学院药物研究所和中国化学会主办，以英文书写出版，内容简短。

⑥ 高等学校化学学报（Chemical Journal of Chinese Universities）：是 SCI 收录的核心期刊，由教育部主办，吉林大学、南开大学承办，1980 年创刊。栏目有研究论文、研究快报、研究简报。

1.4.7 化学文摘、化学数据库

(1) 美国化学文摘（Chemical Abstracts）

简称 CA，美国化学会主办，1907 年创刊，美国化学文摘服务社（CAS—Chemical Abstracts Service）编辑出版，是涉及学科领域最广、收集文献类型最全、提供检索途径最多、部卷也最为庞大的一部著名的世界性检索工具。报道范围涵盖世界 160 多个国家、60 多种文字、17000 多种化学及化学相关期刊的文摘，每周出版一期，摘录了世界范围约 98% 的化学化工文献。每一期按照化学专业分为 5 大部 80 类：生化（1～20）、有机（21～34）、大分子（35～45）、应用化学和化工（47～64）、物化无机分析（65～80）。有机部的例子如物理有机化学（22）、脂肪族化合物（23）、脂环族化合物（24）、多杂原子杂环化合物（28）、有机金属（29）、甾族化合物（32）、氨基酸和蛋白质（34）。

由于文摘数量庞大，CA 设计和出版了许多不同形式的索引。按照时间区分有期索引（一周）、卷索引（每 26 期）、累积索引（每 10 卷，约 5 年）三种；按照内容区分有关键词索引（keyword index）、作者索引（author index）、专利索引（patent index）、主题索引（subject index）、普通主题索引（general subject index）、化学物质索引（chemical substance index）、分子式索引（formula index）、环系索引（index of ring system）、登记号索引（registry number index）、母体化合物索引（parent compound index）以及索引指南（index guide）、资料来源索引（CAS source index）等。

国内目前已从美国化学文摘服务社购入 1992 年以后的累积或卷索引及文摘的光盘（CA on CD），可以联机检索。

SciFinder Scholar 数据库为 CA 的网络版数据库，收录内容比 CA 更广泛，功能更强大。它收录了全世界 9500 多种主要期刊和 50 多家合法专利发行机构的专利文献中公布的研究成果，事实上囊括了自 20 世纪以来所有与化学相关的资料，以及大量生命科学及其他学科方面的信息。学科领域覆盖普通化学、农业科学、医学科学、物理学、地质科学、生物和生命科学、工程科学、材料科学、聚合物科学和食品科学等。到目前为止，SciFinder 已收文献量占全世界化学化工总文献量的 98%。它有分子式、反应式和结构式（包括亚结构）检索、核酸和蛋白质序列检索等多种功能。它超越了一般检索工具的范畴，已成为研发人员不可或缺的研发工具。

SciFinder Database 的使用简单介绍如下。

检索途径主要有三条：Explore，Locate 和 Browse。如图 1-4 所示。

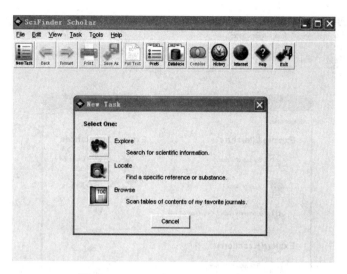

图 1-4　SciFinder Scholar 的检索界面

① Explore Explore Tool 可获取化学相关的所有信息及结构等，有如下 8 个方面。

(a) Chemical Substance or Reaction—Retrieve the corresponding literature；

(b) By Chemical Structure；

(c) By Substance Identifier；

(d) By Molecular Formula；

(e) Research Topic—to find literature relevant to a topic of interest；

(f) Author Name—to locate literature written by a specific author；

(g) Document Identifier—to find literature for a specific CA Accession Number or Patent Number；

(h) Company Name/Organization—to locate literature for a specific company, university, governmental agency, or other organization.

点击 Explore，则进入图 1-5 界面。它有三大类检索按钮，分别是文献检索（Explore Literature）：研究主题（Research Topic），作者姓名（Author Name）和单位名称（Company Name/Organization）；反应检索（Explore Reactions）：反应式（Reaction Structure）；物质检索（Explore Substances）：结构式检索（Chemical Structure）和分子式检索（Molecular Formula），点击相应按钮即可进入相应界面。点击 Reaction Structure 则进入如图 1-6 所示的界面，输入反应式即可检索到相应的反应。

② Locate 可以查找文献（Locate Literature）：文献情报（Bibliographic Information）和文献身份（Document Identifier）；查找物质（Locate Substances）：物质身份（Substance Identifier），如化合物名称和 CA 登记号。如图 1-7 所示。

③ Browse 可直接浏览 1800 多种核心期刊的摘要及其引文等编目内容，如果带有链接功能则可直接点击，就会通过 ChemPort Connection. SM 获取全文（in-house）。如图 1-8 所示。

（2）外文数据库

① ISI Web of Knowledge 数据库　ISI（Institute for Scientific Information）译名为科学情报研究所，是世界著名的学术信息出版机构。Web of Science 是 ISI 建设的三大引文数据库的 Web 版。Web of Science 由三个独立的数据库组成（既可以分库检索，也可以多库

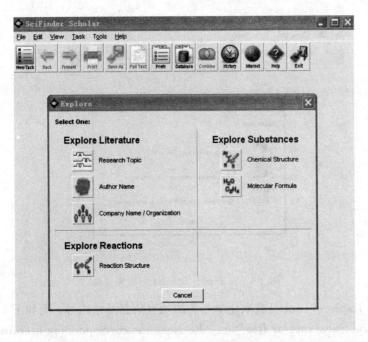

图 1-5　Explore 的检索界面

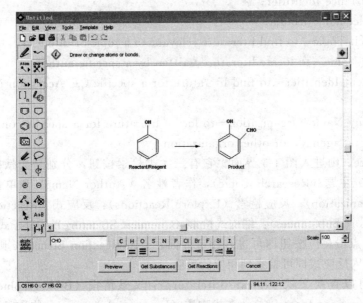

图 1-6　反应式检索界面

联合检索）。三个数据库分别是 Science Citation Index Expanded（简称 SCI）、Social Sciences Citation Index（简称 SSCI）和 Art & Humanities Citation Index（简称 A & HCI）。内容涵盖自然科学、工程技术、社会科学、艺术与人文等诸多领域内的 8500 多种学术期刊。

　　Web of Science 所独有的引文检索机制为其提供了强大的检索能力。该数据库具有以下特点：通过引文检索功能可查找相关研究课题各个时期的文献题录和摘要；可以看到论文引用参考文献的记录、论文被引用情况及相关文献记录；可选择检索文献出版的时间范围，对文献的语种、文献类型作限定检索；检索结果可按照相关性、作者、日期、期刊名称等项目

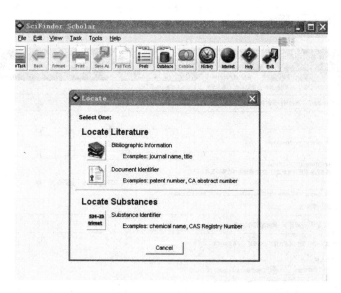

图 1-7　Locate 检索界面

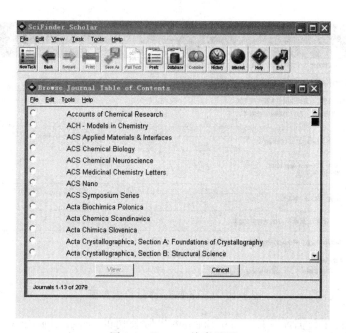

图 1-8　Browse 检索界面

排序；可保存、打印、Email 检索式和检索结果；全新的 WWW 超文本链接功能，可将用户链接到 ISI 的其他数据库；部分记录可以直接链接到电子版原文；具有链接到用户单位图书馆 OPAC 记录的功能，方便用户获取本馆馆藏。

　　Web of Science 提供了较完善的检索功能，主要有 Easy Search、General Search、Cited Reference Search 和 Advanced Search 等四种检索方式。简易检索（Easy Search）的界面比较简单，只提供了作者、主题、作者地址三个检索途径，如图 1-9 所示。全面检索又分为两种检索方式：General Search 与 Cited Reference Search。General Search 主要通过主题、作者、作者地址以及来源期刊题名进行组合检索。Cited Reference Search 提供了被引作者、被引文献、被引时间多种引文检索途径，如图 1-10 所示。Advanced Search 可以提供更加复杂的检索策略，如图 1-11 所示。

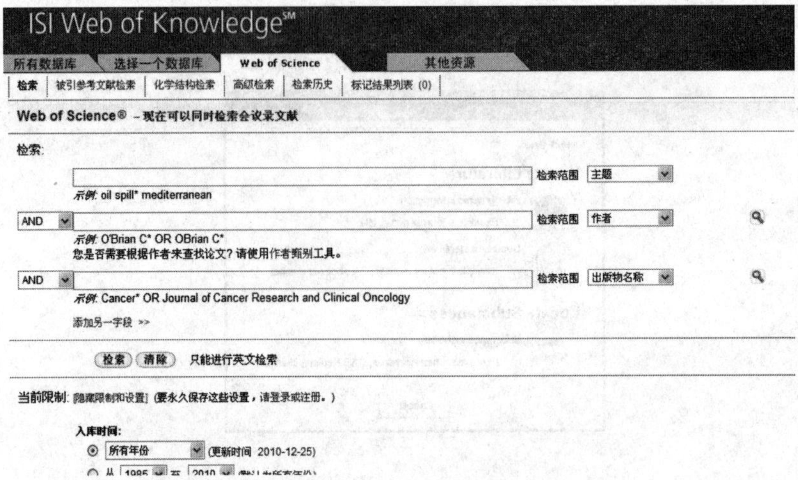

图 1-9   简易检索界面

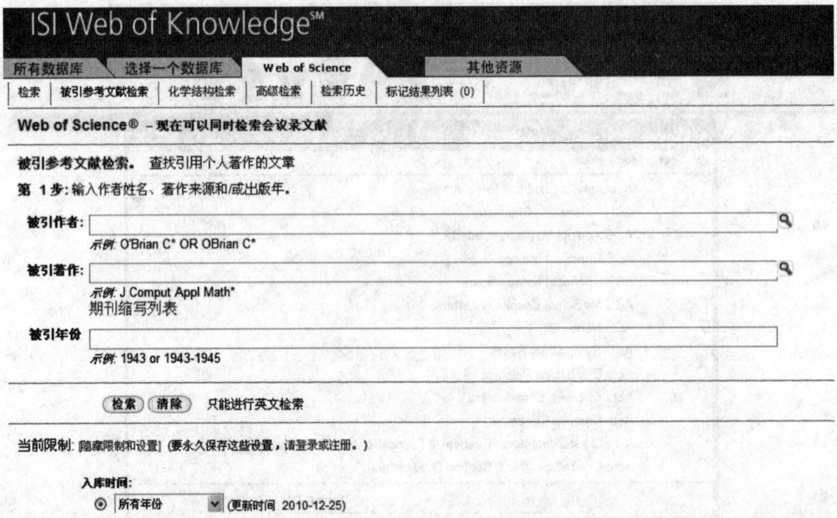

图 1-10   Cited Reference 检索界面

② ScienceDirect 数据库   Elsevier Science 出版公司的 ScienceDirect OnSite 系统，提供用户在本地访问其基于 web 的全文电子期刊，该系统使用 ScienceServer 软件。目前，Elsevier Science 公司在清华大学图书馆和上海交通大学图书馆分别设置两个镜像服务器，装载了 1998 年以来该公司出版的 1100 余种电子期刊全文数据。

用户可以通过检索和浏览两条途径获取论文。检索途径主要包括：简单检索（Simple Search）和高级检索（Expanded Search）。

a. 简单检索（Simple Search）   单击页面左侧的"Search"按钮，进入简单检索界面，如图 1-12 所示。简单检索界面分为上下两个区，即检索策略输入区和检索结果的限定区。检索策略可在输入区中选择"Search in any field（所有字段）"、"Search in title only（文章标题）"、"Search in abstract field（文摘）"、"Author's Name（作者）"、"Journal Title（期刊名）"等字段输入，再利用限定区，限定检索结果的出版时间、命中结果数及排序方式，

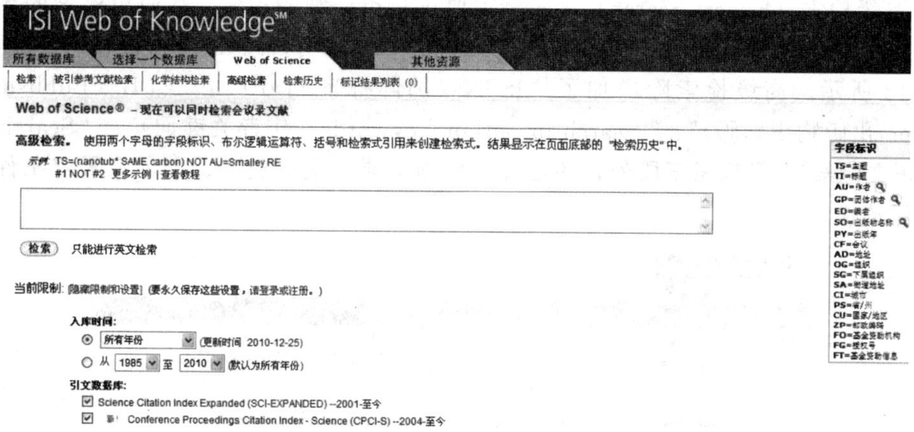

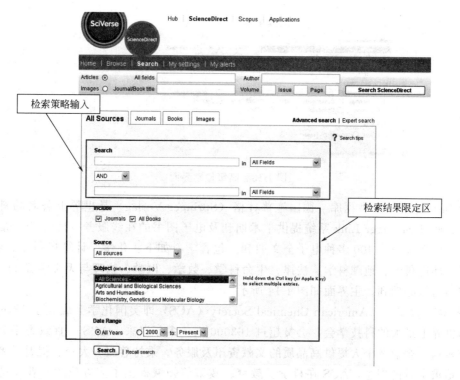

图 1-11　高级检索界面

而后点击 "Search the Collections" 按钮，开始检索。

图 1-12　简单检索界面

　　检索结果有两类信息。一类是期刊题名，在题名下有该刊目录页（table of contents）的超链接和搜寻相关文件按钮；另一类是期刊论文题录，排在靠后的部分，显示论文标题、出处、作者、相关性排序分（"Score"）和搜寻相关文件按钮，通过搜寻相关文件按钮可检索到与该文内容类似的文章。

　　单击期刊题名下的 "table of contents" 按钮，可浏览目录信息；单击论文题录下的 "Abstract" 按钮，可浏览该文章的标题、作者、作者单位、关键词、文摘等进一步信息；单击 "Article Full Text PDF" 按钮，即可看到论文全文（PDF 格式）。

b. 高级检索（Expert Search）　如果需要进行更详细的检索，在简单检索的界面或检索结果的界面中，点击右侧的"Advanced search"或"Expert search"进入高级检索界面，如图 1-13 所示。高级检索除增加了"ISSN（国际标准刊号）"、"PII（Published Item Identifier，出版物识别码）"、"Search in author keywords（作者关键词）"、"Search in text only（正文检索）"等检索字段外，还增加了学科分类、文章类型、语种等限定条件，可进行更精确的检索。

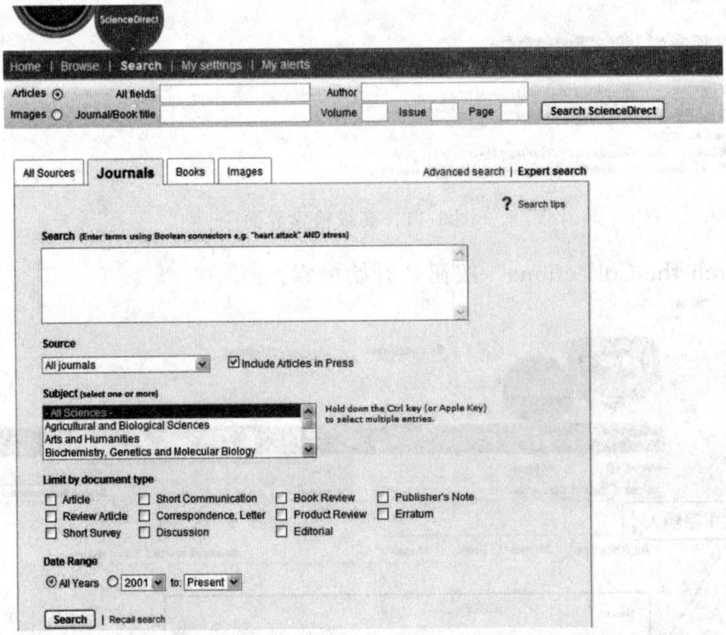

图 1-13　高级检索界面

③ Springer Link 数据库　德国施普林格（Springer-Verlag）是世界上著名的科技出版公司，它通过 Springer Link 系统提供学术期刊及电子图书的在线服务，目前 Springer Link 全文期刊可在线阅读 400 多种电子全文期刊。包含学科如下：化学、计算机科学、经济学、工程学、环境科学、地球科学、法律、生命科学、数学、医学、物理与天文学等 11 个学科，其中许多为核心期刊。主界面如图 1-14 所示。

④ ACS 数据库　American Chemical Society（ACS）即美国化学会成立于 1876 年，现已成为世界上最大的科技学会，会员超过 163000 人。多年以来，ACS 一直致力于为全球化学研究机构、企业及个人提供高品质的文献资讯及服务。秉持着服务大众、提升学者的专业素养、追求卓越的理念，ACS 在科学、教育、政策等领域提供了多方位的专业支持，成为享誉全球的科技出版机构。

ACS 所出版的期刊有 37 种，内容涵盖了 24 个主要的化学研究领域。其期刊被 ISI 的 Journal Citation Report（JCR）评为"化学领域中被引用次数最多的化学期刊"。目前国内已经有近 80 个高校使用 ACS 网络版。主界面如图 1-15 所示。

⑤ Wiley 数据库　Wiley InterScience 是 John Wiely & Sons 建的综合性网络出版及服务平台，收录了多种科学、工程技术、医疗领域及相关业期刊、30 多种大型专业参考书、13 种实验室手册的全文和 500 多个题目的 Wiley 图书的全文，内容涉及商业、金融和管理、化学、计算机科学、地球科学、教育学、工程学、法律、生命科学与医学、数学统计、物理等

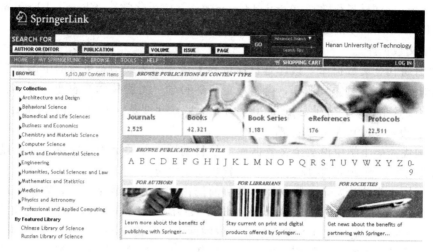

图 1-14　Springer Link 主界面

图 1-15　ACS 数据库主界面

14 个学科。

　　⑥ RSC 数据库　英国皇家化学学会（Royal Society of Chemistry，简称 RSC）是一个国际权威的学术机构，是化学信息的一个主要传播机构和出版商，其出版的期刊及资料库一向是化学领域的核心期刊和权威的资料库。每年组织几百次化学会议。该协会成立于 1841年，是一个由约 4.5 万名化学研究人员、教师、工业家组成的专业学术团体。RSC 期刊大部分被 SCI 收录，并且是被引用次数最多的化学期刊。

　　RSC 电子期刊与资料库主要以化学及其相关主题为核心，包括：Analytical Chemistry（分析化学），Physical Chemistry（物理化学），Inorganic Chemistry（无机化学），Organic Chemistry（有机化学），Biochemistry（生物化学），Polymer Chemistry（高分子化学），

Materials Science（材料科学），Applied Chemistry（应用化学），Chemical Engineering（化学工程）和 Medicinal Chemistry（药物化学）。

（3）中文数据库

① 中国期刊全文数据库　该库是目前世界上最大的连续动态更新的中国期刊全文数据库，收录国内 8200 多种重要期刊，内容覆盖自然科学、工程技术、农业、哲学、医学、人文社会科学等各个领域，文献总量 2200 多万篇。收录年限从 1994 年至今（部分刊物回溯至创刊），每日更新 5000～7000 篇文献。

② 中国优秀硕士学位论文全文数据库　是目前国内相关资源最完备、高质量、连续动态更新的数据库，至 2006 年 12 月 31 日，累积硕士学位论文全文文献 37 万多篇。

③ 中国博士学位论文全文数据库　是目前国内相关资源最完备、高质量、连续动态更新的中国博士学位论文全文数据库，至 2006 年 12 月 31 日，累积博士学位论文全文文献 5 万多篇。文献来源为全国 420 家博士培养单位的博士学位论文。

④ 中文会议论文全文数据库　收录了国家级学会、协会、研究会组织、部委、高校召开的全国性学术会议及国家性会议论文。

对于众多的数据库而言，其查询方法大同小异，只要掌握一种数据库的查询方法，其他数据库只是一个熟悉过程。在查询过程中，使用者会不断地提高查询水平，做到快、准、全。

1.5　实验预习、记录和实验报告

每位学生应有一专门的实验记录本，并编好页码，不能撕下记录本的任何一页。在实验记录本上做预习提纲、实验记录及实验总结。对于观察的现象应翔实记录，不能虚假。记录必须完整、条理清晰，写错可以用笔划去，但不能涂沫或用橡皮擦掉。不仅自己能看懂，而且他人也看得明白。

写好实验记录本是从事科研实验的一项重要训练。

1.5.1　实验前的预习

实验前做充分的预习是十分重要的。它可以使学生在做实验时心中有数，观察记录有针对性，加快实验进度，提高实验效率。在实验之前，学生必须仔细预习实验内容及有关的基本操作部分，并在实验记录上完成下列准备工作，下面以合成实验为例。

（1）写出主要反应和副反应的化学反应式。

（2）查出主要原料和主产物、副产物的物理常数（如相对分子质量、相对密度、沸点、熔点、溶解度、毒性等），并写出原料用量及物质的量，列出所需仪器的规格与数量。

（3）计算产物的理论产量。

（4）用精练的词句和一些箭头、符号把整个实验过程的操作步骤正确地表示出来。

1.5.2　实验记录

实验记录是实验中的重要环节，在实验过程中，实验者应养成边实验边及时扼要记录的习惯，不得事后凭记忆或以零星纸条的记载补写记录。记录内容应包括实验的全过程，可以按个人习惯，形式不拘，但一定要实事求是，力求简明扼要。

每做一个实验，应从新的一页开始记录。记录本上应记录实验日期、试剂规格和用量、仪器的名称、规格以及实验的全部过程。如仪器装置、加入药品的数量和投入顺序、主要操作步骤的时间、内容和所观察到的现象（包括温度、颜色、体积或质量的数据等）。特别是当观察到的现象和预期不同、以及操作步骤与教材规定的不一致时，要按照实际情况记录清楚，以便作为总结讨论的依据。一般情况下记录时应多记，这样在写实验报告时便于整理。

实验记录是实验报告的原始根据，作为科学工作者，原始资料必须充分重视，不得随意撕毁或丢失。

实验记录的格式可用下表表示：

时　间	操作步骤	现　象	备　注

实验结果应包括产品名称、产品的物理状态、产品的量及产率、其他物质产量等相关内容。

最后根据实际情况，就基本原理、操作、产品质量和数量等，进行讨论，以总结经验和教训。

有机化合物性质实验记录的格式可稍有不同，可以根据实验内容设计实验记录结果的表格，但内容主要包含下列几项：
① 实验项目（名称）；② 反应原理和反应方程式；③ 操作步骤与现象；④ 实验解释；⑤ 问题讨论。

1.5.3　理论产量及产率计算

制得的产物按要求交指导教师检验。固体产品要称重，液体产品则量体积、测折射率。检验后移入指定的回收瓶。

由于反应不完全、产生副产物及操作上不可避免的损失，产品实际产量总是低于理论产量。所谓理论产量（亦称计算量）是假定反应物通过反应全部转化为产物时应得到的产量（固体产物以克表示，液体产物按相对密度换算成体积，以毫升表示），即按主反应方程式计算的产量。显然，若反应物料有两种或两种以上，应以物质的量最少的反应物为基准计算理论产量。

产率通常用实际产量和理论产量的百分比表示：

$$产率 = \frac{实际产量}{理论产量} \times 100\%$$

如果实验并非通过化学反应制取某种物质，而是将一种粗产品提纯，或是从天然产物中提取其中某一种成分（例如从粗乙酰苯胺中重结晶得到纯乙酰苯胺，从茶叶中提取咖啡因等实验），则实验收率的高低是衡量实验效果的一项重要指标，可以用纯品量与粗品（或所耗天然产物）量的百分比来表示：

$$回收率 = \frac{纯品量}{粗品量} \times 100\%$$

$$提取率 = \frac{纯品量}{天然产物实际消耗量} \times 100\%$$

1.5.4　实验报告

实验报告是总结实验情况，分析实验中出现的问题，整理、归纳实验结果必不可少的环节，是把直接的感性认识提高到理性思维阶段的必要步骤，因此不能把实验报告看做是实验记录的简单重复，而应实事求是，清晰、扼要、准确地写出自己的实验工作。

（1）性质实验报告的格式

实验名称

实验目的和要求

实验原理

操作记录

步骤	现象	解释和反应式

（2）合成实验报告的栏目填写要求

合成实验的实验报告，一般包括实验目的、原理、重要物理常数、反应装置图、操作步骤及现象、实验结果、问题讨论等栏目。其中，实验目的是核心，它向实验者提出了实验的任务，以后各栏目围绕着实现这一实验目的填写。文字力求精练，表达清晰。各栏间内容既避免不必要的重复，又有相互联系。

报告从实验的任务开始，先阐明实验的理论基础（即实验原理）及各步操作的重要依据（物理常数），用铅笔画出装置图，再条理地写明操作过程和现象，最后通过数据与结果进行对比分析，进而评价实验的成败，总结出一些心得体会。整个报告应是一个有机联系的整体，前后连贯，给审阅者一个鲜明的印象。

各栏目填写时应把握的要点分述于下：

① 实验目的和要求　实验目的实质上是指策划、部署实验者欲通过实验实现的具体研究意图或教师安排该项实验的教学目的。因此，对于处于被动接受地位的学生而言，尽快地领会实验目的、避免实验的盲目性有重大意义。除听取实验中教师的讲解外，主要应从实验内容上了解实验目的。从实验原理出发，了解本次实验的知识点，根据反应原理，选择分离、纯化、鉴定等相关的操作，将理论与操作有机联为一体。

② 实验原理或反应式　除写出反应及副反应外，还应写出在反应、分离、提纯等阶段采取的获取优质高产的重要措施。

③ 主要反应物和产物的物理常数列表如下所示。

化合物名称	相对分子质量	性状	相对密度 (d_4^{20})	熔点/℃	沸点/℃	折射率 (n_D^{20})	溶解度/（g/100g 溶剂）		
							水	乙醇	乙醚

此表中的物理常数与报告的其他栏目都不无联系，尤其是实验分离手段的设计、所制产品纯度的判别等经常涉及沸点、相对密度、水溶性等数据，故这些数据在实验前就应查阅手册或书后附录，以便理解各步操作的依据。

④ 装置图　主要是反应装置，其次是重要的分离装置和蒸馏装置。画图时要注意仪器间的大小比例与位置，要按实验的具体装置准确画出平面图，为突出主体，电炉、铁架台等配件不必画出，烧瓶夹可以在其夹持处用两条粗实线表示；磨口连接处内、外径应几近吻合，并用阴影线表示以与非磨口连接有所区别。

　　⑤ 实验步骤及现象　本栏的填写应次序清楚、要点突出、详略得当。譬如试剂的称量、温度的控制、反应的时间、前馏分温度范围及数量、重要的现象，特别是与操作规程不符之处等影响到实验结果的地方必须详细，而某些已成常识的（例如常规操作过程，安装装置过程等）描写就应略去。如果流程较简单，也可以用方框图从上而下画出，而将重要数据或现象注于相应步骤的侧面。总之，以文字精练扼要为原则。

　　⑥ 实验结果　本栏是报告的重要部分，必须从所得产品的质与量两个方面如实报告，具体指产品的颜色、气味、外观及聚集状态。产品纯度如何，更要看沸程、折射率、熔程等数据。在量的方面，产量、理论产量和产率都必须先算好后准确无误地填出来。

　　⑦ 问题讨论　可从理论和操作实践方面对实验作深一步的探究以深化对装置和操作原理意义的认识；根据记录，就实验的成败关键进行扼要的分析与说明，总结出成功的经验或失败的教训。

第 2 章　有机化合物的物理性质及结构鉴定

有机化合物的熔点、沸点和折射率是有机化合物的基本物理性质，纯净的有机物都有固定的熔点、沸点和折射率，熔点、沸点完全相同的两种化合物几乎没有，所以测定化合物的熔点、沸点和折射率可以初步判断化合物是否纯净，是否是目标化合物。随着现代分析技术的发展，对化合物结构的表征可以借助红外、紫外、核磁和质谱等手段。

2.1　熔点的测定及温度计校正

通常当结晶物质被加热到一定的温度，即从固态转变为液态时的温度为该化合物的熔点，或者说，熔点应为固、液两态在大气压力下达到平衡时的温度。纯粹的固体有机化合物一般都有固定的熔点。常用熔点测定法鉴定纯粹固体有机化合物。化合物开始熔化至完全熔化（初熔至全熔）的温度范围叫熔程，纯净的固体有机物的固、液两态之间的变化非常敏锐，温度变化范围一般在 0.5～1℃。如该化合物含有杂质，其熔点往往偏低，且熔程也较长。所以根据熔程长短可判别固体化合物的纯度。

2.1.1　纯固体与不纯固体的熔点

纯粹的固体有机化合物熔程甚小，但当化合物中混有少量可溶性杂质后，将使熔点降低，熔程加宽。这是由于杂质使得固体纯溶剂变成了以杂质为溶质的溶液。根据拉乌尔（Raoult）定律，同一温度时，稀溶液的蒸气压总是比纯溶剂的蒸气压低。因此，混有杂质的化合物熔点较纯的低。

上述关系，可用图 2-1 中的蒸气压-温度曲线来说明：

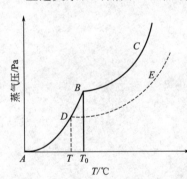

图中 AB 曲线代表固相的蒸气压随温度的变化，BC 曲线是液相蒸气压随温度的变化，两曲线相交于 B 点。在此特定的温度和压力下，固液两相并存，这时的温度 T_0 即为该物质的熔点。当温度高于 T_0 时，固相全部转化为液相，低于 T_0 时，液相全部转化为固相。一旦温度超过 T_0（甚至只有几分之一摄氏度时），只要有足够的时间，固体就可以全部转变为液体，这就是纯固态化合物有敏锐熔点的原因所在。

图 2-1　物质蒸气压随温度变化曲线

DE 曲线是含有杂质时的蒸气压-温度曲线。D 点所对应的温度 T 即为含有杂质时的熔点，可见，熔点降低了，而且杂质越多，熔点越低。

不纯固体熔程变宽的原因，主要是在杂质熔完后（初熔），当新产生的溶液与固体溶剂的平衡物熔融时，由于更多的固体溶剂的熔融，使溶液浓度变稀，导致熔点不断改变，直至全部熔融呈均相（全熔）。

2.1.2　熔点测定在有机物鉴定中的意义

熔点与沸点、折射率、比旋光度等数值一样，是许多有机化合物本身特有的物理常数。

利用纯物与不纯物在熔点上的差异，辅以查阅文献和其他方法，很容易对固体有机物作出鉴定和纯度判断。

例如：某化合物 A，经化学法推断，怀疑是已知化合物 B，分别测定 A 与 B 的熔点又相差甚微，尚不能断言 A 即是 B（为什么？）。此时，可测定 A 与 B 混合物的熔点，若没有明显变化，即未见熔点的明显降低及熔程扩大，可肯定 A 就是 B。

2.1.3　熔点的测定

由于熔点的测定对有机化合物的研究具有重要意义，因此如何测出准确的熔点是一个重要问题。传统的熔点测定法以毛细管法最为简便。分为提勒管测定法和双浴式测定法（图 2-2）。

双浴式测定法如图 2-2（b），将试管经开口橡胶塞插入 250mL 平底（或圆底）烧瓶内，直至离瓶底约 1cm 处，试管口也配一个开口橡胶塞，插入温度计，其水银球应距试管底 0.5cm。瓶内装入约占烧瓶 2/3 体积的加热体，试管内也放入一些加热液体，待插入温度计后，其液面高度与瓶内相同。熔点管粘附于温度计，所处位置和在提勒管中相同。

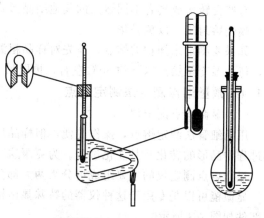

(a) 提勒管熔点测定仪　(b) 双浴式熔点测定器

图 2-2　毛细管法测定熔点的装置

下面详细介绍毛细管法中提勒管测熔点的步骤。

（1）毛细管的准备

取一根管壁薄而均匀的直径约为 10mm 的预先洗净且干燥过的玻璃管，在酒精喷灯上加热，时时转动玻璃管，待玻璃管充分软化并使火焰呈樱红色时迅速移离火焰。稍停（约一秒钟），开始稍慢然后较快地向两端迅速拉长至外径为 1～1.2mm 时为止。然后截成 50～60mm 长的小段，并在酒精灯的火焰边缘将其一端封闭。封口时要不停转动，使能恰好封住为宜，勿使封口处太厚，保存备用。

（2）待测试样的填装

取少许待测熔点的干燥样品（约 0.1g）于干净的表面皿上，用空心塞或不锈钢刮勺将它研成粉末并集成一堆。将熔点管开口端向下插入粉末中，然后把熔点管开口端向上，轻轻地在桌面上敲击，以使粉末落入和填紧管底。或者取一支长约 30～40 厘米的玻管（或空气冷凝管），垂直于桌面上，将熔点管从玻管上端自由落下，使管内装入高约 2～3mm 紧密结实的样品，一般需重复数次。样品一定要研得极细，装得密实，使热量的传导迅速均匀。对于蜡状的样品，为了解决研细及装管的困难，只得选用较大口径（2mm 左右）的熔点管。

（3）仪器的安装

将干燥的提勒管［Thiele，又称 b 形管，如图 2-2（a）］固定在铁架台上，管口装有开口橡胶塞，温度计插入其中，刻度应面向橡胶塞开口，其水银球位于 b 形管上下两叉管口之间，装好样品的熔点管用小橡皮圈固定在温度计上（或借少许浴液沾附于温度计下端），使样品的部分置于水银球侧面中部。b 形管中装入加热液体（浴液），高度达上叉管处即可。在图示的部位加热，受热的浴液沿管作上升运动，从而促成了整个 b 形管内浴液呈对流循环，使得温度较均匀。

（4）测定过程

用酒精灯加热提勒管右侧倾斜处，开始升温速率可较快，以每分钟上升 5～6℃为宜，到距离熔点 10～15℃时，调整火焰使每分钟上升约 1～2℃。愈接近熔点，升温速率应愈慢（掌握升温速率是准确测定熔点的关键）。一方面是为了保证有充分的时间让热量由管外传至管内，以使固体熔化；另一方面因观察者不能同时观察温度计所示度数和样品的变化情况。只有缓慢加热，才能使此项误差减小。仔细观察试样的变化，记下样品开始塌落并有液相产生时（初熔）和固体完全消失时（全熔）的两个温度计读数，即为该化合物的熔程。

每种试样至少测两次数据。每一次测定都必须用新的熔点管另装样品，不能将已测过熔点的熔点管冷却，使其中的样品固化后再作第二次测定。因为有时某些物质会产生部分分解，有些会转变成具有不同熔点的其他结晶形式。测定易升华物质的熔点时，应将熔点管的开口端烧熔封闭，以免升华。

如果要测定未知物的熔点，应先对样品粗测一次。加热可以稍快，知道大致的熔点范围后，待浴温冷至熔点以下约 30℃左右，再取另一根装样的熔点管作精密的测定。

2.1.4　微量熔点测定法测定熔点

（1）显微熔点测定仪

用毛细管法测定熔点，操作简便，但样品用量较大，测定时间长，且不能观察样品在加热过程中晶形的转化及其变化过程。为克服这些缺点，实验室常采用显微熔点测定仪。

显微熔点测定仪的主要组成可分为两大部分：显微镜和样品加热台。

显微镜可以是专用于这种仪器的特殊显微镜，也可以是普通的显微镜。微量加热台的组成部件如图 2-3 所示。

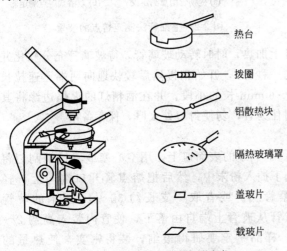

热台
拨圈
铝散热块
隔热玻璃罩
盖玻片
载玻片

图 2-3　放大镜式显微熔点测定仪

显微熔点测定仪的优点：①可测微量样品的熔点；②可测高熔点（熔点可达 350℃）的样品；③通过放大镜可以观察样品在加热过程中变化的全过程，如失去结晶水、多晶体的变化及分解等。

（2）实验操作

先将玻璃载片洗净擦干，放在一个可移动的载片支持器内，将微样品放在载片上，使其位于加热器的中心孔上，用盖玻片将样品盖住后，放在圆玻璃盖下，打开光源，调节镜头，使显微镜焦点对准样品，开启加热器，用可变电阻调节加热速度，自显微镜的目镜中仔细观察样品晶形的变化和温度计的上升情况（本仪器目镜视野分为两半，一半可直接看出温度计所示温度，另一半用来观察晶体的变化）。当温度接近样品的熔点（本实验所用样品为苯甲酸，其熔点122.4℃，注意它本身易于升华）时，控制温度上升的速度为 1～2℃/min，当样品晶体的菱角开始变圆时，即晶体开始熔化，结晶完全消失即熔化完毕。重复 2 次读数。

测定完毕，停止加热，稍冷，用镊子去掉圆玻璃盖，拿走载片支持器及载玻片，放上冷铁块加快冷却，待仪器完全冷却后小心拆卸和整理部件，装入仪器箱内。

2.1.5　温度计校正

用以上方法测定熔点时，温度计上的熔点读数与真实熔点之间常有一定的偏差。这可能是由于温度计的质量所引起。例如一般温度计中的毛细孔径不一定很均匀，有时刻度也不很准确。其次，温度计有全浸式和半浸式两种。全浸式温度计的刻度是在温度计的汞线全部均匀受热的情况下刻出来的，而在测熔点时仅有部分汞线受热，因而露出的汞线温度当然较全部受热者为低。另外经长期使用的温度计，玻璃也可能发生体积变形而使刻度不准。为了校正温度计，可选用一标准温度计与之比较。通常也可采用纯粹有机化合物的熔点作为校正的标准。通过此法校正的温度计，上述误差可一并除去。校正时只要选择数种已知熔点的纯粹化合物作为标准，测定它们的熔点，以观察到的熔点作纵坐标，测得熔点与应有熔点的差数作横坐标，画成曲线，在任一温度时的读数即可直接从曲线中读出。

用熔点方法校正温度计的标准样品如表 2-1 所示，校正时可以具体选择。

表 2-1　校正温度计的标准样品与校正温度

标准品	温度/℃	标准品	温度/℃
水-冰	0	苯甲酸	122.4
苯甲酸苄酯	21	尿素	135
α-萘胺	50	二苯基羟基乙酸	151
二苯胺	53	水杨酸	159
对二氯苯	53	对苯二酚	173～174
萘	80.55	3,5-二硝基苯甲酸	205
间二硝基苯	90.02	蒽	216.2～216.4
二苯乙二酮	95～96	酚酞	262～263
乙酰苯胺	114.3	蒽醌	286(升华)

2.2　沸点的测定

分子运动使液体分子有从液体表面逸出的倾向，而这种倾向常随温度的升高而增大。如果把液体置于密闭的真空体系中，液体分子连续不断地逸出而在液面上部形成蒸气，最后分子由液相逸出的速率与分子由气相回到液相的速率相等，亦即使蒸气保持一定的压力，此时液面上的蒸气达到饱和，称为饱和蒸气，它对液面所施的压力称为饱和蒸气压。实验证明，液体的蒸气压只与温度有关，即液体在一定温度下具有一定的蒸气压。此压力是指液体与它的蒸气平衡时的压力，与体系中存在的液体和蒸气的绝对量无关。

当液态物质受热时，蒸气压增大。图 2-4 是几种化合物温度与蒸气压的相关曲线。当液体的蒸气压增大到与外界液面的总压力（通常是大气压）相等时，开始有气泡不断从液体内部逸出，即液体沸腾。此时的温度称为该液体的沸点。显然液体的沸点与外界压力的大小有关。通常所说的沸点，是指在 760mmHg 的压力下（即一个大气压）液体沸腾时的温度。在说明液体沸点时应注明压力。例如水的沸点为 100℃，是指在 760mmHg 压力下水在 100℃ 时沸腾。在其他压力下的沸点应注明压力，如在 50mmHg 时，水在 92.5℃ 沸腾，这时水的沸点可表示为 92.5℃/50mmHg。

沸点的测定，有常量法和微量法两种。当液

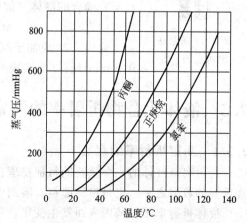

图 2-4　温度与蒸气压关系图

体不纯时，沸程较宽。因此，不管用哪种方法测定沸点，在测定之前必须对液体进行纯化。

常量法测定沸点，用的是蒸馏装置，在操作上也与简单蒸馏相同（见蒸馏一节）。微量法测定沸点所使用的装置见图 2-5。操作步骤如下：

（1）毛细管的制作

按照测熔点时拉制毛细管的方法，制作长度约为 70～80mm，外径约为 1mm 的毛细管若干根，一段封口作为内管；用同样方法制作长度为 50～60mm，外径约为 3mm 的毛细管若干根，一段封口，作为外管。

（2）试样的填装

将毛细管（外管）微热一下，迅速插入待测试样中，就有少量试样被吸入管内，将管垂直（开口向上），试液即掉入管底，也可用小吸管装入。然后将内管开口的一端插入外管试液里，用橡皮圈把外管固定在温度计上。

（3）测定方法

开始加热提勒管（与测定熔点的装置相似）。开始要缓慢加热，由于沸点内管里气体受热膨胀，很快有小气泡缓缓地从液体中逸出。气泡由缓缓逸出变成快速而且是连续不断地往外冒。此时立即停止加热，让溶液自行冷却，随着温度的降低，气泡逸出的速率也明显地减慢。使温度下降 5～10℃时再慢慢加热，使每分钟温度上升 1℃，直到又有连续不断的气泡从内管逸出，记下温度，并再次停止加热，直到气泡停止冒出。记录最后一个气泡出现而刚欲缩回至内管的瞬间的温度，两液面相平，说明沸点内管里的蒸气压与外界压力相等，这两个温度读数即为液体的沸点范围。

图 2-5　微量法
测沸点的装置

微量法测定应注意以下三点：

① 加热不能过快，被测液体不宜太少，以防液体全部气化。

② 沸点内管里的空气要尽量赶干净。正式测定前，让沸点内管里有大量气泡冒出，以此带出空气。

③ 观察要仔细及时。重复几次，要求几次的误差不超过 1℃。

测沸点时的温度除了对温度计刻度和温度读数进行校正外，还需要考虑大气压的问题。测定时大气压往往不是一个大气压。因此需要校正至一个大气压的沸点。其校正公式，对于非缔合的液体（如烃、卤代烃、醚、酯等）：

$$\Delta t = 0.00012(760-p)(273+t)$$

对于有缔合的液体（如醇、羧酸等）：

$$\Delta t \approx 0.00010(760-p)(273+t)$$

式中，Δt 应加于测得的沸点的读数；p 为实验时气压计所示的大气压，mmHg；t 为实验时温度计所示温度，℃。

2.3　液体化合物折射率的测定

2.3.1　测定折射率的意义

折射率是液体的一个重要的特征物理常数，在鉴定和控制挥发油和油脂的质量方面是非常重要的数据之一，也是检验原料、溶剂中间体及最终产品纯度的重要依据。

液体折射率随一些因素而发生变化，首先随入射光线波长不同而变。一般说来，折射率随入射光线波长的降低而增加。用来测定折射率的单色光，一般用钠的黄光（即 D 线），但实际上用于测定折射率的阿贝折光仪，由于装有补偿器，故不用钠光而用日光作光源，既方便而所测数据与钠光又都一致；其次，折射率随测定时的温度不同而改变，如蒸馏水在不同温度时的折射率见表 2-2。

表 2-2　水在不同温度下的折射率

温度/℃	折射率 n_D	温度/℃	折射率 n_D
18	1.33316	25	1.33250
19	1.33308	26	1.33239
20	1.33299	27	1.33228
21	1.33289	28	1.33217
22	1.33280	29	1.33205
23	1.33270	30	1.33193
24	1.33260		

可见，折射率随温度的增加而减小。在许多有机物中，温度升高 1℃，折射率约下降 0.0004，因此，温度大于 20℃时应将实测的值加上改正值，温度低于 20℃时应将实测值减去改正值。这样得到的折射率才能与文献值相比较。但当温度相差太悬殊时，往往不完全准确。校正公式：

$$n_D^{20} = n_D^t + 0.0004(t-20)$$

测定折射率时，要求样品纯度高，测量温度恒定。

2.3.2　测定折射率的基本原理

光自真空（实际上是空气）射入有机介质时，入射角正弦与折射角正弦之比即为介质的折射率。

阿贝折光仪中主要部件是两个以铰链连接的棱镜，待测液体平铺在下棱镜的光玻璃上，光从反射镜射入下棱镜后，在光玻璃面发生漫射。漫射光线透过液层（分布于两棱镜的缝隙中）从各个方向进入上棱镜，在上棱镜中产生折射，其折射角都落在临界折射角 r_0 之内，如图 2-6 所示，入射角 i 总是大于相应的折射角 r，这是因为棱镜的折射率比被测液体大之故。当入射角为 90°时（图中 i_0），即入射光沿界面 KO 进行时，折射角 r_0 称为临界折射角。此折射光线穿出棱镜后，调节仪器的目镜，将观察到黑白两个半圆，其分界线正好通过叉线中心（图 2-7）。

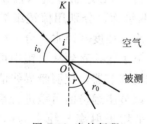

图 2-6　光的行程

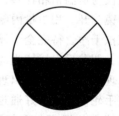

图 2-7　两半圆分界线通过叉线中心

若入射角大于 90°则发生全反射，目镜中因光线通不过而呈暗色。

在仪器棱镜参数已确定的情况下，液体的折射率只与临界折射角有关，故确定了被测液体的临界折射角，便可换算折射率。因此在操作上，只要旋转刻度盘旋钮，棱镜跟着一起转，调节到目镜中出现图 2-7 所示的位置时，表明此时的折射角正是该液体的临界折射角。

这样，就可在刻度盘上直接读出换算好了的折射率。

又由于空气的折射率作为 1 计，光从空气射入液体时，入射角大于折射角，在入射角为 90°时，根据折射定律：

$$n_1 \sin i = n_2 \sin r$$

可计算液体的折射率。

$$n_2 = \frac{1}{\sin r}$$

这里，r 即为临界折射角，不会超过 90°，故有机液体的折射率都不会小于 1。

2.3.3 阿贝折光仪的构造及操作方法

(1) 阿贝折光仪的构造

如图 2-8 所示，主要组成部分是两块折射率较大的直角棱镜，上面一块测量棱镜是磨砂面的，在整架仪器中起着重要的作用；下面一块辅助棱镜是光滑的，起散射光线的作用。上边有一个读数目镜及刻度盘（标尺），上面刻有 1.3000～1.7000 的格子，为已计算好的折射率。

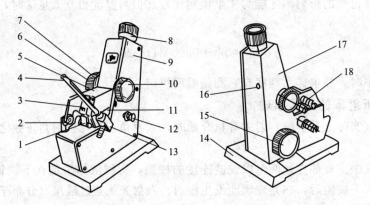

图 2-8 阿贝折光仪的构造图

1—反射镜；2—转轴；3—遮光镜；4—温度计；5—进光棱镜；6—色散调节手轮；
7—色散刻度值圈；8—目镜；9—盖板；10—棱镜锁紧手轮；11—折射棱镜座；
12—照明刻度盘聚光镜；13—温度计；14—底座；15—刻度调节手轮；
16—调节物镜螺丝孔；17—壳体；18—恒温器接头

(2) 阿贝折光仪的操作方法

先将折光仪与恒温槽相连接。恒温（一般是 20℃）后，小心地扭开直角棱镜的闭合旋钮，把上下棱镜分开。用少量丙酮/乙醇或乙醚润冲上下两镜面，分别用擦镜纸顺同一方向把镜面轻轻擦拭干净。待完全干燥，在光滑棱镜上滴加一滴高纯度蒸馏水。合上棱镜，适当扭紧闭合旋钮。调节反射镜使光线射入棱镜，转动刻度调节手轮，直到从目镜中可观察到视场中有界或出现彩色光带。倘出现彩色带，可调整消色散镜调节器，使明暗线清晰，再次转动刻度调节手轮使界线恰好通过"十"字的交点。还需调节望远镜的目镜进行聚焦，使视场清晰，记下读数与温度。重复两次，将测得的纯水的平均折射率与纯水的标准值（n_D^{20} 1.33299）比较，就可求得仪器的校正值。然后用同样的方法测定待测液体样品的折射率。一般说来，校正值很小。若数值太大时，必须请实验室专职人员或指导教师重新调整仪器。

(3) 使用折光仪应注意事项

液体放得过少或分布不均匀，就不易看清楚，应多加一些液体。对于易挥发液体，应以敏捷、熟练动作测定折射率，亦可从两块直角棱镜中间的小孔加液槽补加一些试样。

若棱镜背部有潮湿，使分界线模糊不清，应用擦镜纸擦干。

镜筒上的目镜可上下伸缩，调节焦距，但一般不须转动。刻度盘旁有一小反光镜，能使刻度盘明亮，使用前应先开启之。

2.3.4　折光仪的校正

折光仪的校正，可利用附件中的标准玻璃块，上面刻有固定的折射率。先将棱镜打开使其成水平，将 α-溴萘（$n_D^{20}=1.6580$）少许置于光滑面棱镜上，玻璃块就粘附在上面，转动左面刻度盘使所示刻度和玻璃块上的数值完全一样。然后调节到明晰分界线的两边，不像正式测定时所呈现的一明一暗现象，而是呈玻璃状透明，分界线仍清晰可见，然后用一小起子旋动右面镜筒下方的方形螺丝，使分界线对准叉线中心即可。

2.4　旋光度的测定

具有手性的有机化合物分子，可以使通过它的平面偏振光的振动面转过一定角度，振动面改变（旋转）的角度称旋光度。化合物不同，则旋转的角度不同。故可用旋光度来鉴定旋光性化合物。例如，酒石酸有四个旋光异构体，其中两个互为对映体，其余两个不表现出旋光性。互为对映体的右旋和左旋酒石酸具有相同的化学性质和物理性质，唯有在旋光性上表现出正负之分。外消旋和内消旋酒石酸，它们的化学性质相同而物理常数却又不相同。具体见表 2-3。

表 2-3　酒石酸的四个旋光异构体的物理性质

酒石酸	熔点/℃	溶解度/(g/100mL)	K_{a_1}	K_{a_2}	$[\alpha]_D^{20}$
右旋	170	139	1.1×10^{-3}	6.9×10^{-5}	$+12°$
左旋	170	139	1.1×10^{-3}	6.9×10^{-5}	$-12°$
内消旋	140	125	7.8×10^{-3}	1.6×10^{-5}	$0°$
外消旋	204	20.6	1.1×10^{-3}	6.9×10^{-5}	$0°$

测定旋光度的仪器是旋光仪，它的结构如图 2-9 所示。

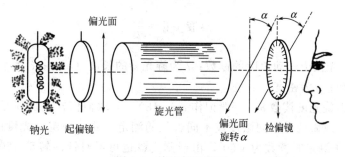

图 2-9　旋光仪示意图

当起偏镜与检偏镜正交时，经起偏镜产生的偏振光不能通过检偏镜，故目镜中，视场应是黑暗的（此时试样管放空或盛水）。而试样管中装入旋光物质的溶液时，先将偏振光的振动面转过一定的角度，此时若不转动检偏镜，则视场并不是黑暗的。只有当检偏镜转动一定角度时，才能恢复黑暗，这时检偏镜所转动的角度由刻度盘反映出来，即为旋光度。

但是旋转检偏镜使视场全部黑暗，肉眼很难正确判定黑暗程度。所以，在起偏镜后，另置两个小尼科尔棱镜，使视场呈现如图 2-10 所示的三个半影，仪器已调节使小尼科尔棱镜的光轴与起偏镜相差一适当角度，一般只有 2°～4°，这样一来，在有比较的情况下，肉眼就

a. 不相等   b. 不相等   c. 几近相等

图 2-10 旋光仪视场中三个半影的光强度

较易判断中间半影的明暗变化了。

　　测量前须先作零点校正。将蒸馏水装入旋光管中，使液面刚凸出管口，取玻璃盖沿管口壁轻轻平推入盖好，不宜带入气泡（若有小气泡，可倾斜旋光管，使小气泡进入管中的膨大部分，不阻挡光路），旋上螺丝盖，不使漏液（但也不宜旋得太紧）。旋光管放置妥当后，将标尺盘旋钮在零点左右略微旋动，至视场中三个半影的光强度几近相等，即视场呈不太亮的几近均匀的黄色光斑时，记下读数，重复操作，至少三次，若零点相差太大，仪器应校正。

　　在天平上精确称取 0.1～0.5g 已知样品，在 25mL 容量瓶中配成溶液。以少许溶液洗涤旋光管后（为何要洗？），把样品溶液装入旋光管开始测定时，旋动检偏镜，使刻度盘沿顺时针方向（或反时针方向）转动至视场出现三个半影光强与零度视场相一致时，读出旋光度值 α，并记下刻度盘转动方向。刻度盘顺时针方向转动时是右旋，记作 $+(\alpha+n\times180°)$，反之为左旋，记作 $-[(180°-\alpha)+n\times180°]$，$n$ 可能取 0、1、2、…自然数。值得注意的是，有时视场中三个半影光强虽觉一致，但其亮度远高于零点时的视场，此时的旋光度不能记录。

　　由于各化合物的旋光度与它的性质、浓度、测定时的温度、所用光线的波长以及它所通过液层的深度有关，所以常用比旋光度 $[\alpha]_D^t$ 表示各化合物的旋光性。这里 t 代表测定时的温度，D 代表用钠光做光源，比旋光度的数值可根据下式求出：

$$纯液体[\alpha]_\lambda^t=\frac{\alpha}{l\rho}$$

$$溶液[\alpha]_\lambda^t=\frac{\alpha}{cl}$$

　　式中，α 为旋光仪中转动角度的读数；l 为旋光管的长度（dm）；c 为浓度，每毫升溶液中所含溶质的克数；ρ 为密度。

　　一次测定所得旋光度读数 α，一般记作 $\alpha+n180°$，n 取何值？是加还是减？旋光仪不能分辨，故一般至少应做两个不同浓度或不同管长的测定，才能确定旋光度的真实值。例如，某样品以 2dm 管子测定时读数为 $+60°$，由于刻度盘也可反时针向转动 120° 得此读数，故 α 也可以怀疑是 $-120°$；现改以 1dm 的管子再测定，因 α 与 l 成正比，故其结果不外乎 $+30°$ 和 $-60°$，由此可判断出正确的读数（当然，此例还可怀疑是 n 值不同时的其他角度，仅靠改变一次管长来判定还不够）。

　　每个样品应重复测定三次，取平均值，同时还应记录测定时的温度、光源的波长、旋光管长、溶液浓度等参数，对于要求较高的测定，旋光管中的溶液还应置恒温槽中恒温后方可测定。

　　【实验】通过对果糖、葡萄糖等溶液旋光度的测定，计算其浓度。掌握旋光仪使用方法，了解旋光度测定的意义。

2.5　红外光谱（IR）

有机化学工作者的重要任务之一就是鉴定未知化合物的结构。比较传统的方法是首先通过元素分析确定有机化合物的组成元素和分子式，然后用一些经典的化学反应确定化合物的官能团，再通过一些特征反应确定化学碎片，最后推断其结构式。这种方法不仅费时费力，而且结论易出错，特别是对一些复杂的有机化合物，往往束手无策。

随着科学技术的发展，现代仪器分析已经发展成为一门独立的学科，为其他学科的发展和进步奠定了良好的基础，现在的有机化学工作者可以使用红外光谱（IR）、紫外光谱（UV）、核磁共振谱（NMR）、质谱（MS）等波谱技术分析有机化合物的结构。利用现代仪器分析不仅可以起到事半功倍的效果，而且结果正确率也大大提高，对测定有机化合物的结构而言，红外光谱与核磁共振氢谱技术最为常用，这里对红外光谱和核磁共振谱做简单的介绍，主要讨论谱图的解析。所列谱图主要是本书中合成实验所涉及的有机化合物。

2.5.1　红外光谱的基本原理

光是一种电磁波，红外光是指波长在微波与可见光之间的电磁波，波长范围在 $0.75\sim 1000\mu m$ 之间。习惯上又把红外光分为三个区域，波长在 $0.75\sim 2.5\mu m$ 的为近红外区，波长在 $2.5\sim 15\mu m$（即波数在 $4000\sim 660cm^{-1}$）的为中红外区（简称红外区），波长大于 $15\mu m$ 的为远红外区。大多数有机化合物在红外区有特征吸收。电磁波的区域划分如图 2-11 所示。

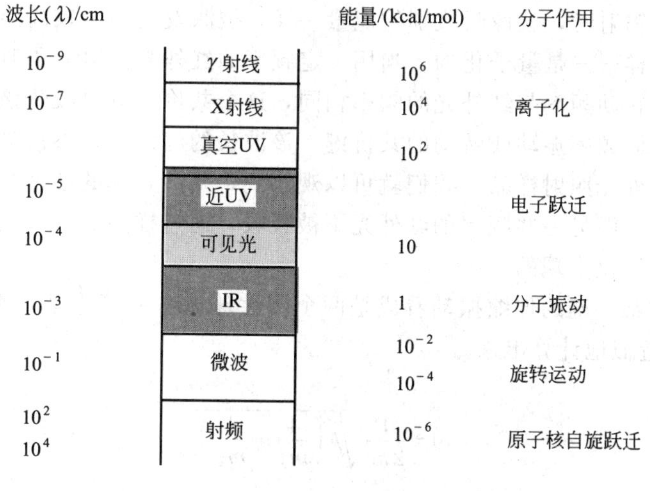

图 2-11　电磁波的区域划分

下面介绍几个红外光谱中常见术语：

$$E=h\nu=h\frac{c}{\lambda}$$

式中，E 为能量；h 为 Planck 常数，$6.63\times 10^{-34}m^2\cdot kg/s$；$\nu$ 为频率，Hz；λ 为波长；c 为光速，$3\times 10^{10}cm/s$。

$$\bar{\nu}=\frac{1}{\lambda}\times 10^4$$

式中，$\bar{\nu}$为波数，cm^{-1}。

有机化合物分子是由原子通过共价键连接在一起组成的，但分子并不是刚性体，它很像由弹簧连接在一起的刚性球。弹簧的弹性系数，对应于分子中共价键的键能，球的大小不一样，对应于分子中各个原子的质量。在分子中存在着两种最基本的振动方式——伸缩振动和弯曲振动，现以亚甲基为例简单说明振动的方式，见图 2-12。

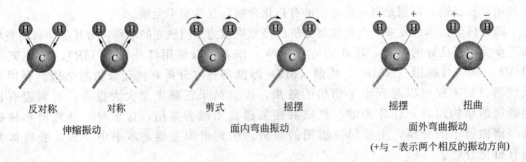

反对称   对称   剪式   摇摆   摇摆   扭曲

伸缩振动   面内弯曲振动   面外弯曲振动

(+与 −表示两个相反的振动方向)

图 2-12 亚甲基的各种振动方式

伸缩振动是指沿着键轴方向共价键的长短发生变化，弯曲振动是指共价键的键角发生变化的振动，各个化学键的振动频率不仅与化学键本身有关，而且也受整个分子结构的影响，需要说明的是，这些振动中只有引起分子偶极矩发生变化的振动才能吸收电磁波，这是因为振动引起电荷分布所产生的电场与红外辐射的电磁场发生共振而引起吸收。

分子吸收红外辐射时，就像吸收别的能量一样，被激发到一个较高能级，其吸收过程也像别的吸收过程一样——是量子化的。当用一定频率的红外光照射分子时，如果分子中有一个共价键的振动或转动频率与红外光的频率相同，这个共价键就要吸收该波长的红外光，如果分子中没有以相同频率振动或转动的共价键，该波长的红外光就不被吸收。因此，如果用频率连续变化的红外光照射样品，我们就可以观察到，某些频率的红外光被吸收了，通过样品后红外光就变弱，而另一些频率的红外光不被吸收，通过样品后红外光就较强，当然这种观察是通过红外光谱仪实现的。

如果将分子中某一键的伸缩振动看成是两个刚性球被一弹簧连结，则振动频率（波数）可用 Hooke 定律近似地计算出来。

$$\bar{\nu}=\frac{1}{2\pi c}\sqrt{k\left(\frac{1}{m_1}+\frac{1}{m_2}\right)}$$

式中，c 为光速，k 为化学键的力常数，大约为 $5N \cdot cm^{-1}$，双键与叁键分别为 $2k$ 和 $3k$，m_1 与 m_2 分别为相对原子质量。

2.5.2 红外光谱仪与红外光谱图

红外光谱仪的结构示意如图 2-13 所示。

红外光源能发射出波长在 $2\sim15\mu m$ 范围内的连续红外光，红外光的波长可通过波长选择器来选择，特定波长的红外光通过光束分离器分为两束强度相同的光，一束为参比光，另一束光通过样品，两者都通过检测器，检测两束光的差异，记录成图，即得样品的红外光谱图。

下面以硝基苯的红外光谱图（图 2-14）为例进行说明。

在红外光谱图中，纵坐标表示谱带的强度，常用 T（透过率）或 A（吸收率）表示。横坐标表示谱带的位置，一般用波数（cm^{-1}）表示即 $\bar{\nu}$（cm^{-1}）。

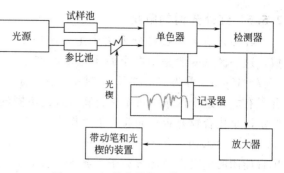

图 2-13　红外光谱仪工作原理图

2.5.3　样品的制备

（1）气体样品的制备

碱金属的卤化物对红外光是透明的，所以气体样品大都放在碱金属卤化物的玻璃密封池中进行测定，一般是先将吸收池抽真空，然后注入测试气体至所需压力，即可测量。

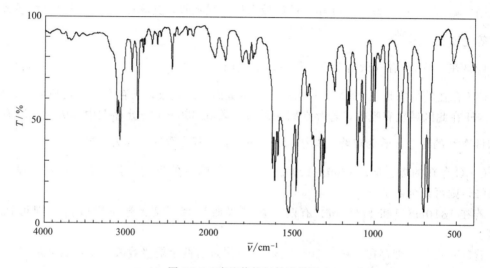

图 2-14　硝基苯的红外光谱图

（2）液体样品的制备

液体样品一般采用液膜法，将一滴样品放在一块抛光盐片上，然后用第二块抛光的盐片覆盖，轻轻压紧并作轻微的转动，以保证形成的液膜无气泡，需要注意的是：第一，在 2～15μm 范围内测试时，使用氯化钠片，若在波长较长的情况下测试时应采用溴化钾片。第二，注意防潮，盐片吸潮后会使入射光散射，使用后的盐片清洗后要放入干燥器。第三，对挥发性较强的液体应使用密封池。

（3）固体样品的制备

固体样品的制备有两种方法，一种是油糊法，将样品与红外吸收较简单的石蜡油或氟油混合成糊状，再将这种糊状物夹在两块盐板之间形成半透明液膜来测定；另一种是压片法，即将极细的样品粉末与溴化钾粉末混合均匀，装入一个能抽真空的模具中，抽空并加压使混合物成为一个透明薄片，即可使用。需要说明的是，无论是哪种样品，都必须是干燥的，因为水在约 3710cm^{-1} 处以及 1630cm^{-1} 处有强吸收，会对红外光谱图产生很大干扰，另外，样品中有水，会腐蚀由碱金属卤化物制成的红外吸收池。

2.5.4　有机化合物常见吸收谱带

各类有机化合物中化学键的常见吸收在有机化学理论课中有较详细讲述，在这里不再涉及，附录 14 列出一些常见红外吸收谱带。

2.5.5 红外光谱的解析

红外光谱图一般可分为两个主要区域。$4000 \sim 1300 \mathrm{cm^{-1}}$（$2.5 \sim 7.7 \mu\mathrm{m}$）是官能团区域，这一区域一般是由两个原子振动所产生的，与整个分子的关系不大。$1300 \sim 660 \mathrm{cm^{-1}}$（$7.7 \sim 15 \mu\mathrm{m}$）称为"指纹区"，其基本振动是多原子体系的单键伸缩加上弯曲振动，与整个分子有关，这个区域中每个化合物有彼此不同的谱图，犹如人的指纹彼此不相同，此区域对鉴定两个化合物是否相同起着很大作用。

对一份未知化合物的红外谱图，不要希望能得到整个分子的结构信息，红外光谱只能给出官能团的信息以及部分分子骨架的信息，需要与其他谱图如 NMR、MS 等相结合才能得到更多的信息，一般地说，面对一张未知化合物的谱图，应该做的是：

（1）首先检查羰基吸收峰是否存在

$\mathrm{C{=}O}$ 基团在 $1820 \sim 1660 \mathrm{cm^{-1}}$ 的区域内产生强吸收，其峰往往是谱图中的最强者，且具中等宽度。

（2）在 $\mathrm{C{=}O}$ 存在的情况下，检查以下基团是否存在

OH 存在的标志是在 $3300 \sim 2500 \mathrm{cm^{-1}}$ 产生宽而强的吸收，若存在该吸收则可认为是酸。NH 在此区域也有吸收，若存在则为酰胺。若在 $3500 \mathrm{cm^{-1}}$ 处存在中等吸收，则有可能是 NH 存在的标志，若为单峰，其结构为 $\mathrm{N{-}H}$，若为双峰，则为 $-\mathrm{NH_2}$。

C—O 存在的标志是在 $1300 \sim 1000 \mathrm{cm^{-1}}$ 有中等强度的吸收，若该谱带存在又没有羟基吸收峰，则可认为是酯。

若在 $1810 \mathrm{cm^{-1}}$ 和 $1760 \mathrm{cm^{-1}}$ 有两个羰基吸收谱带，又无羟基吸收谱带则可认为是酸酐。

若羰基吸收谱带存在，在 $2850 \sim 2750 \mathrm{cm^{-1}}$ 附近有两个弱吸收峰，则可认为是醛。

若只存在羰基吸收谱带，而无以上五种谱带，则可认为是酮。

（3）$\mathrm{C{=}O}$ 吸收谱带不存在时

若有 $3600 \sim 3300 \mathrm{cm^{-1}}$ 处羟基吸收谱带以及 $1300 \sim 1000 \mathrm{cm^{-1}}$ 处的 C—O 吸收谱带，则说明该化合物是醇或酚。

若有 $3500 \mathrm{cm^{-1}}$ 处的吸收谱带说明是胺，单峰为仲胺，双峰为伯胺，叔胺则无此吸收谱带。若无羟基吸收谱带，只有 $1300 \sim 1000 \mathrm{cm^{-1}}$ 的吸收谱带，则意味着该化合物是醚。

（4）以上检查结束后，检查双键与芳环是否存在

C＝C 在 $1650 \mathrm{cm^{-1}}$ 附近存在弱吸收。$1650 \sim 1450 \mathrm{cm^{-1}}$ 附近的中等或者强吸收则表明芳环的存在。以上判断还可借助于 C—H 伸缩振动吸收谱带来验证，芳环或 C＝C 上的 C—H 伸缩振动吸收谱带在 $3000 \sim 3150 \mathrm{cm^{-1}}$ 附近，而饱和烃的 C—H 吸收谱带在 $2850 \sim 3000 \mathrm{cm^{-1}}$ 附近。

（5）C≡C 与 C≡N 的特征吸收谱带

C≡N 在 $2240 \sim 2260 \mathrm{cm^{-1}}$ 附近有中等强度且尖的吸收谱带。C≡C 在 $2150 \mathrm{cm^{-1}}$ 附近有弱而尖的吸收谱带，若为端炔，其 C—H 伸缩振动产生的吸收谱带在 $3300 \mathrm{cm^{-1}}$ 附近。

（6）$\mathrm{NO_2}$ 存在的标志

在 $1600 \sim 1500 \mathrm{cm^{-1}}$ 与 $1390 \sim 1300 \mathrm{cm^{-1}}$ 处存在两个强吸收谱带。

若以上各吸收谱带都不存在，则未知化合物很可能是饱和烃，初学者应避免试图解释

IR 谱图中每个吸收带，应集中精力检查以上所提到的官能团是否存在，本书后面合成实验中的红外谱图供练习解析。

2.6　核磁共振谱（NMR）

2.6.1　核磁共振的基本原理

如果说红外光谱对分析化合物的官能团非常方便的话，核磁共振谱主要用来分析有机化合物的骨架，其基本原理是：分子是由原子组成的，而原子是由带正电的原子核与带负电荷的核外电子组成的，原子核是由带电荷的质子与不带电荷的中子组成的，当原子核的质量数与原子序数有一个是奇数时，它就像陀螺一样绕轴做旋转运动（图 2-15）。例如 ^1H 可作自旋运动而产生磁矩，而 ^{16}O 则不能产生磁矩。能自旋产生磁矩的原子核在均匀的外加磁场中的自旋取向与其自旋量子数 I 有关。根据量子力学理论，其自旋取向有 $2I+1$ 个，^1H 的自旋量子数为 1/2，故有 $2I+1$ 即两个取向。与外加磁场方向相同的，用 α 表示，为低能级；与外加磁场方向相反的，用 β 表示，为高能级，如图 2-16 所示。两个能级的能量差为 ΔE，ΔE 与外加磁场强度（H_0）成正比，其关系为：

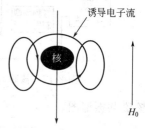

图 2-15　在外加磁场 H_0 中自旋的旋进

$$\Delta E = \gamma \frac{h}{2\pi} H_0$$

式中，γ 为磁旋比，是物质的特征常数，对于质子其值为 $26753 s^{-1}/Gs$，对于 ^{13}C 其值为 $6728 s^{-1}/Gs$，对于 ^{19}F 其值为 $25179 s^{-1}/Gs$；h 为 Plank 常数。

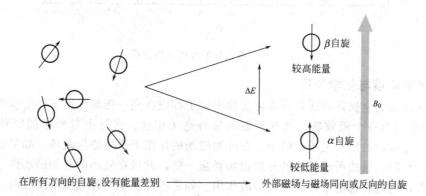

图 2-16　氢核（^1H）的自旋跃进

若外界供给一定频率的电磁波，电磁波所提供的能量恰好等于氢核两个自旋能级之差，氢核就吸收电磁波的能量而从低能级跃迁到高能级，这样就发生了核磁共振（NMR），本书所提的核磁共振是指最为常见的质子核磁共振（^1H NMR）。

核磁共振仪的基本结构如图 2-17 所示。核磁共振仪主要由以下几部分组成：磁场强度可变的电磁铁；不断旋转的样品管，其旋转速度一般为 40r/s，样品管与外加磁场磁力线垂直，样品管周围绕着与磁力线垂直的无线电波振荡器线圈以及既垂直于无线电波振荡器线

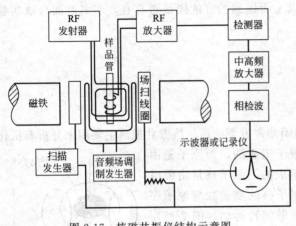

图 2-17　核磁共振仪结构示意图

圈的轴又垂直于磁力线的无线电波接收器线圈；记录器；现代的核磁共振仪一般都有积分仪，可以自动计算吸收峰的面积并以高度线或者数据给出。测量核磁共振谱时一般采用改变磁场强度的办法，以频率不变的电磁波照射样品时，调节外加磁场强度，在一定值 H_0 下样品中的某一特定化学环境的质子便能发生能级跃迁，接收器就会接收到信号，并由记录器记录下来。若以磁场强度为横坐标，以吸收能量为纵坐标，就可得到 NMR 谱图，图 2-18 所示为溴乙烷的核磁共振谱图。

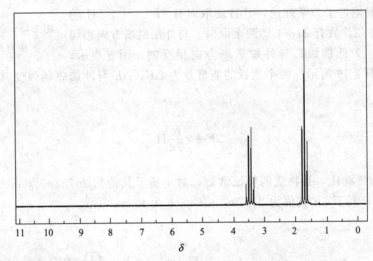

图 2-18　溴乙烷的核磁共振谱图

2.6.2　化学环境与化学位移

如果氢核是完全裸露的话，所有化合物中质子都应在同一磁场强度下产生能级跃迁，在 NMR 谱图中只有一个吸收峰，这样核磁共振将毫无用途。实际上氢原子周围环绕着电子云——即高速运动的核外电子，电子云在外加磁场的作用下产生感应磁场，如果感应磁场与外加磁场同方向，氢核所感受到的外加磁场要强一些，此核在较小的外加磁场作用下就能发生核磁共振，这时就称电子云起了去屏蔽作用。如果感应磁场与外加磁场反方向，氢核所感受到的外加磁场就要弱一些，为了发生核磁共振，只有增加外加磁场强度，这时就称电子云起了屏蔽作用。实际上，每个分子中不同位置的氢原子的周围电子云是不相同的——即所谓化学环境不同，为了使氢原子发生核磁共振就要使外加磁场的强度发生改变，这个改变值就是所谓的化学位移，这个改变值很小，例如，当外加磁场强度为 1.4T（特斯拉）时，共振频率为 60MHz，当外加磁场强度为 2.3T 时，共振频率为 100MHz，而此时不同化学环境中的氢原子吸收频率的改变值约在 600～1000Hz 的范围内，很难精确测量，所以，一般情况下选用一标准化合物作标准，与样品放在一起测量，我们只需测出相对标准物外加磁场的改变值就可知道样品分子中有多少化学环境不同的质子，而这个相对于标准化合物的改变值就是 NMR 谱图的横坐标——化学位移，其值通常用 δ 来表示，单位是百万分之一（10^{-6}），可用下式计算：

$$\text{化学位移}(\delta)=\frac{\text{信号位移}-\text{TMS 峰的位置}}{\text{核磁共振仪所用频率}}\times 10^6$$

一般选用四甲基硅烷$(CH_3)_4Si$(TMS)中的质子为参比，其优点是：

① 沸点低（27℃），易与样品分离。

② 信号为单一峰，且屏蔽效应很强，一般化合物的质子吸收峰在 NMR 谱图上都在它的左侧。

③ 性质稳定，一般不与样品发生化学反应。

④ 易溶于有机溶剂。

IUPAC 规定 TMS 的 δ 值为零，因此其他的吸收峰应为负值，但为方便起见，将负号省略，δ 值与磁场强度是相反的，δ 值小即谱图右侧为高场，δ 值大即谱图左侧为低场。也有部分文献中采用 τ 值表示化学位移，其与 δ 的换算关系为：

$$\tau=10-\delta$$

τ 值的优点是与磁场的强弱一致。

各类氢原子的化学位移见附录 15。

2.6.3　自旋偶合与自旋裂分

氢核的化学位移不仅受核外电子的影响，分子内氢核之间的相互作用也会对氢核的 NMR 谱图图形产生影响，这种氢原子核之间的相互影响叫自旋偶合，由自旋偶合而产生的 NMR 谱图图形的变化叫做自旋裂分。例如，在溴乙烷分子中，甲基上的三个质子的吸收峰为三重峰，这是由亚甲基上的两个质子的影响而产生的，而亚甲基上的两个质子的吸收峰为四重峰，这是由于甲基上的三个质子的影响而产生的，如图 2-18 所示。

以 1,1,2-三氯乙烷为例说明自旋裂分。氢核在外加磁场中有两种自旋取向，一种与外加磁场（H_0）方向相同，一种与外加磁场方向相反，因此，它就会使邻近氢核所感受到的磁场强度为加强的或者减弱的，对 H_b 而言，它实际感受到的磁场为 H_0+H_a，H_0-H_a，这样就使 H_b 的吸收峰分裂为二重峰，且强度相同。而对 H_a 而言，情况复杂一些，它所感受到的磁场为 $H_0+H_b+H_b$，$H_0+H_b-H_b$，$H_0-H_b+H_b$，$H_0-H_b-H_b$，即三种磁场强度，所以它的吸收峰为三重峰，且三个峰的强度之比为 1:2:1。峰与峰之间的距离就是自旋偶合大小的标志，叫做偶合常数，用 J 表示，单位为 Hz。J 与外加磁场无关，仅取决于分子的结构，一般地说，峰的裂分遵守 $n+1$ 规律，n 为相邻不同化学环境的质子数，即相邻质子数为 n 时，该质子的吸收峰裂分为 $n+1$ 个，裂分后吸收峰的强度遵守 $(a+b)^n$ 规律，即裂分后每个峰的强度为 $(a+b)^n$ 展开后各项系数，一般自旋偶合与自旋裂分仅产生于相邻的化学环境不同的氢核之间，相隔三个以上单键时不发生自旋偶合与自旋裂分，共轭体系与芳香体系的情况较为复杂，在这里不予讨论。

2.6.4　吸收峰的面积

在核磁共振谱图中，每组峰的面积与产生这组信号的质子数成正比，如果把各组信号的面积进行比较，就能确定各种类型质子的相对数目。现代的核磁共振仪都配有积分仪，可将每个吸收峰的面积进行积分，并在谱图上记录为积分曲线，或者直接以数字给出，非常方便。以每组吸收峰的积分高度相比就可得出各类质子的数目之比。

2.6.5　样品的制备

对液体样品可直接装入样品管加入内标进行测定，而对固体或黏度较大的液体，必须溶解于适当的溶剂里进行测定，对溶剂的选择有以下要求：

① 所选用的溶剂不能与样品发生反应，且对样品的溶解性较好，性质稳定。

② 溶剂的沸点应较低，黏度系数较小，便于回收样品。

③ 溶剂分子中应无对样品 NMR 谱图产生干扰的氢原子。

四氯化碳是最为常用的溶剂，它的稳定性良好，无干扰氢原子，但它的极性较小，对一些极性较大的样品溶解不利，故常用 $CDCl_3$、CD_3CO_2D、CD_3COCD_3、D_2O 等氘代化合物为溶剂，来溶解极性较大的样品。由于氘的 $I=1$，因而不发生核磁共振，不会产生干扰。最常用的内标为四甲基硅烷 $(CH_3)_4Si$（TMS），它的极性小，适用于极性小的溶剂，用量为溶液的 $1\%\sim4\%$，若使用 D_2O 等极性较大的溶剂时，则选用 2,2-二甲基-2-硅戊烷-5-磺酸钠（DSS）为内标。

测量的具体步骤是：

① 将样品溶于 $0.5\sim1mL$ 溶剂中，浓度为 20% 左右。

② 加入 $1\sim2$ 滴 TMS 或者其他内标。

③ 将完全溶解的样品溶液倒入核磁共振样品管中，盖好塑料盖，放入核磁共振仪中进行测定。

第3章 有机实验的基本操作

进行有机化学实验，不论是性质鉴定还是合成实验，都离不开基本操作。譬如在合成一种有机物时，总是要先选择仪器，加以装配，继而经过诸如加热、搅拌、冷却、过滤、干燥等一系列操作，得到粗制品。然后选用重结晶、萃取、蒸馏、色谱或升华等方法进行提纯，最后还要通过熔点、沸点、折射率、旋光度等物理常数的测定，来检验产物的纯度是否合格。实验时，如不注意基本操作，就会直接影响实验结果，甚至导致实验失败或造成事故，所以必须重视实验基本操作。

有机化学实验的基本操作很多，本章将几种最常用的操作，如塞子打孔、简单玻璃加工、重结晶、减压蒸馏、常压蒸馏、熔点与沸点的测定、色谱法等单独安排实验，进行专门训练。其余的如萃取、分馏、水蒸气蒸馏等分散在合成实验中进行。

3.1 有机反应操作

3.1.1 简单玻璃工操作

进行有机化学实验，必须用到玻璃仪器。大部分玻璃仪器可以直接使用，少部分玻璃制品需要自己动手制作。实验室经常用到需要自己动手制作的玻璃仪器有：测熔点和减压蒸馏所用的毛细管、薄层色谱用的点样管，蒸馏、气体吸收、水蒸气蒸馏装置用的弯管以及滴管、玻璃钉、搅拌棒、玻璃棒等。玻璃工操作是有机化学实验中的重要操作。

（1）玻璃管（棒）的清洗

加工玻璃前必须保证玻璃的洁净，必须对玻璃进行清洗。可以根据实验要求和玻璃的洁净程度选择清洗方法，一般情况下用洗涤剂洗涤后，再用清水冲洗干净，经干燥后再进行加工。

（2）玻璃管（棒）的切割

在进行玻璃工操作前必须把玻璃管（棒）切割到合适的长度，实验室经常用到的切割工具是三角锉刀。把待切割的玻璃管（棒）平放在桌面上，左手固定好玻璃管（棒）防止滑动，右手用锉刀在需要切割的地方朝一个方向快速锉出一个凹痕，不能来回锉。然后用双手水平握住玻璃管（棒），双手的大拇指顶住锉痕的背面，轻轻向前推，同时双手的其他四指向后拉，玻璃管（棒）就可以平整断开。

（3）弯玻璃管

先将玻璃管放在酒精喷灯（或煤气灯）的火焰中左右移动预热，除去管内水汽，然后双手持玻璃管，前臂支撑在实验台上，把要弯曲的部分放在火焰中加热，当玻璃管加热到发黄变软时，从火焰中取出，玻璃管因重力作用向下弯曲，两手再轻轻向上施力，顺势把它弯成一定的角度。如要弯90°或45°等小角度的玻管，可先弯成120°左右，然后继续加热，再分二次或三次弯成。

玻璃管弯成后，应检查角度是否准确，整个玻璃管是否处在同一平面上，然后把它放在石棉网上冷却，进行退火。

（4）制作滴管

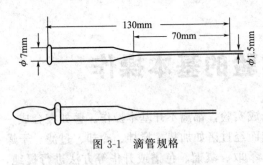

图 3-1　滴管规格

制作滴管一般在酒精喷灯上进行，加热方法与弯玻璃管相同，但加热时间要长一点，使玻璃管达到暗红色。这时玻璃管已很软，两手托住玻璃管，同向同速转动，上下不能左右摆动，以免烧软的玻璃管被扭曲和拉伸。把玻璃管移出火焰，慢慢地沿着水平方向向外拉伸至内径为 1.5～2mm 时，然后用一只手持玻璃管的一端，让另一端自然下垂，待稍定型后，把它放在石棉网上冷却。在拉细部分的中间截断，即得两根带尖嘴的玻璃管，规格如图 3-1 所示。

把细端在火焰边缘烧圆，再将粗端烧钦后在石棉网上按一下，或用镊子插入管口转一圈，使其边缘外翻，冷后装上胶头，即为胶头滴管。

（5）拉制熔点及沸点管

取薄壁玻璃管（直径约 10mm）或洗净并干燥过的软质试管（15mm×180mm）放在喷灯上加热。不断转动玻璃管，当玻璃管烧至红色变软时，移出焰外，两手从水平方向向外拉伸，拉时用力不要太猛，开始稍慢，其后加快，待拉成内轻约 1～1.5mm 的毛细管时，两手停住不动，以防变形。冷却后，截取长约 90～100mm 的一段（长短视提勒熔点测定管的规格而定），一端用小火熔封。熔封时将毛细管呈 45°放在酒精灯火焰的边缘，一边烧，一边来回转动，至顶端熔化并聚拢呈一点黄色时已封好。

同上法，用试管拉成内径 3～4mm 的毛细管。截取长约 80～90mm，一端用小火封闭，作为沸点管的外管。另用直径 10mm 的玻璃管，拉成内径为 1mm 的毛细管，截取两根，长约 80～90mm，先在酒精灯上将其一端熔封，然后再将封口在灯焰上对接起来，在离接头 4～5mm 处整齐切断，见图 3-2(a)，作为内管（称毛细起泡管）。若想简便一点，也可以将一根 90～100mm 长的毛细管，熔封一端，作为内管。把内管插入外管中，即构成一套沸点管。见图 3-2(b)。

对接处

切割处

(a)　(b)

图 3-2　沸点管

（6）塞子的选择与钻孔

在实验室经常用到橡皮塞，塞子塞入管口（或瓶口）的部分，应占塞子高度的 1/2～2/3，这样不仅保证塞子塞入后密闭而不松动，又能在实验结束后，装置易于拆卸。在实验中，有时连接不同的仪器时，需要在塞子上钻孔。塞子钻孔时，先在塞子两面对应的位置上转动钻孔器刃口，刻好钻孔位置记号，然后用滴管吸一滴润滑剂（甘油、水或肥皂水）滴入钻孔器刃口内壁，左手捏住塞子平放于木板上（若在实验台上打孔，易损伤台面），右手握住钻孔器并使其垂直于塞子平面，刃口压在预定位置，垂直压紧并向一个方向旋转，在刃口进入塞身约一半距离后，反向旋转拔出钻孔器。将塞子翻到另一面，同上法在塞子另一端的对应位置上钻孔，见塞芯捅出后，捅出钻孔器中的塞芯，钻孔即完成。钻孔时，应随时注意保持钻孔器与塞子平面垂直。从两头打通比从一头打通易得到垂直于塞子平面的孔道。若嫌孔小或孔道狭窄不平，可用圆锉适当加工。

3.1.2　加热和冷却

有机化合物的反应比较复杂，反应速度慢，所以有机反应常常需要加热，有的甚至在高温下才能反应；但是也有的反应在常温下不稳定，需要在低温下进行，所以必须根据实验要求选择加热和冷却方法。另外，在分离和纯化化合物时也要对化合物进行加热和冷却。

（1）加热

实验室中常用的热源有酒精灯、酒精喷灯、电炉、电热套等。实验室的玻璃仪器一般不宜直接加热，因为玻璃是热的不良导体，剧烈的温度变化和加热不均匀会造成玻璃仪器损坏；局部过热也会导致有机物部分分解甚至炭化；另外，有机溶剂易挥发，直接加热的明火会使空气中的有机蒸气燃烧甚至会引起爆炸。因此，通常采用间接加热的方式。间接加热的方式通常有以下几种。

① 水浴　当所需的加热温度不超过 80℃时，最好用水浴加热。优点是可使反应物受热均匀，反应物的温度一般低于水浴温度 20℃左右。实验室的水浴锅一般为不锈钢材质，电炉放在水浴锅下面加热，把需要加热的容器浸在水中（注意勿使容器接触水浴锅壁和底部，使反应液浸没在水浴中）进行加热。对于低沸点且易挥发的乙醚，则只能用预热的水加热。使用钾、钠等易与水反应的化合物的加热操作则不能在水浴上进行。

② 油浴　当所需的温度超过 80℃时，应当选择油浴进行加热。实验室常用的油浴用油有植物油、液体石蜡、甘油和硅油。油浴所能达到的最高温度取决于所用油的品种。

甘油最高可以加热到 140～150℃，温度过高则会分解。植物油一般最高可加热到 160～170℃，加入 1%的对苯二酚可增加油在受热时的稳定性，延长使用寿命。硅油可加热到 250℃，热稳定性好、透明度好，安全，是目前实验室里较为常用的油浴之一，但其价格较贵，且使用后容器外壁上附着的硅油很难洗涤干净。用油浴加热时，要防止着火，油浴中应放支温度计，随时观察油浴的温度变化，便于调节控制温度，防止温度过高而引发火灾。如果发现油浴受热冒烟情况严重时，应立即停止加热。在加热过程中，要注意防止水、试剂掉进油浴内。

③ 空气浴加热　空气浴加热就是利用热空气间接进行加热，温度可以控制在 80～250℃之间。经典的空气浴加热是在封闭性好的铁罐中放入要加热的仪器，加热时，热量先传递到铁罐中加热空气，再进一步传递给要加热的物质。目前实验中常用是简易的空气浴：石棉网加热和电热套加热。

石棉网加热　最简单的空气浴加热方式是用石棉网加热，烧瓶下放一块石棉网，在石棉网下面用电炉或燃气灯进行加热，可使烧瓶受热面大且较均匀。温度需求在 80～250℃之间的体系，一般采用这种加热方法。应该指出的是这种加热方式不适合低沸点且易燃烧的有机物的加热，水及沸点高且不易燃烧的物质，可采用此种加热方式。加热时必须注意石棉网与烧瓶之间应该留约 1cm 的空隙。

电热套加热　电热套是有机实验常用的一种简便、安全的加热设备。使用时烧瓶的外壁和电热套的内壁应有 1cm 左右的距离，以利用空气浴进行加热，且可防止局部过热。同时，要注意防止水、药品等物落入套内损坏电热套。

④ 沙浴加热　沙浴是在铁制盘中装入细沙，做成沙盘，将被加热容器下半部分埋在沙中，用电炉加热沙盘。沙浴温度可达 300～400℃，但是由于沙子传热慢、放热快，不易控温，因此使用较少。

（2）冷却

实验室常用的冷却剂有水、冰/水混合物、冰/盐混合物，其最低温度依次降低，究竟选择怎样的冷却剂，可以根据实验的具体要求来选择。实验室常用制冷剂的组成及制冷温度详见附录 3 和 4。

在冷却操作中有两点值得注意：一是不要使用超过所需冷却范围的冷却剂，否则既增加了成本，又影响反应速率，对反应不利；二是温度低于－38℃时，则不能使用水银温度计（水银凝固点－38.8℃）。对于较低的温度，常常使用装有机液体（甲苯可达－90℃，正戊烷可达－130℃）的低温温度计。

3.1.3 干燥和干燥剂

有机反应大部分都在有机溶剂中进行，很多反应需要在无水条件下进行，因为水可能与反应物或产物反应，造成实验失败。例如格氏反应、傅氏反应中，所用的原料和仪器都要求绝对干燥，否则反应就不能按照预期进行下去。在后处理过程中，液态有机物在进行蒸馏提纯前也必须进行干燥，此举可减少前馏分，提高产率；另外，很多液态有机化合物可与水形成共沸物，干燥能够破坏共沸物的生成，使有机物得到有效的纯化。一般，在获得有机化合物之后，要对其结构进行表征，表征之前被表征物也必须进行干燥，否则可能给出错误信息，影响表征结果的正确性。有机化合物的性质研究有时也需要在无水、干燥条件下进行，所以，干燥是有机化学实验必不可少的基本操作。

干燥又分液体干燥和固体干燥。

（1）液体有机物的干燥

① 干燥原理及干燥剂的选择原则　干燥的方法按其原理可分为物理方法和化学方法两种。

物理方法有加热、吸附、分馏、共沸蒸馏、离子交换等方法。近年来还常用冷冻干燥的方法除去化合物中的水分和溶剂。冷冻干燥是将含水的化合物冷冻到冰点以下，然后在较高的真空条件下使冰直接升华为蒸汽而除去水分的一种方法。物料可先在冷冻装置内冷冻，再进行干燥；也可直接在冷冻室内快速抽成真空而完成冷冻干燥，期间，升华产生的水蒸气借冷凝器除去。用其他方法不能彻底干燥的化合物，用这种方法都能得到很好的干燥。

化学方法是用干燥剂除水的方法，按照其去水反应可分为两类：（a）能与水发生可逆反应生成结晶化合物，例如无水氯化钙和无水碳酸钾吸水后分别生成 $CaCl_2 \cdot 6H_2O$ 和 $K_2CO_3 \cdot 2H_2O$ 等。由于是可逆反应，水分在一定条件下还会释放出来，如受热时含有结晶水的化合物就会重新释放出水分子。因此使用此类干燥剂时，不能加热。蒸馏时，被干燥化合物不能连同干燥剂一起倒入蒸馏瓶中一同加热；（b）与水起不可逆化学反应生成新的化合物，例如 P_2O_5、Na 和 CaO 与水的反应如下：

$$P_2O_5 + 3H_2O \Longrightarrow 2H_3PO_4$$
$$2Na + 2H_2O \Longrightarrow 2NaOH + H_2$$
$$CaO + H_2O \Longrightarrow Ca(OH)_2$$

干燥剂的种类繁多，究竟选择什么样的干燥剂，要根据具体情况具体对待。但选择干燥剂时，应遵循一定的原则。例如，液体化合物的干燥，通常干燥剂直接与液体化合物接触，所以要求：干燥剂与被干燥的有机物不发生化学反应或催化作用；干燥剂不溶于有机物中，且吸附有机物的能力小；干燥快，吸水量大，价格便宜；干燥剂的用量应适中：加量少干燥效果不好；加量大容易吸附被干燥的有机物，造成产品损失。干燥剂的用量没有统一的标准，要根据被干燥化合物的量和水在被干燥化合物中的溶解度决定。一般参考用量为每10mL液体加 0.5～1g 干燥剂。加入干燥剂后应时加摇动，以提高干燥效率。加入后的干燥剂应容易转动，颗粒分明，如果发现干燥剂附着在瓶壁、互相黏结或摇动时不易旋转等情况，通常表示干燥剂不够，应更换另一干燥容器，再酌情补加干燥剂。干燥剂的颗粒大小要适中、均匀，一般似黄豆粒大小为宜。颗粒太大则吸水很慢；若研成粉末，干燥效果虽好，但过滤困难，难以与产物分离。若使用无水氯化钙，一般不要取粉状的，粉状的表明已经吸收了一些水分，块状且有氯气味道的是比较干燥的。否则干燥时容易成泥状，造成分离困难。

② 常用的干燥剂　常用的干燥剂种类见附录 5。

③ 液体有机物的干燥操作　干燥前应尽量将被干燥液体中的水分分离干净，不应有可见的水层和乳化层。将液体放入大小合适且干燥的锥形瓶中，把选定的干燥剂投入液体里，用塞子塞紧振摇片刻，静置 20min 左右，期间应多摇动几次，使所有水分被吸去。将滤液与干燥剂分离后再进行蒸馏精制。

（2）固体有机物的干燥

由重结晶得到的固体常常带有水分或溶剂，应根据化合物的性质选择适当的方法进行干燥。

① 自然晾干　若被干燥的固体有机物性能稳定、不易分解和吸潮，可采用自然晾干的办法进行干燥。这是最经济、方便的方法。将固体放在表面皿上，摊成薄薄的一层，上盖一张滤纸，使其在空气中慢慢地晾干。

② 加热干燥　对于熔点较高、热稳定性好的固体有机化合物，可利用烘箱或红外灯烘干。但是必须注意加热温度应低于有机物的熔点，避免固体氧化变色和分解。在烘烤时应随时翻动避免固体烤焦或结块。

③ 干燥器干燥　对于易吸潮或在较高温度易分解、升华或变色的固体化合物可用干燥器干燥。干燥器有普通干燥器和真空干燥器两种。在干燥器底部放置干燥剂，吸收样品中的水分。真空干燥器抽空后，容器内压力较低，干燥效率相对较高。

某些有机化合物，用以上方法都不能得到有效地干燥，还可以采用干燥箱或真空干燥箱干燥。真空干燥箱不但可以加热，还可以抽真空，干燥效率高。此外，还可以采用冷冻干燥。使用冷冻干燥时必须注意，固体里的水分或溶剂不能太多，必须和上面介绍的干燥方法配合使用，作为最后的干燥步骤。

3.1.4　常用反应装置及操作

进行有机化学实验时，必须有一定的反应装置和处理装置。一个复杂的有机化学实验通常是由几个单元反应组合而成的，所用的仪器装置也相对比较固定，常用的单元反应装置有回流、蒸馏、分馏、气体吸收、滴加、搅拌、气体发生等，使用时可根据具体的反应要求做适当的调整。

（1）回流装置

有机化学实验常用的回流装置主要由烧瓶与回流冷凝管构成（图 3-3），回流冷凝管一

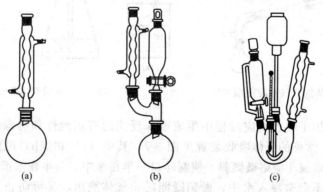

（a）　　　　　　（b）　　　　　　（c）

图 3-3　常见的回流装置

般用球形或蛇形的。回流加热前应先加入沸石防止暴沸，中途如果停止加热，必须重新加入沸石。如果有搅拌的情况下，可不用加沸石。回流的速度应控制在液体蒸气浸润面不超过两个球为宜，回流的速率应控制在每秒1～2滴。

（2）蒸馏装置

蒸馏是分离两种以上沸点相差较大的液体混合物的常用方法，蒸馏能分离沸点相差30℃以上的两种液体，图3-4是最常用的蒸馏装置。如果要分离沸点相差较小的液体混合物应采用分馏的方法（图3-5），另外蒸馏还经常用于除去反应混合物中的有机溶剂。如果蒸馏过程需要防潮，可在接收管处安装干燥管。如果馏分沸点在140℃以上，则应改用空气冷凝管进行蒸馏（图3-6）。

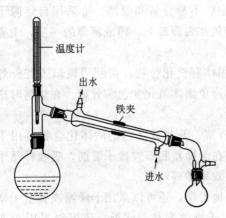

图 3-4　常用蒸馏装置

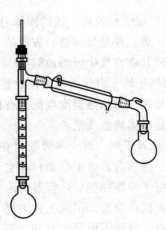

图 3-5　常用分馏装置

（3）气体吸收装置

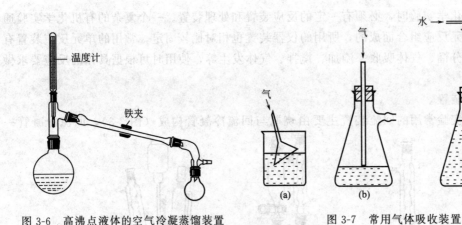

图 3-6　高沸点液体的空气冷凝蒸馏装置　　　图 3-7　常用气体吸收装置

气体吸收装置用于吸收反应过程中生成或未反应的有刺激性和有毒的气体（例如氯化氢、二氧化硫等）。常见的气体吸收装置见图3-7，其中（a）和（b）可作少量气体的吸收装置。（a）中的玻璃漏斗应略微倾斜，使漏斗口一半在水中，一半在水面上，保持与大气相通，但要保证漏斗不会全浸入水中，做到既能防止气体逸出，又可防止水被倒吸至反应瓶中。若反应过程中有大量气体生成或气体逸出很快时，可使用装置（c）。水自上端流入抽滤瓶，在恒定的水面上从抽滤瓶支管稳定溢出，粗的玻璃管恰好伸入水面，被水封住，以防气体进入大气中，吸收效果较好。

（4）搅拌装置

搅拌是有机制备实验中常见的基本操作之一。反应在均相溶液中进行时，一般可以不用搅拌，因为加热时溶液存在一定程度的对流，从而保持液体各部分均匀受热。如果是在非均相反应或反应物之一需不断加入时，为避免因局部过浓过热而导致其他副反应发生，则需要进行搅拌，使反应温度均匀，缩短反应时间和提高效率；另外，当反应物是固体时，有时不搅拌可能会影响反应顺利地进行，也需要进行搅拌操作。

经常用的搅拌方式有三种：

① 人工搅拌 此方法用于反应时间较短、反应物较少或加热温度不太高，反应物不易挥发，毒性低的情况。如在苯甲醛歧化制苯甲酸与苯甲醇的实验中。

② 电磁搅拌 如果反应时间比较长，但反应体系为低黏度的液体或含少量固体，可以用电磁搅拌。其优点是易于密封，不占用瓶口，搅拌平稳。现在的电磁搅拌器大多具备加热、搅拌、控温等多种功能，十分方便。

③ 电动搅拌 电动搅拌又称机械搅拌，当反应液的黏度较大或反应物的量较多时，电磁搅拌就不能发挥很好的作用，此时可以采用力量较大的机械搅拌装置。机械搅拌装置相对于电磁搅拌装置稍复杂，一般包括电动搅拌器、搅拌棒、密封装置以及回流或滴加装置等部分。电动搅拌器由具有活动夹头的小电动机和调速器组成，电动机一般固定在铁架台上，电动机带动搅拌棒起搅拌作用，用变速器调节搅拌速率。

为保证搅拌的平稳，机械搅拌一般都安装在三口烧瓶的中间口上，回流或滴加装置安装在边口上，必要时也可用多口烧瓶或瓶口加装 Y 形管。

机械搅拌的搅拌棒通常由玻璃棒或聚四氟乙烯制成，或在不锈钢外复合聚四氟乙烯膜制成，常用的几种见图 3-8(a)。

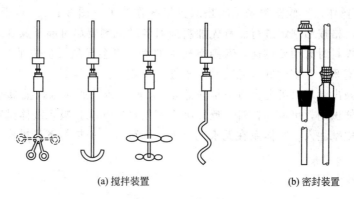

(a) 搅拌装置　　　　　　(b) 密封装置

图 3-8　常见的搅拌和密封装置

密封装置主要是在搅拌操作中防止反应物、生成物和溶剂外逸而采取的密封措施。图 3-8(b) 左图是液体密封装置，常用的密封液体是液体石蜡、甘油和汞。液体密封装置因操作困难，不常用。实验室较常用的是简易密封装置 ［图 3-8(b) 右图］，由两部分组成，上部分是内径比搅拌棒略粗的聚四氟乙烯密封塞，下面一部分为标准口塞，两部分之间可以像螺丝和螺帽一样结合在一起，中间为硅胶密封垫。使用时先在密封塞下端插入已制好的搅拌棒，在垫圈与搅拌棒接触部分涂上润滑油，对搅拌棒可起润滑和密闭作用，旋上密封塞，并把标准口塞与烧瓶连接即可。

搅拌棒的上端用橡皮管与电动机轴连接，下端接近三口烧瓶底部约 3～5mm 处，搅拌时要避免搅拌棒与烧瓶及温度计相碰。在进行操作时应将中间瓶颈用铁夹夹紧，从仪器的正面和侧面仔细检查，进行调整，使整套仪器从侧面看在一个平面内，注意不能使烧瓶内物料对搅拌棒的转动产生过大的阻力。

（5）无水无氧操作

在有机化学实验中，有些化合物对空气中的氧气或水敏感，在这种情况下就要在无水无氧条件下进行实验。无水无氧操作有以下几种。

① 惰性气体保护的反应　直接向反应体系中通入惰性气体进行保护的一种操作。对于一般要求不是很高的反应体系，可采用直接将惰性气体通入反应体系底部置换出空气的方法，这种方法简便易行，广泛用于各种常规的有机合成，是最常见的保护方式。根据反应需要，惰性气体可以是普通纯度的氮气，也可以是高纯度的氮气或氩气。

② 手套箱　对于需要称量、研磨、转移、过滤等较复杂操作的无水无氧操作体系，通常采用在一充满惰性气体的手套箱中操作。常用的手套箱是用有机玻璃制作的，在其中放入干燥剂即可进行无水操作，通入惰性气体置换其中的空气后则可进行无氧操作。有机玻璃手套箱不耐压，不能通过抽气置换其中的空气，空气不易被置换完全。另外，使用手套箱也会造成惰性气体的大量浪费。

严格无水无氧操作的手套箱是用金属制成的。操作室带有惰性气体进出口、氯丁橡胶手套及密封很好的玻璃窗。通过反复三次抽真空和充惰性气体，可保证操作箱中的空气完全置换为惰性气体。

③ Schlenk 技术　对于无水无氧条件下的回流、蒸馏和过滤等操作，应用 Schlenk 仪器（图 3-9）比较方便。所谓 Schlenk 仪器是为便于抽真空、充惰性气体而设计的带旋塞支管的普通玻璃仪器或装置，旋塞支管用来抽真空或充放惰性气体，保证反应体系能达到无水无氧状态。

④ 高真空线操作　实验室常采用的是双排管操作技术（图 3-10）。对于无水无氧操作，每步操作都必须严格按照规定进行。首先加料前对各种试剂要尽可能干燥处理，对水、氧敏感反应体系，在投料时必须要迅速，否则空气中的水、氧会导致反应失败。反应器（烧瓶）一颈口用橡皮塞塞紧，并密封好（尤其是塞子处）反应器。打开氮气瓶和真空泵，调节二通活塞，先用氮气鼓出氧气（可考虑真空加热除水），再旋转二通活塞，抽真空，如此反复三次。如需加入液体试剂，可取一针管，反复吸入氮气排空几次，吸入液体试剂通过注射器插入反应瓶口的橡皮塞注入。待体系在无水无氧下，即可进行加热等下步操作。一般采用磁力搅拌助于反应。

图 3-9　Schlenk 瓶

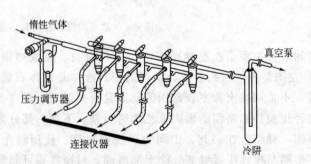

图 3-10　双排管式玻璃分配管

（6）实验装置的装配方法

仪器装配的正确与否，关系到实验的成败。对于不同的实验，其实验装置的装配是不同的，将在有关章节中详述。此处仅介绍装配仪器时应当遵循的一般要求。

在装配仪器装置时，选用的玻璃仪器和配件都必须是干净和干燥的，否则会影响产品的质量或产量，选用的仪器大小要恰当。在装配仪器时，应首先选定主要仪器的位置，然后按照一定顺序逐个装配其他仪器。如在装配蒸馏装置和回流装置时，应首先根据热源的高低来确定圆底烧瓶的位置，然后用铁夹夹住，松紧适当；铁夹不能与玻璃直接接触，应将夹子套上橡皮管或贴上石棉垫，应夹住烧瓶的瓶口，冷凝管应夹住其中央部分；在装配常压反应的仪器时，仪器装置必须与大气相通，不能密闭，否则，加热后产生的气体或有机物的蒸气在仪器内膨胀，会使压力增大，易引起爆炸，一定不要在回流冷凝管上加塞子；有些反应需进行无水操作，为避免空气中湿气的作用，可在仪器和大气相通处安装一个氯化钙干燥管；在实验操作前应仔细检查仪器装配得是否严密，以保证反应物不受损失，避免挥发性易燃液体的蒸气进出，造成着火、爆炸或中毒等事故；安装仪器时，一般是从下到上，从左到右。

拆卸仪器时按相反的顺序，逐个拆除。反应结束后，应及时拆除仪器，并洗净晾干，防止仪器粘连损坏。

3.2　有机物的后处理——分离和提纯操作

有机化合物（液态或固态）的分离和提纯方法主要是重结晶、升华、常压蒸馏、减压蒸馏、分馏、萃取、色谱法等。

3.2.1　重结晶与过滤

重结晶是利用被提纯物质与杂质在同一溶剂中的溶解度随温度变化的差异，将其分离的一种操作，是提纯固体有机产品最常用的方法，一般适用于纯化杂质含量在 5% 以下的固体有机化合物。在有机化学反应制取的固体产物中，常伴随少量杂质，包括由主反应生成的次产物、副反应产物、未参加反应的反应物、溶剂等，常常用重结晶进行纯化处理。

重结晶法的原理是：先选定一种溶剂体系，利用产品与杂质在不同温度下在该溶剂中溶解度的巨大差异，通过对近饱和热溶液进行热过滤、冷却、过滤等一系列操作，使产品纯化。溶剂的选择及过滤方法是否得当是相当重要的问题，对被提纯物质的纯度与收率有着重要影响。

（1）溶剂的选择

溶剂有单一溶剂和混合溶剂两类。不管哪种溶剂，都应使它对产品的溶解度在高温时较大而室温或低温时很小；而对杂质来讲，溶解度要么很大（以便使饱和热溶液冷却析出结晶后，杂质留到母液中而分离），要么很小（可使杂质在热过滤时被滤去）。此外，应考虑到任何溶剂都不允许与重结晶物质发生化学反应；它们应该是与重结晶物质易于分离、有一定挥发性的液体；至于毒性、易燃性、价格等方面，也是选择溶剂时需考虑的因素。

选用何种溶剂重结晶，可先根据需重结晶物质的成分和结构，应用相似相溶经验规则，大致做一估计。例如，含羟基的物质，极性较强，一般都能溶在水和醇类溶剂中。高级醇由于碳链的增长，碳链对羟基的屏蔽，在水中的溶解度显著减小，而在乙醇和碳氢化合物中的溶解度就增大，所以醇、水、轻汽油等都可优先考虑。进一步选择溶剂需要查阅手册，需要关注的是能否满足高温易溶而室温难溶的基本要求。有时由于手册的局限性难以得到详尽的数据，所以最可靠的办法是做试验。方法是：取几个小试管，各放入约 0.2g 要重结晶的物质，分别加入 0.5～1mL 不同种类的溶剂，加热沸腾至完全溶解。冷却后，能析出最多量晶体的溶剂，一般可认为是最合适的。有时在 1mL 溶剂中尚不能完全溶解，可用滴管逐步添加溶剂每次 0.5mL，并加热至沸，如果固体物质在 3mL 热溶剂中仍不能全溶，可以认为此溶剂不适于重结晶之用。如果固体在热溶剂中能溶解，而冷却后无晶体析出，这时可用玻璃棒在液面下的试管内壁摩擦，以促使晶体析出，若还得不到晶体，则说明此固体在该溶剂中溶解度过大，这样的溶剂也不适用于此种物质的重结晶。

如果重结晶物质易溶于某一溶剂（良溶剂）而难溶于另一种溶剂（不良溶剂），且该两种溶剂能互溶，那么就可以用二者配成的混合溶剂进行试验。常用的混合溶剂有乙醇-水、甲醇-乙醚、乙醇-乙醚、乙醇-丙酮、乙醇-氯仿、乙醚-石油醚、苯-乙醚等。用混合溶剂重结晶，效果常常不亚于用单一溶剂。

操作方法：先将样品溶于沸腾的易溶溶剂中，趁热滤去不溶物，在热滤液中滴入难溶溶剂，至溶液变浑浊，再加热（或滴加少量易溶溶剂）使澄清，放冷至结晶析出。若冷后析出油状物，则可调节两溶剂比例做相同条件下的结晶试验，选取析出晶体最多最好的溶剂混合比例。如果结果仍不理想，需要选择其他溶剂做试验。

（2）减压过滤与加热过滤

影响重结晶效果的因素很多，过滤操作是否得当是一大关键。

过滤方式有普通过滤、减压过滤（抽气过滤）和加热过滤等几种。

普通过滤通常指一般实验室用的玻璃漏斗中铺润湿滤纸的过滤。在有机实验中还常采用在漏斗颈部塞疏松棉花或玻璃毛代替滤纸的方法，用以滤去有机液体中的大颗粒固体。但当固体颗粒细小时，过滤物易堵塞滤纸细孔使过滤速率很慢，分离效果差，此时应改为减压过滤。

① 减压过滤（抽气过滤） 减压过滤是用泵（常为水泵）对过滤系统进行抽气减压，使待滤物受大气压力作用而加快过滤进程的一种操作，简称抽滤。

抽滤装置如图 3-11 所示，瓷质布氏漏斗经橡皮塞（圈）与收集滤液的耐压抽滤瓶紧密连接，抽滤瓶可以直接连接抽气泵，但最好在瓶与泵之间接连一个缓冲瓶（配有二通活塞的抽滤瓶。调节活塞，可有效防止水的倒吸）。若用油泵，还应增加连接吸收水汽的干燥塔等装置，以保护油泵（参见减压蒸馏装置）。

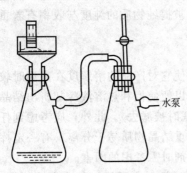

图 3-11 带有缓冲瓶的抽滤装置

过滤时，用略小于布氏漏斗内径的圆形滤纸平铺于漏斗内，滤纸大小以能紧贴盖住所有滤孔为准，边沿不能翘曲。抽滤前，先用少许溶剂润湿滤纸，然后打开水泵开关，使滤纸贴紧，再慢慢将被过滤物倒入漏斗中，使固体均匀分布于滤纸面上，持续抽气至无液滴为止。以平底干净玻璃瓶塞轻按固体，使滤饼尽量压干、抽干。滤毕，拔掉抽气管或放空缓冲瓶上的活塞，恢复常压，再以少许溶剂渗透滤饼，重新抽气过滤，重复几次，可得洗净抽干的固体。

过滤强酸、强碱性溶液，应在布氏漏斗中铺以精制石棉或玻璃布代替滤纸。

抽滤操作的分离效果好，省时，可直接得到较干燥的固体。缺点是挥发性溶剂在抽滤时损失较多。

② 加热过滤 加热过滤简称热滤，是防止高温溶液遇冷过早结晶的过滤方法。

通常采用用金属制保温漏斗（图 3-12）内衬普通玻璃漏斗，进行热滤操作。操作时，

将玻璃漏斗置于保温漏斗中，加热保温漏斗夹套中的热浴
（一般采用较多的是水），使过滤在相对高的温度下进行，减
少了溶质由于温度降低而过早从过饱和溶液中析出结晶导致
分离失败的可能。此法温度控制得当，过滤快，滤纸上除杂
质外极少看到结晶物质析出。

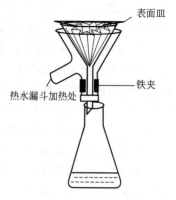

图 3-12　热过滤装置

　为了尽量利用滤纸的有效面积加快热滤速率，常将普通
滤纸折叠成所谓菊形滤纸，折叠方法如下：先把圆形滤纸折
成半圆，再对折成两个 90°扇形，然后按图 3-13(a) 所示将折
痕 2 与 3 对折出折痕 4，1 与 3 对折成 5，接着 2 与 5 对折成
6，1 与 4 对折成 7，如图 3-13(b)。2 与 4 对折得 8，1 与 5 对
折得 9，如图 3-13(c)，这时折好的滤纸槽全都向外，纸楞全
部向里，如图 3-13(d)，再在等分的折片中间朝反方向折一折纹，得到槽与楞交错排列像扇
子一样的折纸，最后滤纸两端 1 与 2 再向相反方向各折叠一次，展开后得到如图 3-13(e) 般
完好的折叠滤纸。

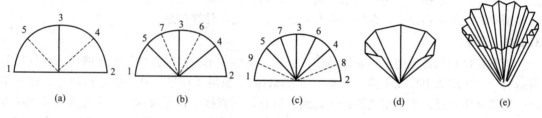

图 3-13　扇形滤纸的折叠

　每次折叠时，在靠近折纹集中点处，切勿对折纹反复挤压，否则滤纸的中央易在过滤时
破裂（穿滤）。在使用前，应将折好的滤纸翻转并整理好后再放入漏斗中，这样可避免被手
指弄脏的一面接触滤液。过滤时，扇形滤纸不必用溶剂润湿，直接把热的饱和溶液分次迅速
倒入漏斗中即可。在漏斗中的液体不宜积得过多，以免析出晶体，堵塞漏斗。滤液温度越
高，操作越快，过滤效果越好。

　（3）重结晶操作步骤

　① 高温近饱和溶液的配制　溶液的配制可在烧杯中进行。对易挥发或易燃溶剂，为减
少挥发和避免着火，重结晶应在锥形瓶中进行。此时锥形瓶上应装上回流冷凝管，溶剂可由
冷凝管上口加入。先加入少量溶剂，加热到沸腾，然后逐渐添加溶剂（加入后再加热煮沸），
直到固体全部溶解后，再加入少许溶剂。但应注意不要因为重结晶物质中含有不溶解的杂质
而加入过量的溶剂。除高沸点溶剂外一般都在水浴上加热。注意：在加入易燃溶剂时，应先
把明火熄灭。

　② 脱色除去有色物质　近饱和热溶液中若只有不溶性杂质，则趁热过滤除去即可，若
包含有色杂质，一般采取活性炭吸附脱色的办法，活性炭用量约为被提纯固体量的 1%～
5%，不可过多。如一次脱色不尽，可两次、三次反复操作直至脱色完全为止。

　加入活性炭时，溶液温度不能很高（要在沸点以下），否则易引起暴沸。切忌不能在溶
液沸腾时加入活性炭。如需补加，应该使溶液降温在沸点以下才能进行。

　活性炭在极性溶剂及水溶液中脱色效果较好，而在非极性溶剂中效果较差，对于非极性
溶剂，可用活性氧化铝脱色。

③ 趁热过滤　加活性炭后的溶液，煮沸 3～5min 后即进行热滤，使杂质留于漏斗中。若在滤液中发现炭粒，应重新热滤。

④ 冷却、结晶、过滤、干燥　高温滤液经自然冷却，产品即因溶解度随温度降低而下降，自饱和溶液中结晶出来。若冷却后仍不见结晶，可用玻棒摩擦瓶壁或加入少许该晶体的晶种，使晶体析出。结晶较细或太大都可能吸附或包藏杂质。滤液若以冷水强制迅速冷却，所得晶粒较细，故不能只图快而不讲究结晶质量。若结晶量少，可能是操作中加溶剂过多，可适当蒸发掉部分溶剂后再冷却结晶。冷至室温后，再以冰水深冷，结晶量还可增加。

晶体与母液用抽滤法分离，尽量洗净、抽干。

在得到抽干的晶体后，重结晶过程基本结束，但结晶中还含有少量的溶剂，尚需进一步干燥，制得纯品。干燥的方法较多，可参阅本书 3.1.3 节中的固体有机化合物的干燥操作。

【实验】粗乙酰苯胺的重结晶

称取 3.0g 粗乙酰苯胺于 100mL 水中，煮沸使其全部溶解。稍冷后，加入少许（约 0.05g）活性炭，再煮沸 5min，以除去有色物质。趁热在热滤漏斗中过滤，让滤液自然冷却至室温，使晶体尽可能析出，然后抽滤，使晶体与母液分离，尽量抽干滤饼。当漏斗不再有液体流出时，停止抽气，用少量水湿润滤饼，然后再开动水泵，再次抽干滤饼，最后将滤饼转移到有滤纸的表面皿上，在空气中充分晾干。称量，计算收率。

3.2.2　升华

固态有机物的提纯通常用重结晶法，但对于某些在不太高的温度下有足够高的蒸气压的固态物质（在熔点温度以下蒸气压高于 20mmHg），也可采用另一种方法进行纯化，即升华法。所谓升华就是固态物质受热尚未达到其熔点，而直接气化变为蒸气，然后蒸气又直接冷凝为固态的过程，在气化和冷凝这两个过程中均没有液态出现。通过升华操作可除去难挥发性杂质，也可分离有不同挥发性的固体混合物。升华的优点是经升华后的物质纯度较高，但操作时间长，物料损失大，因此在实验室里一般用于较少量化合物（1～2g）的纯化。

(1) 升华原理

为了了解升华的原理，首先介绍物质固态、液态、气态的三相图。

在图 3-14 中 ST 表示固相与气相平衡时的蒸气压曲线，TW 表示液相与气相平衡时的蒸气压曲线，TV 表示固相与液相平衡时的蒸气压曲线，三条曲线在 T 处相交，T 点即为三相点。

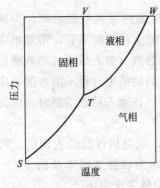

图 3-14　物质三相平衡图

从图 3-14 中可以看出，在三相点以下，化合物只有气、固两相。若温度降低蒸气就不经过液态而直接变为固态。所以，一般升华都在三相点温度以下进行。若某化合物在三相点温度以下蒸气压很高，则气化速率就快，这样，受热后就容易从固态直接气化变为气态。由于化合物的蒸气压随温度降低而降低，蒸气遇冷即凝结为固态。例如，樟脑在 160℃ 时的蒸气压为 29.17kPa（218.8mmHg），这就是说当加热还未达到樟脑的熔点（179℃）时就有很高的蒸气压，这时只要缓慢加热，温度不超过熔点，樟脑就可以不经过液体而变为气态，蒸气遇冷的瞬间又直接变为固态，这样的蒸气压可以维持很长时间，直到樟脑全部变为蒸气为止。

(2) 升华的操作步骤

将待精制的物质放入蒸发皿中，用一张扎有若干小孔的圆滤纸把锥形漏斗的口盖起来，把此漏斗倒盖在蒸发皿上，漏斗颈部塞一团疏松的棉花，如图 3-15 所示。

在沙浴或石棉网上将蒸发皿加热，逐渐升高温度，使待精制的物质气化，蒸气通过滤纸孔，遇到漏斗的内壁，又冷凝为晶体，附在漏斗的内壁和滤纸上。在滤纸上扎小孔可防止冷凝后形成的晶体落回到下面的蒸发皿中。

较大量物质的升华，可在烧杯中进行，如图 3-16 所示。烧杯上放置一个通冷水的烧瓶，使蒸气在烧瓶底部凝结成晶体，并附着在瓶底上。升华前，必须把要精制的物质充分干燥。

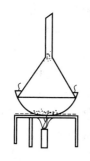

图 3-15　升华装置

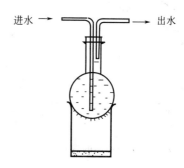

图 3-16　较大量物质的升华装置图

图 3-17 是一种适于少量物质的真空升华装置，将粗细相差较大的两个指形管用橡皮塞连结，细管充满冷凝水，粗管壁厚，耐压，接减压装置，在粗管外部加热，被纯制固体在粗管中升华而凝集于细管底部。

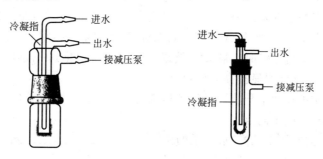

图 3-17　少量物质的真空升华装置

升华操作时要控制好温度，防止产品和滤纸炭化。

3.2.3　简单蒸馏

液体受热气化，其蒸气压随温度的升高而增大，当液体的蒸气压增至与外压相等时（通常指大气压力），就有大量气泡从液体内部逸出（即液体沸腾），气-液二相平衡时的温度即为沸点，再将蒸气冷凝，收集一定温度范围的冷凝液，这一过程即为蒸馏，也称简单蒸馏或常压蒸馏。

蒸馏是分离和提纯液态有机化合物最常用的重要方法之一。通过蒸馏不仅可使体系中的易挥发性物质分离，也可使沸点差距比较大（一般相差 30℃ 以上）或可挥发杂质含量较少的体系，以及含难挥发有色杂质的体系在蒸馏后均有相当好的分离效果。

在通常情况下，纯粹的液态物质在常压下有一定的沸点，如果在蒸馏过程中，沸点发生变动，则说明物质纯度有问题，因此常利用蒸馏方法测定物质的沸点和定性检验物质的纯度，但是，不能认为沸点一定的物质都是纯物质。因为某些有机化合物往往能和其他组分形成二元或三元恒沸混合物，它们也有一定的沸点及组成（附录 7 和 8），但它们不是纯物质，而是混合物。

（1）蒸馏基本原理

如果被蒸馏物质是具有不同沸点而能混溶的两种液体 A 和 B 的混合物（例如苯和甲苯），加热至沸后，混合物的总蒸气压（等于大气压）是两种液体在该温度下的蒸气分压之和。由于两种液体挥发程度不同，故蒸气的组成和液相的组成也不相同，馏液（蒸气冷凝而得）比被蒸馏液含有较多的易挥发组分（即低沸点物）。例如图 3-18 是高沸点物质甲苯与低沸点物质苯构成的一类互溶混合物在恒压下蒸馏的沸点-组成图。t_A、t_B 分别为纯苯和纯甲苯的沸点，下面的弧状实线表示沸点与液相的组成关系，上面的弧状实线表示温度和蒸气的组成关系。例如加热组成为 20％苯与 80％甲苯的混合物，温度达 L_1 时沸腾，此时蒸气的组成为 V_1，显然比液相含有更多的易挥发组分苯（即含低沸点成分比蒸馏前高）。随着易挥发组分的大量逸出，被蒸馏液体的组成也不断变化，亦即液相含难挥发组分的百分比相对增加，沸点将沿 L_1-t_B 线逐渐升高，达到 t_B 时，液相全变成高沸点组分 B，而气相馏液中所含易挥发成分 A 显然比蒸馏前的溶液高得多，从而使 A、B 两种物质得到初步的分离。

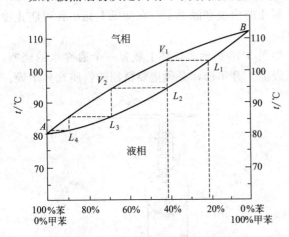

图 3-18　苯-甲苯体系的沸点-组成图

为了得到高纯度的易挥发组分 A，可将组成为 V_1 的馏液再进行第二次蒸馏，温度达 L_2 时沸腾，蒸气组成为 V_2，显然含 A 更高。若取馏液再蒸馏，多次重复下去可得到高纯度的 A。当然，这种多次蒸馏，费时、麻烦、效果不佳。但是根据这一原理而产生的分馏技术（参见 3.2.5 部分）的确能明显提高分离效果。

如果被蒸馏物质中，两组分能形成最低恒沸混合物或最高恒沸混合物时，蒸馏过程在上述分析的基础上还有一些不同点。

图 3-19 是 1 个大气压下乙醇-水体系的沸点-组成图，图中可见乙醇与水能形成一个最低恒沸混合物。

图 3-19 中，实线 ADCB 代表不同组成溶液的沸点，虚线 AECB 代表气-液平衡时（即溶液达其沸点时）气相的组成。A、B 两点分别代表纯水、纯乙醇的沸点。C 点是曲线的最低点，称为最低恒沸点，温度为 78.15℃，组成为 C 的溶液含乙醇 95.5％，含水 4.5％。将该溶液加热，在 78.15℃沸腾时，气相和液相中乙醇含量均为 95.5％，含水均为 4.5％，因此继续加热时，溶液好像一个纯净物质一样不断气化，而组成不变，沸点亦不变。乙醇与水这种特殊组成的恒沸溶液就是常见的溶剂 95％乙醇。显然，无水乙醇不能通过蒸馏制取。除非向该溶液中加入氧化钙，进一步吸收水分后再蒸馏，才可得到高纯度的乙醇。若被蒸馏液含乙醇低于 95％，例如蒸馏 25％乙醇，则按前述分析，溶液在约 84℃沸腾，气相含乙醇 50％（图中 D、E 两点），继续加

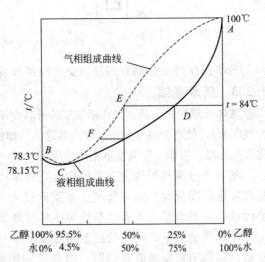

图 3-19　乙醇-水体系的沸点-组成图

热，沸点逐渐升高，至 100℃ 时乙醇全部蒸净。若把 50％ 乙醇取出蒸馏，气相含醇量将更高（图中 F 点），再取出再蒸馏循环下去，最终蒸得的溶液就是恒沸溶液。

（2）蒸馏装置

蒸馏装置主要包括圆底烧瓶、蒸馏头、冷凝管和接收器等部分。烧瓶是蒸馏时最常用的容器。选用圆底烧瓶应由所蒸馏液体的体积决定。通常，蒸馏的原料液体的体积应占圆底烧瓶容量的 1/3~2/3。如果装入的液体量过多，当加热到沸腾时，液体可能冲出或液体飞沫被蒸气带出，混入馏出液中；如果装入的液体量太少，在蒸馏结束时，相对的会有较多的液体残留在瓶内而蒸不出来。

温度计插入蒸馏头中的位置，应能准确反映被蒸馏液与馏液达到气-液平衡时的温度即沸点。故温度计的水银球必须全部浸于已达气液平衡且即将馏出的蒸气之中，正确的位置是水银球顶端与蒸馏头侧管熔接底端平齐（图 3-4）。

蒸气的冷凝通常使用直形冷凝管或空气冷凝管，不能用球形或蛇形冷凝管，以防沸程不同的馏分混杂一起而分离不开。冷凝沸点高于 140℃ 的液体或易凝华的物质时，应换用空气冷凝管，以防冷凝管熔接处炸裂或固体堵塞管道（图 3-6）。

安装无磨口冷凝管之前，应先分别配好能塞入管内和塞入接引管的两个塞子，钻好孔并分别连于蒸馏烧瓶侧管和冷凝管下部，然后连结进、出水管。为使冷凝管夹套充满水，提高冷凝效果，同时防止冷凝管熔接处炸裂，冷凝水应从下口进入，上口流出。再用另一个铁架台上的烧瓶夹，斜夹住冷凝管的中上部位，将蒸馏烧瓶、冷凝管与接引管连接起来（为何要这样讲究装置次序？若最后才在冷凝管上连接进、出水管，有何不妥？）。

馏液经接引管再冷凝后导入接收器。接收器可根据蒸馏的要求有多种选择，一般为了便于贮存馏分，常用磨口锥形瓶或其他具塞的瓶子作接收器。

如果蒸馏物质易受潮分解，可在接收器上连接一个氯化钙干燥管，以防止湿气的侵入；如果蒸馏的同时还放出有毒气体，则需装配气体吸收装置（图 3-7）；如果蒸馏出的物质易挥发、易燃或有毒，则可在接收部分连接一段橡皮管，通入水槽的下水道内，或引出室外。

在不需要记录蒸馏温度时，可用 85°蒸馏弯头将圆底烧瓶和直形冷凝管相连接（图 3-20）。

安装蒸馏装置是有机实验中最常见的基本操作。对于初次安装者，应仔细阅读本书第 3 章有关仪器安装的基本知识，安装时除要注意安装顺序、连接紧密之外，更要注意安全，切忌使装置变成受热的密闭系统；如果实验室拥挤而又需在同一实验桌上装置几套蒸馏装置且相互距离较近时，每两套装置之间必须是蒸馏烧瓶对蒸馏烧瓶，或是接收器对接收器。避免使一套装置的蒸馏烧瓶与另一套装置的接收器紧密相邻，否则有着火的危险。

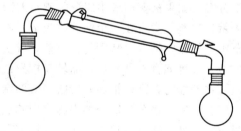

图 3-20　简单蒸馏装置图（无温度计）

（3）蒸馏操作中的注意事项

① 加料操作　向磨口烧瓶中加入被蒸馏液或粉末试剂进行蒸馏或反应时，应避免磨口壁被粘附。一旦被粘附，应使用干净滤纸伸入瓶口轻轻擦去。瓶口的粘附不仅造成物料的损失，还可能引起密封不严、漏气或在加热结束后打不开瓶口。某些碱性物质还会腐蚀瓶口内壁或塞子。因此，加入被蒸馏液时，最好用一个小漏斗，液体通过漏斗上的滤纸或玻璃毛等滤去固体干燥剂进入烧瓶。由于蒸馏头支管向下倾斜，为防止液体漏泄，漏斗下口应低于支管口方可过滤。

用倾泻法直接将液体滗入烧瓶，需要细心而熟练，尤要防止某些高温下可释出水分的干燥剂（如氯化钙）细粒混入烧瓶。往蒸馏烧瓶内加入液体时，还应注意使其倾斜，使支管朝上，以防泄漏液体。

向烧瓶中加入固体粉末时，可将粉末置于干净的光板纸上，卷成纸筒后，水平方向送过烧瓶颈，再将烧瓶和纸筒竖直，并轻弹纸筒使粉末全部进入瓶内。

② 加入沸石 加热前，一定要向被蒸馏液中投入 2～3 粒沸石以保证蒸馏的平稳进行。沸石通常是敲碎成米粒大小的未上过釉的多孔瓷片颗粒（也可用多孔性的分子筛或截断的毛细管烧结团代替）。液体受热达沸点时，沸石中潜藏的空气产生细小气泡成为沸腾的中心，从而防止了液体因过热而突发的暴沸冲溅现象。沸石是一次使用有效，一旦沸腾停止或中途暂停加热，都必须补加沸石。补加沸石时还必须在溶液停止沸腾、温度降低后才能补加，切记不能因心急而在高温下追加沸石，因为高温下加入沸石易引起溶液的暴沸，使部分液体溢出瓶外。

用几根一端封闭的毛细管，开口端朝下放入溶液中也可以起到沸石的作用，防止暴沸。还有一个值得注意的问题是溶液的黏稠程度，若溶液过于黏稠或含有较多的固体物质，加热时，易因受热不均、局部过热而暴沸，虽有沸石或毛细管也难解决问题。对于此类溶液，宜用油浴加热，让油浴液面高于被加热物液面，使受热面大而较均匀，可缓和或克服暴沸现象。

③ 沸程观测与馏分收集 加料、加沸石之后，仪器装置连接处可能松动，应再次检查调整稳妥。开启冷凝水（至有细流从冷凝管流出即可）及热源。加热是蒸馏或进行反应的开始，记下时间。刚开始时，加热速度可以稍快，注意观察烧瓶中液体的变化，临近微沸时，加热不可过猛，应看到冷凝的蒸气环缓缓从瓶颈上升，当蒸气环触及水银球底部时，温度计显示汞柱迅速上升，蒸气开始在水银球上冷凝，直到蒸气刚好包围水银球时，渐达气液平衡，温度计上显示一个稳定的读数——沸点，与此同时，沸点温度下的蒸气开始流入冷凝管，再凝结而得到馏液，记下第一滴馏液的温度 t_1。如果被蒸馏液含有几种沸点差距很大、数量又较少的组分，则最易挥发、沸点最低的组分最先蒸出，当其蒸净后，温度往往会有短暂的下降，记下收集该组分的沸点范围 $t_1 \sim t_2$，所集馏液按次序可标为第一馏分。由于持续不断的加热蒸馏，要注意更换接收器，收集更高沸点范围 $t_3 \sim t_4$ 的第二馏分、$t_5 \sim t_6$ 的第三馏分等。如果被蒸馏液中组分间沸点差距不大，各组分数量也不少，则蒸馏分离各组分的效果就比较差，常有在一个馏分收集毕，看不到温度下降，便更换接收器收集下一个更高沸点范围的馏分的情况，特别是在有些合成实验的最后阶段，经一系列洗涤及干燥处理后的被蒸馏液，还可能含有某些比产品较易挥发或较难挥发的"杂质"成分。

在蒸馏时，严格把握好所收馏液的沸点范围便显得十分重要，通常把所需要的产品称为主馏分，简称馏分，馏分的沸程（即沸点范围）越窄、越接近文献值，则纯度越高、产品质量越好。低于馏分沸程之前所集的馏液称为前馏分，前馏分沸程通常很宽，其中除含较易挥发的杂质外也可能混有少量的产品，因此，在更换接收器收集主馏分时，切不可贪图多收产品而急早换接收器导致产品品质降低。同样，在按要求收够一定沸程的主馏分后，温度超过主馏分沸程以上的馏液（后馏分）也不能让其混入主馏分接收器中，后馏分是否需换接收器接受，由实验具体决定。无论主馏分、前馏分还是后馏分，都应及时记录下它们的沸程和体积，贴上标签留待处理。

④ 适当的蒸馏速率

馏液下滴的速率应保持适中，约为每秒 1～2 滴为宜，太慢则易使水银球周围蒸气偶尔中断，致使温度计读数出现不规则变动；而若太快，气流平衡未充分建立，易使温度计读数不正确。在蒸馏过程中，水银球下端始终悬挂冷凝的液滴以保持气、液平衡，这是良好蒸馏状态的一个标志。

当烧瓶中残留液体很少时（约 0.5～1mL），应及时移去热源，停止蒸馏，切不可为了多得一点产品而蒸干，这可能会使残留物在高温下氧化放热而爆炸。

【实验】甲苯的蒸馏

在 100mL 圆底烧瓶中加入 40mL 工业甲苯，按简单蒸馏装置将仪器装好，用锥形瓶或烧瓶分别接收前馏分、主馏分和后馏分。当冷凝管内出现馏分时，接收前馏分，注意控制加热速率，使馏出液以每秒 1～2 滴的速率馏出。当温度计达到恒定温度时，认为是主馏分，更换接受瓶，记录此温度，继续蒸馏。当温度出现先下降再升高且超出主馏分的沸程时，一般认定为后馏分，再次更换接受瓶，直至蒸馏瓶内残留 2～3mL 液体为止。停止加热，主馏分称重后，倒入指定试剂瓶中，前馏分和后馏分确定后与残液一起倒入回收瓶内。

【实验】工业乙醇的蒸馏

用蒸馏的方法将混有其他低挥发性杂质的酒精提纯为 95％乙醇。

以 100mL 含杂质酒精为蒸馏液，用磨口仪器自行设计安装一套简单蒸馏装置。要求装置合理、正确、紧凑、美观。装置经指导老师检查认可后，方可加热蒸馏，要求仔细观察和随时记录蒸馏过程中的现象和有关数据，如第一滴馏液的温度、沸点的变化、前馏分和馏分的温度范围、物理性状（外观、气味等）、体积、折射率等数据以及蒸馏速率是否适中、水银球上是否始终保持气液平衡状态、出现什么意外和事故等均应如实记录，以便正确写好实验报告和正确评价实验成败。有关 95％乙醇的沸点、折射率、溶解度等物理常数，应在预习时查阅好。通过对数据的分析比较，判断蒸馏的分离效果，进而深入理解蒸馏原理。

3.2.4　减压蒸馏

通过与密闭蒸馏系统相连接的减压泵降低液体上方的压力，加热使液体在较低的沸点下被蒸馏出来，此操作为减压蒸馏。

减压蒸馏对于某些高沸点有机化合物是最有效的分离纯制手段，当物质在常压下蒸馏发生氧化、聚合、或不到沸点即有部分或全部分解时，常压蒸馏难以进行或效果不佳。

（1）基本原理

液体表面分子逸出液面所需能量是随外压降低而降低的，亦即液体分子在低压下比在常压下更易挥发，在较低温度下便可沸腾。所以，减压蒸馏时，液体的沸点比常压下有明显的降低。物质沸点与压力的关系可近似地用克劳修斯-克拉佩龙方程表示：

$$\lg p = -\frac{\Delta H}{2.303R} \cdot \frac{1}{T} + C$$

式中，p 为蒸气压；T 为绝对温度；ΔH 为相变热；R 为通用气体常数；C 为积分常数。

由于许多液体缔合程度不同，沸点与压力的关系与公式有偏差。有时在文献中也查不到低压下的相应沸点，在这种情况下，可根据图 3-21 的经验曲线从已知常压下沸点值和预期压力 p 找到沸

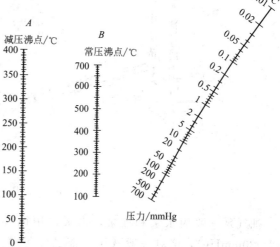

图 3-21　液体在常压下的沸点与减压下的沸点的近似关系图

点近似值。方法是：在经验曲线的中间的 B 线和右边的 C 线上分别找到两个已知点，连接并延长使与经验曲线左边的 A 线相交，交点即为低压 p 下的相应沸点。

表 3-1 中列出了一些有机化合物在常压和不同压力下的沸点。从表中可以看出，当压力降低到 2.666kPa（20mmHg）时，大多数有机物的沸点比常压 101.325kPa（760mmHg）的沸点低 100～120℃；当减压蒸馏在 1.333～3.333kPa（10～25mmHg）之间进行时，大体上压力每相差 1.333kPa（1mmHg），沸点约相差 1℃。当要进行减压蒸馏时，预先粗略估计出相应的沸点，对具体操作和选择合适的温度计和热源都有一定的参考价值。

表 3-1 一些物质的压力-沸点关系

化合物沸点/℃ 压力/(kPa)(mmHg)	水	氯苯	苯甲醛	水杨酸乙酯	甘油	蒽	苯胺
101.325(760)	100	132	179	234	290	354	184
6.66660(50)	38	54	95	139	204	225	102
3.99996(30)	30	43	84	127	192	207	91
3.33330(25)	26	39	79	124	188	201	86
2.66666(20)	22	34.5	75	119	182	194	82
1.99998(15)	17.5	29	69	113	175	186	76
1.33332(10)	11	22	62	105	167	175	68
0.66666(5)	1	10	50	95	156	159	58

（2）减压蒸馏装置

减压蒸馏装置通常由圆底烧瓶、克氏蒸馏头、冷凝管、接收器、水银压力计、干燥塔、缓冲用抽滤瓶、冷却阱和减压泵等组成。只要不违背基本原理与原则，实验者可以从实验室条件出发，准确、有效地组装起适用的装置。

常见的减压蒸馏系统主要由抽气、蒸馏及测压保护装置等三部分组成。图 3-22 是一个常见的减压蒸馏装置。

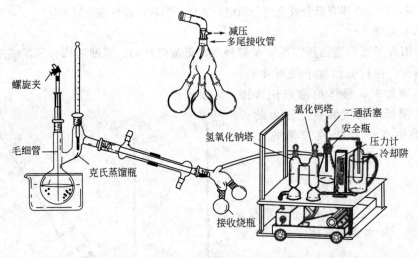

图 3-22 减压蒸馏装置

抽气泵一般为水泵和油泵，水泵常用循环水真空泵，可减压至 1.5999～3.999kPa（12～30mmHg），这对一般减压蒸馏已经足够。油泵可把压力减至 0.2666～0.5333kPa（2～4mmHg），但泵油可因吸收有机物蒸气而被污染使效率降低；水蒸气的凝结，会使油乳化，也会降低泵的效率；酸会腐蚀泵。故使用油泵时应在泵前加设保护装置。

减压蒸馏的蒸馏部分类似普通蒸馏装置，不同处是用克氏蒸馏头代替普通蒸馏头，用带支管的接引管通过厚壁橡皮管连接蒸馏部分与抽气、测压保护部分。圆底烧瓶的一个口连接一用玻璃管拉制的毛细管，毛细管端伸到离瓶底约 1～2mm 处，玻璃管端套一段橡皮管，用螺旋夹夹住，用于调节进入烧瓶的空气量。减压蒸馏时，由毛细管进入液体的空气控制沸腾的程度。由于气压很低，须用圆底烧瓶做接收器，不能使用锥形瓶等不耐压仪器。

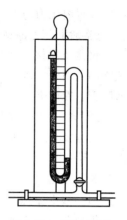

水银压力计用于测压，测压时先记下两臂汞柱高度差（mmHg），再从当时的大气压（mmHg）减去此高度差即得蒸馏装置内的压力。图 3-23 是常用的一端封闭的 U 型管压力计，管后木座上有滑动尺，测得的两臂汞柱高差（mmHg）即为装置内的压力。为防止水气、脏物进入压力计而影响读数的准确性，在蒸馏过程中，待压力稳定后应经常关闭活塞，需观察压力时再打开。

图 3-23　左端封闭的
U 型管水银压力计

为了保护油泵和压力计不受水汽、酸性蒸气及有机气体的侵蚀，可按图 3-24 在油泵与蒸馏部分尾部接收器间顺次装上安全瓶、冷阱、压力计、干燥塔（分别内装无水氯化钙、粒状氢氧化钠、石蜡片等吸收剂），使有害蒸气进一步凝结或被吸收。一般用抽滤瓶作为安全瓶使用，瓶上有导管，经活塞 G 可与大气相通，能够防止泵油倒吸。

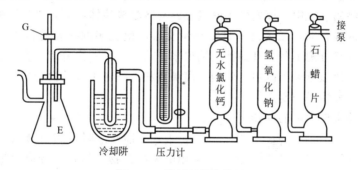

图 3-24　测压与保护装置

（3）操作方法

① 检查装置的气密性　装置安装完毕，检查各连结处有无松动，夹紧毛细管上部的螺旋夹，打开安全瓶上的活塞 G 后再开动抽气泵，逐渐关闭活塞 G，从压力计上可观察到减压程度。

② 蒸馏操作　装置合乎要求后，放入不超过圆底烧瓶 1/2 容积的被蒸馏物（若有低沸点物质，应先进行常压蒸馏，蒸除低沸点物质后，降温静置到减压蒸馏的预期温度以下时，再进行减压蒸馏），调节活塞 G 使达所需压力。若压力超过真空度，可微调活塞 G。当压力接近预期真空度时（事先查阅出蒸气压-沸点关系曲线，估计出该压力下的大致沸点，据此蒸馏），开启热源，逐渐升温（选用油浴加热时，一般油浴温度应高出被蒸馏液体的沸点 20℃左右）。同时调节螺旋夹，使空气以小气泡形式进入液体，平稳沸腾，再调节浴温，使馏出液流出速率控制在每秒 1～2 滴。

蒸馏过程中应注意压力计读数，及时记录时间、压力、沸点、浴温、馏液流出速率等数据。

③ 结束蒸馏的操作程序　蒸馏完毕，先撤出热源，待稍冷后，拧开螺旋夹，慢慢地打开活塞 G 放空，使压力计水银柱慢慢复原。若放空太猛，水银柱快速回升，易出事故。待

仪器装置内压力与大气压相等后，关闭抽气泵，再拆卸仪器。

【实验】苯乙酮或苯甲醛的减压蒸馏

仪器及器材：50mL 及 100mL 圆底烧瓶各一个、直形冷凝管、克氏蒸馏头、温度计、拉制的毛细管、水泵、抽滤瓶、三通活塞、一端封闭式水银压力计、橡皮塞、厚壁橡皮管、乳胶管、螺旋夹。

药品：苯甲醛或苯乙酮。

实验要求：根据提供的仪器、器材，组装减压蒸馏装置，经教师检查认可后，蒸馏 20mL 苯甲醛（或苯乙酮），产品交教师验后回收，计算收率。

3.2.5 分馏

(1) 基本原理

简单蒸馏对于沸点相差较大（一般在 30℃ 以上）的液体混合物的分离是有效的，若两组分沸点差距较小，就难于精确分离。如要提高易挥发组分的纯度，只有采取将沸腾时的馏液取出做二次蒸馏，并循环做三、四次的多次蒸馏的办法，但如此多次的间歇蒸馏，不仅费时费事且每次操作损失很大，实际上是不可能的。如采用分馏操作，则可达到较好地分离效果，又避免了上述缺点。所谓分馏即相当于将多次的间歇蒸馏集中至一个分馏柱内进行的操作，从而使沸点相近（一般在 5℃ 以上）的不同组分得到较好的分离。

进行分馏操作需要应用分馏柱（如图 3-25），它的作用是增加气、液两相的接触面积。在所蒸馏的混合物的蒸气中，挥发性小的组分容易冷凝成液体流下，当流下的冷凝液与上升的蒸气在分馏柱内接触时，二者之间进行热量交换，使更多的挥发性较小的组分被冷凝下来，挥发性较大的组分则不断上升而被蒸馏出来。这样经过一次分馏，实际相当于经过连续多次的普通蒸馏，所以分馏可以更有效地分离沸点相近的各组分的混合物。

(2) 分馏柱与分馏操作要点

分馏柱是实验室最常用的仪器之一。

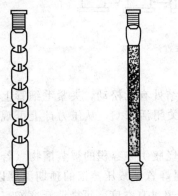

(a) 韦氏(Vigreux)分馏柱　(b) 希姆帕(Hempel)分馏柱

图 3-25　分馏柱

韦式分馏柱 ［图 3-25(a)］ 是分馏少量液体时常用的无填充物分馏柱，分馏效果低于同样高度的有填充物的希姆帕分馏柱 ［图 3-25(b)］。填充物的作用是增加气液两相接触面积，有利于热量交换和传递，缺点是比空心柱粘附的液体多，易使回流液体在柱内聚集后被上升的蒸气冲出柱外。分馏柱中的填充物通常为玻璃环，最简单的玻璃环是用细玻璃管制成的，它的长度大约相当于玻璃管的直径。一般来说图 3-25 所示的两种分馏柱的分馏效果不是很好。若组分间沸点差距较小，应选用较长的分馏柱，若欲分离沸点相距很近（如 1～2℃）的液体混合物，必须使用精密分馏装置。

分馏装置的装配原则与蒸馏装置完全相同。当热源位置确定后，把待分馏的液体装入反应瓶中，其体积一般控制在反应瓶容量的 1/2，投入几粒沸石，检查安装好的分馏装置，合格后可开始加热。

分馏操作时应注意以下几点：

① 不要放在石棉网上用火直接加热，应根据被分馏液体的沸点范围，选用合适的热浴

加热。开始要用小火加热热浴，以便使浴温缓慢而均匀地上升。

② 待液体开始沸腾，蒸气进入到分馏柱中时，要注意调节浴温，使冷凝的蒸气环缓慢而均匀的沿分馏柱壁上升，使柱子自下而上保持一定的温度梯度。蒸气环的位置如果不易看清，可用手指轻轻触摸分馏柱的外壁确定，若室温太低或液体沸点较高，分馏柱外壁散热太快，会使蒸气在柱内很快冷凝，从而减少了气液接触面积或使液体冲出柱外。为此，可用石棉绳包缠分馏柱以达到保温作用。

③ 当蒸气上升到分馏柱顶部，开始有馏液馏出时，应密切注意调节浴温，控制馏出的速率为 2～4 秒每滴，如果浴温太高，柱体失去自下而上的温差，破坏了气液平衡，分馏速率太快，产品纯度会下降。通常把一定时间内柱顶冷凝的蒸气重新回入柱内的冷凝液数量与从柱顶流出的馏液量之间的比值称为回流比。回流比越大，分馏效果越好。

④ 根据实验规定的要求，分段收集馏分，实验结束后，应称量各段馏分。

3.2.6　水蒸气蒸馏

水蒸气蒸馏操作通常是将水蒸气通入不溶或难溶于水、且不与水反应，但有一定挥发性的有机混合物〔近 100℃时，被分离的有机物的蒸气压至少为 1.333kPa（10mmHg）〕中，使水蒸气夹带着被分离物质在 100℃以下一起馏出。它是分离和精制有机化合物的一种重要方法，在很多天然产物的分离提纯中常应用此项技术，可使某些高沸点物质在低温下得到分离，从而避免了在高温下蒸馏发生分解、聚合、变质的可能性。

还有一些适用于水蒸气蒸馏的有机混合物体系，其中含有大量固体，或溶液呈现焦油状态。若进行简单蒸馏，大量固体易引起过度暴沸，或起泡现象，而胶态液体又难以过滤和萃取，例如把苯胺从硝基苯的酸性还原体系中分离出来时，体系含有很多铁屑呈黑色焦油状态，适宜用水蒸气蒸馏法分离。也有些混合物体系含有挥发性固体有机物，若采用简单蒸馏，固体在接收管附近凝结，也适宜用水蒸气蒸馏法处理，如六氯乙烷的分离。

（1）基本原理

当水和不溶（或难溶）于水的混合物一起存在时，其蒸气总压应为物质的蒸气分压与水的蒸气分压之和，即 $p_总 = p_物 + p_水$，$p_总 > p_物$ 或 $p_水$。物料受热后蒸气压增大，至沸腾时，蒸气总压与大气压相等：$p_总 = p_{大气压}$。可见，混合物的沸点必低于水和任一组分的沸点，因此在常压下将水蒸气通入有机液体物质时，能在低于 100℃的情况下将高沸点组分与水一起蒸出来。蒸馏时混合物的沸点保持不变，直到其中一组分几乎全部蒸出（因 $p_总$ 与混合物中各组分相对量无关）。混合物蒸气压中各气体分压之比等于它们的物质的量之比，即：

$$\frac{n_水}{n_物} = \frac{p_水}{p_物}$$

其中，$n_水$ 和 $n_物$ 分别代表蒸气中水和有机物的物质的量，若以 $m_水$、$m_物$ 表示水和有机物在容器中蒸气的质量，$M_水$、$M_物$ 分别代表水和有机物的相对分子质量，则：

$$n_水 = \frac{m_水}{M_水} \quad n_物 = \frac{m_物}{M_物}$$

故：

$$\frac{m_水}{m_物} = \frac{M_水}{M_物}\frac{n_水}{n_物} = \frac{M_水}{M_物}\frac{p_水}{p_物}$$

说明在馏液中，水和被蒸馏物的相对质量与它们的蒸气压和相对分子质量成正比。由此可知，若被蒸馏物分子量较大或具有较高的蒸气压时，水蒸气蒸馏的收率将会提高。另外在操作时采用过热水蒸气，有利于增大有机物的蒸气分压，从而提高收率。

（2）装置和操作要点

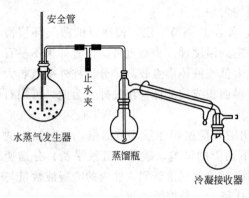

图 3-26 是一套常用的水蒸气蒸馏装置，主要由水蒸气发生器、反应蒸馏瓶、冷凝管、接收器等几部分组成。

传统的水蒸气发生器，状似茶壶，铁或铜质，内盛水，水位高低由侧面的连通玻璃管（视钟）显示（目前使用更多的是非铁质水蒸气发生器装置，由玻璃质的圆底烧瓶代替，透明，便于观察水面的变化）。蒸气出口与三通管连接，三通管下端的橡皮管被止水夹（或螺旋夹）夹紧，以使水蒸气经导管导入反应蒸馏瓶中。安全管伸入接近烧瓶的底部，可起显示和调节水蒸气压力

图 3-26　水蒸气蒸馏装置图

的作用。操作中一旦发生气路堵塞时，水蒸气发生器内气压增高使安全管水位明显上升，当排除故障或打开止水夹通大气后，安全管水位即回落。

蒸馏瓶为三口烧瓶（也可用单口蒸馏瓶加蒸馏头或克氏蒸馏头代替），内盛被蒸馏物料，三个瓶口中的一个侧口塞住，中间瓶口插入水蒸气导管接近瓶底（但不能触及或抵死瓶底），另一侧口用蒸馏弯头连接导出蒸馏物到冷凝管。为防水汽冷凝过多，气阻增大或冲溅过激，被蒸馏物质的容量不宜超过瓶容量的 1/3；蒸馏头内径应略粗于水蒸气导管，也是基于此考虑；加热水蒸气蒸馏瓶，也可减少水蒸气的冷凝（若烧瓶内溶液翻腾猛烈，亦可不加热）。

冷凝管可用较长的直形冷凝管，冷却水流速也可适当大些以利充分冷凝，但若需收集易于冷凝的蒸气时，为防止固体堵塞，水冷凝管应更换为空气冷凝管，而接收器外面也要采取冷却措施。

进行水蒸气蒸馏前，应检查装置是否严密，接收器处是否通大气。水蒸气发生器中要放沸石，水量刚好过半为宜。打开三通管的止水夹，大火加热，待水沸腾，即将止水夹夹紧，使水蒸气经水蒸气导管导入反应蒸馏瓶。此时可观察到蒸馏瓶中出现气泡，混合物逐渐翻腾不息，不久即在冷凝管中出现馏液，调节火力，勿使混合物激烈飞溅而冲进冷凝管，馏出速率约每秒 2～3 滴。

操作中要随时注意安全管中水柱正常与否，如水柱上升太高或液体倒吸时，应立即打开止水夹，再移去热源，查找原因，排除故障后再继续蒸馏。

当馏液滴入盛有清水的试管或烧杯中，透明而水面无飘浮油珠时，可认为有机物已蒸完，打开止水夹后移去热源，停止蒸馏。

3.2.7　萃取（提取）、洗涤与盐析

利用物质对不同溶剂溶解度的差异，向固体或液体混合物中加入某种溶剂，从中分离出所需化合物的操作称为提取或萃取。一般从固体混合物中分离的操作称为提取，从液体混合物中分离的操作称为萃取。如果加入溶剂的目的是带走不需要的杂质，则此操作称为洗涤。可见提取（或萃取）与洗涤在纯化物质的总目标及基本原理方面是相同的，仅是目的不同而已。

盐析是一种使水相中的有机化合物转入有机相的独特分离技术，由于盐析后溶液的处理与分液操作有关，在此一并讨论。

（1）萃取（提取）基本原理

假定被提取物为一溶液，所需化合物 X 是作为溶质分散于溶剂 B 中。为了得到 X，可加入另一溶剂 A，A 与 B、A 与 X 均应无化学作用，A 与 B 也不互溶。故根据分配定律，

在该温度下，应有以下关系式：

$$\frac{X 在 A 中的浓度}{X 在 B 中的浓度} = K = \frac{X 在 A 中的溶解度}{X 在 B 中的溶解度}$$

因此，若 X 在 A 中溶解度比在 B 中更大时，$K>1$。萃取的结果，相当于大量的 X 从 B 中转移到 A 中。

对于一定量溶剂分多次萃取，可用方程式表示为：

$$m_n = m_0 \left(\frac{KV_1}{KV_1 + V_2} \right)^n$$

式中，m_n 为经几次萃取后，留于原溶液中溶质的克数；m_0 为萃取前，原溶液中所含溶质的克数；K 为分配系数；V_1 为原溶液毫升数；V_2 为萃取剂每次所用毫升数。

由式可知，m_n 越小，萃取越有效。对于一定量的溶剂，分多次萃取比一次萃取效果好。

萃取操作在分液漏斗中进行，不互溶的两液层很易分开，下一步常需用蒸馏回收易挥发溶剂得到粗产品。

综观萃取分离法，分配定律是理论基础，而选择溶剂是关键。选择溶剂，不仅要求溶剂对被提取物溶解度大且不与原溶剂混溶，而且溶剂应该纯度高，沸点低，毒性小。一般常用的溶剂有石油醚、乙醚、苯、乙酸乙酯等。若物质难溶于水，则以石油醚萃取；若易溶于水，可用乙酸乙酯；对很多较难溶于水的物质，常以乙醚做萃取剂。

（2）提取操作

若所需物质较易被溶剂浸出，则一次性提取即可达到目的。通常是将固体混合物用研钵研碎，加入适量溶剂，适当加热搅拌或振荡一定时间，用倾析法滗出或过滤出提取液。

工业上从油料种子或榨油饼粕中浸出油品、家庭中泡茶、煎制中药等，都属于提取。

若被提取物极易溶解，可将固体混合物置于有滤纸的普通漏斗上，以溶剂淋洗，使所需物质滤出。

若被提取物质溶解度低，浸提和淋洗均很费溶剂，效果不佳。这时应使用索氏（soxhlet）脂肪提取器（图 3-27）来提取。将固体混合物样品放在滤纸卷成的筒套中，筒套下端封闭，上端敞口，置于提取器中。烧瓶中的低沸点溶剂受热，蒸气经回流冷凝滴入筒套，浸提样品，当提取液达到一定高度时，经提取器旁边的虹吸管流入烧瓶，溶剂经这样多次循环，损失很少，而所需物质在不高的温度下集中到下面的烧瓶中。测定粮油、油料、食品中脂肪含量时，常用此法，很多天然产物中有效成分的提取，也用到索氏提取器。

（3）萃取操作

从液体混合物中萃取所需物质或去除杂质，通常是用分液漏斗来操作。

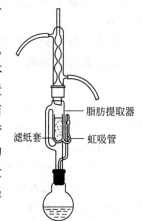

脂肪提取器
滤纸套　　虹吸管

图 3-27　索氏提取器

分液漏斗使用前，应先检查盖子与活塞是否配套、严密。摇动盖子看有无晃动感，如有则需更换塞子；拔出活塞，擦净活塞表面和活塞塞口，将少许凡士林轻抹活塞两端表面（中部孔道周边不宜涂抹，否则易堵塞孔道），塞入活塞并旋转几周，然后关闭活塞，在漏斗中加入少许水，试试是否漏水。

萃取或洗涤操作时，分液漏斗中先后装进溶液及萃取剂（或洗液）。盖上盖子，振摇，使液层充分接触。振摇时的手法应以活塞和盖子不漏、液体能灵活转动为原则。可按图 3-

28 所示握持漏斗：先以右手手心顶住漏斗盖子，几个指头顺势捏住漏斗上方颈部，倾斜漏斗，以左手虎口托住活塞下面的管子，活塞旋钮朝上并被拇指压住，食指与中指扶持漏斗。将漏斗平放胸前，由前到后顺时针作画圈摇动（画圈方向相反也可，但勿左右来回摇动）。振摇过程中要注意放气，放气时，仍使漏斗头部向下倾斜，左手拇指和食指轻轻拨动旋塞，放出蒸气或洗涤产生的气体，使内外压力平衡。若不放气，内压过大会使活塞渗漏液体，故应注意多次放气。放气时，管口勿对人。

图 3-28　分液漏斗的使用

振摇结束后，将漏斗竖直放于铁环之上（铁环宜用石棉绳缠绕或橡皮垫缠垫），静置，待分层界面清晰。有的溶剂和物质在振摇时会形成稳定的乳浊液，此时则不宜剧烈振摇。若仅有少许乳化层浮于液面，可用玻璃棒由上至下轻压，若乳浊液已形成，难于分层，可加入少许食盐，使溶液饱和，以降低乳浊液的稳定性，较快分层。轻轻旋转漏斗，也可加速分层。长时间静置，乳浊液可慢慢分层。

液层界面明晰后，旋动顶盖，使盖子上的槽沟对准漏斗头部的小孔，平衡内外气压（也可揭去盖子），将漏斗下端靠紧接收器器壁，左手扶着活塞左方，右手轻旋活塞，放出下层液体至界面接近活塞为止，关闭活塞，静置片刻，再分出下层液体。一般重复分液两三次可分净。注意漏斗内的上层液体，只能从漏斗上口倒出，若从活塞放出，将被活塞下部残留液体污染。

在多步骤实验过程中，萃取或洗涤得到的上、下层液体，应保留至实验结束后再处理，不要随意扔掉。否则，若中间操作发生差错，将无法检查和补救。

（4）盐析

向含有机化合物的水相中加入无机盐（如氯化钠或碳酸钾），使有机物在水中的溶解度进一步降低而转入有机相的分离操作称为盐析。

鉴于很多有机分子极性较弱或非极性，它们在极性溶剂水中的溶解度都不大，特别是在溶液中加入氯化钠等这样的电解质后，有机分子与盐水间的极性差距进一步扩大，根据有机化学中溶解度相似相溶原理，溶解度将进一步降低，直到水相饱和后，降至最低。在做盐析操作时，均是在搅拌下，将精食盐分次添加到盛于烧杯或锥形瓶的水溶液中，观察食盐的溶解情况，直到食盐不再溶解为止。稍静置后，将上层清液用倾析法移入分液漏斗中，注意勿让未溶的食盐颗粒也流进去而堵塞漏斗孔。分液漏斗中的溶液静置分层后分液，可得到一定体积的有机相。如果进一步再向分液漏斗中已被精盐饱和过的溶液添加萃取剂萃取，则分离效果更好。

3.2.8　柱色谱

有机化合物的常规提纯方法：重结晶、蒸馏、萃取、升华等，前一部分已做了详细的讨论。但是这些提纯方法都存在一定的局限性，即：要求被分离的混合物量较大；另外当混合物的两个或两个以上组分的溶解度或沸点非常接近时，很难达到分离纯化目的。色谱法则可避免上述不足。

色谱法，又称色层法、层析法，是分离、纯化和鉴定有机化合物的重要方法之一，开始仅用于有色化合物的分离，后经不断的改进与发展，已广泛用于生产、科研领域中大量有色、无色物质的分离鉴定、跟踪反应以及对产物进行定性和定量分析等方面，具有微量、快速、高效、简便的特点。在粮油、食品、医药等科技迅速发展的今天，色谱分离技术更是十分有用的工具。

色谱法的基本原理是利用混合物中各组分在某一种物质中有不同的被吸附性、溶解性（即分配）或其他亲和作用等性能，用一种特殊的手段使混合物的溶液流经该种物质，进行反复的吸附或分配等作用，从而将各组分分开。流动的混合物溶液称为流动相，固定的物质称为固定相。根据分离过程的原理，色谱法可分为吸附色谱、分配色谱、离子交换色谱和凝胶渗透色谱等。按照操作方式的不同，又可分为柱色谱、纸色谱、薄层色谱、气相色谱及高速（或高压）液相色谱等类型。本书仅对柱色谱、纸色谱、薄层色谱及气相色谱做一简单介绍。

柱色谱是最早出现的色谱分离技术，至今已有百余年的历史，柱色谱又是分离较大量化合物的一种实验技术。常用的柱色谱有吸附柱色谱和分配柱色谱两类，前者常用氧化铝和硅胶作固定相，而后者以硅胶、硅藻土和纤维素为支持剂，以吸收量较大的液体为固定相，而支持剂本身一般不起分离作用。本节介绍吸附柱色谱。

吸附柱色谱通常在玻璃管中填入表面积很大、经过活化的多孔性或粉状固体吸附剂。当混合物溶液流经吸附柱时，各种成分同时被吸附在柱的上端，当洗脱溶剂流下时，由于不同化合物吸附能力不同，各组分向下流动的速率就不同，极性小的组分与固定相之间的吸附力小，向下移动速率就快，反之，极性大的组分向下移动速率慢。于是形成了若干色谱带，连续用溶剂洗脱，各组分色谱带随溶剂以不同时间从色谱柱下端流出，将各个色谱带分别收集起来。如各组分均为有色物质，则可以直接观察到不同的颜色，如果各组分为无色物质，可用显色剂或紫外灯来检验。

（1）吸附剂的选取

常用的吸附剂有氧化铝、硅胶、氧化镁、碳酸钙和活性炭等。最常用的是氧化铝。氧化铝有酸性、中性和碱性三种。酸性氧化铝（pH≈4）适用于酸性物质的分离，中性氧化铝（pH≈7.5）适用范围最广，可用于醛、酮、醌、酯类化合物的分离，碱性氧化铝（pH≈10）适用于胺类、生物碱或其他碱性化合物的分离。

吸附剂一般要经过纯化和活化处理，颗粒大小应当均匀。因大多数吸附剂都能强烈地吸水，而且水不易被其他化合物置换，致使吸附活性降低，所以通常用加热方法使吸附剂活化。选择吸附剂时要注意以下几点：（a）根据待分离化合物的类型而定；（b）不能溶于所使用的溶剂中；（c）与被分离化合物不发生反应；（d）颗粒大小均匀。

吸附剂按其相对的吸附能力可粗略分类如下：（a）强吸附剂：如氧化铝、活性炭；（b）中等吸附剂：如碳酸钙、磷酸钙、氧化镁；（c）弱吸附剂：如蔗糖、淀粉、滑石。因此，吸附剂的选取应根据被分离化合物的性质与具体情况而定。

（2）溶剂的选取

吸附剂的吸附能力不但取决于吸附剂本身也取决于色谱分离中所用的溶剂，因此，在柱色谱中溶剂的选择很重要。通常根据分离物质中各组分的极性、溶解度和吸附剂的活性来考虑。一般说来，非极性化合物要用非极性溶剂，有时一种单一的溶剂便可以分离混合物中的各种成分，有时则需使用混合溶剂。溶剂的极性应比样品的极性小一些，如果溶剂的极性比样品大，则样品不易被吸附。溶剂对样品的溶解度应适中，太大则影响样品的吸附，太小则溶液体积增加，使色带分散。当样品含有较多极性基团，在极性小的溶剂中溶解度太小时，可加入少量极性大的溶剂，使溶剂的体积增加不大。

普通溶剂的极性顺序大致如下：

己烷、石油醚＜环己烷＜四氯化碳＜二硫化碳＜甲苯＜苯＜二氯甲烷＜氯仿＜乙醚＜乙酸乙酯＜丙酮＜乙醇＜甲醇＜水＜吡啶＜乙酸

在柱色谱中，一般先用极性小的溶剂洗脱柱子，若要改变溶剂的极性，需要采取一些预防措施，务必避免从一种溶剂迅速换成另一种溶剂。通常应将新的溶剂慢慢加入正在使用溶剂中，直到提高到所需的水平，否则柱内吸附剂往往会出现"隙缝"。隙缝之所以发生是由于氧化铝或硅胶与溶剂混合时放热所致，溶剂将吸附剂溶剂化，放出热量，生成气泡，气泡又把柱内吸附剂挤干，这就形成了所谓的隙缝。因为吸附剂柱内有不连贯之处，因此有了隙缝的柱子起不到良好的分离作用。

（3）色谱柱及吸附剂的装入方法

图 3-29 是已装好的色谱柱，为提高过柱速率，可采用在柱顶加压（空气或氮气）的快速压力柱色谱。为了使样品达到良好分离，应正确选择柱子的尺寸与吸附剂的用量。根据经验规律，要求柱中吸附剂的用量为被分离样品量的 30～40 倍，需要时可增至 100 倍，柱高与直径之比为（8～12）：1 时，分离效果较好。表 3-2 列出了它们之间的相互关系。

表 3-2 柱子尺寸与吸附剂用量关系

样品/g	吸附剂量/g	柱直径/mm	柱高/mm
0.01	0.3	3.5	30
0.10	3.0	7.5	60
1.00	30.0	16.0	130
10.00	300.0	35.0	280

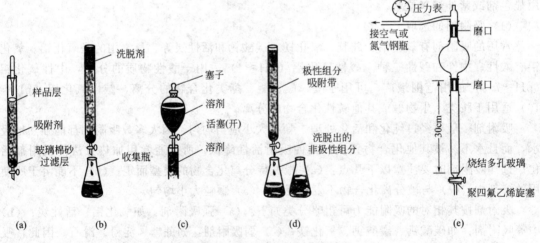

图 3-29 柱色谱装置与分离过程

柱色谱中最关键的操作是装柱，下面介绍两种装柱方法。

① 湿法装柱 装填之前，应将玻璃棉或柱子用溶剂润湿，再用溶剂和少量吸附剂充填柱子，装填到合适的高度。此外，还可以预先将溶剂与吸附剂调好，倒入柱子里，使它慢慢沉落，打开柱子底部旋塞，溶剂慢慢流过柱子，同时用软质棒敲打，使吸附剂沿管壁沉落，使吸附剂装填均匀。

② 干法装柱 先加入足够装填 1～2cm 高的吸附剂，用一个带有塞子的玻璃棒做通条压紧，然后再加另一部分吸附剂，重复此操作，直到达到足够高度，吸附剂的顶部应是水平

的，可以加一小片滤纸保护这个水平面（或将足量的吸附剂填装入柱，将柱子直接与水泵相连，抽实即可）。

无论采用哪种装柱方法，都必须注意：

（a）装好的吸附剂柱上端顶部要平整并盖一层滤纸或细砂，使吸附剂不受加入溶剂的干扰。如果顶部不平整，在洗脱时会出现图 3-30(b) 中的情况，影响分离效果。

（b）已装好的吸附剂上面应覆盖一层溶剂，以防变干，因为变干后吸附剂与管壁之间或者吸附剂柱子内部会形成裂缝。

（c）不能使吸附剂柱中有裂缝或气泡，否则影响分离效果。如图 3-30 （c）（d）所示。

（d）吸附剂的高度一般为玻璃管高度的 0.7～0.8 倍。

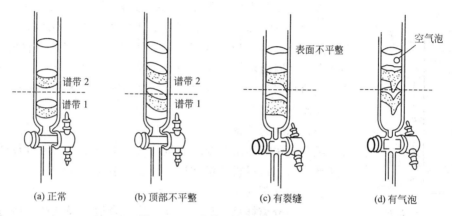

图 3-30　正常装柱与错误装柱图示

【实验】水溶性荧光黄和亚甲基蓝的分离

含有 5.0mg 水溶性荧光黄和 5.0mg 亚甲基蓝的 4mL 95％乙醇溶液，倒入装好的色谱柱中。当混合物液面与层顶部相近时，加入 95％乙醇，这时亚甲基蓝的谱带与被牢固吸附的荧光黄谱带开始分离。继续加足够量的 95％乙醇，使亚甲基蓝全部洗脱下来。待洗出液呈无色时，换水作洗脱剂，这时水溶性的荧光黄立即向柱子下部移动，用干净容器收集两个谱带的产品。

【实验】甲基橙与亚甲基蓝的分离

实验操作同上，把 1.0mg 甲基橙与 5.0mg 亚甲基蓝溶于 2.2mL 95％乙醇，进行分离实验，用 95％乙醇作洗脱剂，把亚甲基蓝洗脱下来，然后用水把甲基橙洗脱下来。用干净容器收集两个谱带的产品。

【思考题】

1. 为什么色谱柱活塞应避免涂凡士林？

2. 柱中若有空气泡或装填不匀，为什么会影响分离效果？如何避免？

3. 为什么极性大的组分宜用极性大的溶剂洗脱？

4. 使用过的吸附剂如何重复使用？

3.2.9　纸色谱

纸色谱是以纤维（或滤纸）作固定相载体，水吸附在滤纸上作溶剂，根据组分在两相中溶解度不同，即渗透速率不同而使各组分彼此分离，纸色谱的原理和吸附色谱不同，是液-液分配色谱。滤纸可视为惰性载体，吸附在滤纸上的水或其他溶剂作固定相，而有机溶剂为流动相（展开剂）。当溶剂沿滤纸上行时，化合物即在固定的水相与移动的溶剂相之间进行分配，由于水相是固定的，因此混合物中水溶性大或形成氢键能力大的组分由于受到阻力而移动缓慢，比移值 R_f 就小，反之，极性小的则向上移动快，比移值 R_f 就大，所以，根据各组分在两相溶剂中分配系数的不同而互相分离。纸色谱的特点是所需样品少、仪器设备简单、操作方便，故广泛用于有机化合物的分离与鉴定。

（1）比移值 R_f

试样斑点经展开及显色（对无色物质）后，在滤纸上出现不同颜色及不同位置的斑点，每一斑点代表试样中的一个组分，如图 3-31 所示。

$$R_f = \frac{a}{b}$$

式中，a 为溶质的最高浓度中心至原点中心距离；b 为溶剂前沿至原点中心距离。

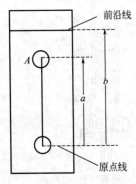

图 3-31　计算 R_f 值的示意图

R_f 值随被分离化合物的结构、固定相与流动相的性质、温度等因素而改变。当实验条件固定时，任何一种特定化合物的 R_f 值是一个常数，因而可作为定性分析的依据。由于影响 R_f 值的因素很多，实验数据往往与文献记载不完全相同，因此鉴定时常常需要用标准样品作为对照。

（2）滤纸的准备

纸色谱法所用滤纸要求质量均一、平整，有一定机械强度，展开速率合适。将层析滤纸在展开剂蒸气中放置过夜。

（3）展开剂的选择

根据被分离样品性质的不同，选用合适的展开剂。所选用的展开剂应对被分离物质有一定的溶解度。溶解度太大，被分离物质会随着展开剂跑到前沿；太小，则会留在原点附近，分离效果不好。

纸色谱多数用于高度极化的化合物或具有多官能团的化合物。

对能溶于水的物质，以吸附在滤纸上的水作固定相，以与水能混合的有机溶剂作展开剂。对难溶于水的物质，以非水极性物质（如 THF、DMF 等）作固定相，以不能与固定相混合的非极性溶剂（如环己烷等）作展开剂。

（4）点样

取少量试样，用水或易挥发的有机溶剂将它完全溶解，配制成浓度约为 1% 的溶液，用毛细管吸取少量样品溶液，在滤纸上距一端约 2～3cm 处点样，点样直径应控制在 0.3～0.5cm，然后将其晾干或在红外灯下烘干，用铅笔在滤纸边上标明点样位置。

（5）展开

于层析筒中注入展开剂。将晾干的已点样的滤纸悬挂在层析筒内，并使滤纸下端（有试样斑点这一端）边缘放入到展开剂液面下约 1cm 处，但试样斑点位置必须在展开剂液面之上，将层析筒盖上，如图 3-32 所示。

由于毛细作用，展开剂沿滤纸条上升，当展开剂前沿接近滤纸上端时，将滤纸取出，记下前沿位置，晾干。若被分离物中各组分是有色的，滤纸条上就有各种颜色的斑点显出，计算各化合物比移值 R_f。对于无色混合物的分离，通常将展开后的滤纸晾干或吹干，置于紫外灯下观察是否有荧光，或者根据化合物性质，喷上显色剂，观察斑点位置。

【实验】间苯二酚与 β-萘酚混合物的纸色谱

试样：间苯二酚、β-萘酚（用乙醇溶解）

展开剂：正丁醇：苯：水＝1∶19∶20（体积比）

显色剂：1％FeCl$_3$ 的乙醇溶液

斑点颜色：间苯二酚为紫色，β-萘酚为蓝色。

【实验】 苯胺与间苯二胺的纸色谱

试样：苯胺、间苯二胺（用稀盐酸溶解）

展开剂：正丁醇：2.5mol/LHCl＝4：1（体积比）

显色剂：1％对二甲氨基苯甲醛乙醇溶液

斑点颜色：橘黄

【注意事项】

用显色剂喷雾后，需先在红外灯下烘烤，然后才能显色。如果仅仅晾干，则看不到斑点颜色。

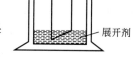

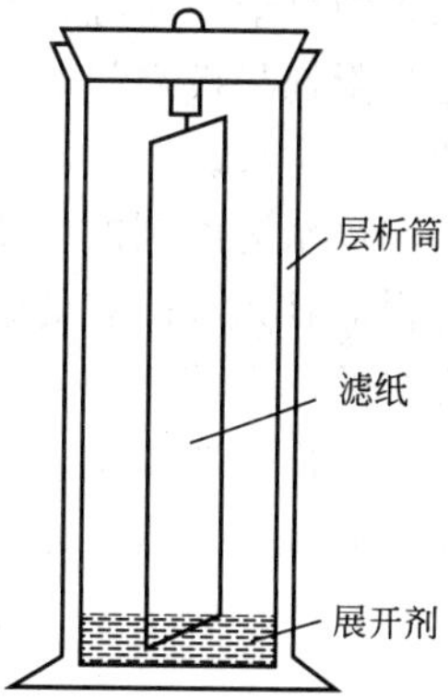

层析筒

滤纸

展开剂

图 3-32　纸色谱的展开

3.2.10　薄层色谱

1938 年 Izmailov 等人将糊状 Al$_2$O$_3$ 涂在玻璃板上成功地分离了药用植物提取物，20 世纪 50 年代以后又出现了硅胶薄层色谱。薄层色谱兼有柱色谱与纸色谱的特点，其分离效果优于柱色谱，是一种快速、微量、灵敏的色谱分离法，可分为吸附色谱与分配色谱两类。它不仅可分离少到 0.01mg 的样品，若在制作薄层板时加厚吸附层，将样品点成一条线，则可分离多达 500mg 的样品，因此又可用来精制纯化样品。薄层色谱展开时间短，几十分钟就能达到分离的目的。一般用薄层色谱能分离的样品也能用柱色谱分离，因此，薄层色谱常作为柱色谱的先导。本节介绍最常见的吸附薄层色谱。

（1）吸附剂（固定相）的选择

薄层色谱最常用的两种吸附剂是氧化铝和硅胶。与柱色谱不同的是，柱色谱中所用吸附剂颗粒较大，而薄层色谱中所用的物料则是细粉。

硅胶是无定形多孔性物质，略具酸性，适用于酸性和中性物质的分离，常用的硅胶如下：

硅胶 H——不含黏合剂。

硅胶 G——含熟石膏（CaSO$_4$·1/2H$_2$O）作黏合剂。

硅胶 HF254——含荧光物质。可用于波长为 254nm 紫外光下观察荧光物质的分离。

硅胶 GF254——既含熟石膏又含荧光剂。

熟石膏遇水或潮气时会变成生石膏（CaSO$_4$·2H$_2$O），它使吸附剂粘在一起与载玻片相黏合，由于薄层色谱所用吸附剂的颗粒细，以及上述熟石膏的黏合作用，使它不能用于柱色谱，否则会造成洗脱剂被堵塞的现象。

同样，氧化铝也因是否含有黏合剂和荧光剂而分为"氧化铝 G"、"氧化铝 GF254"及"氧化铝 HF254"等类型。

黏合剂除可用熟石膏外，也可用淀粉及羧甲基纤维素钠（CMC）等，其中以 CMC 的效果较好。一般先将 CMC 放在少量蒸馏水中浸泡配成 0.5％～1.0％的溶液，用 3 号砂芯漏斗滤去不溶物，即可得澄清的 CMC 溶液以供使用。加黏合剂的薄层板称为硬板，不加黏合剂的薄层板称为软板。

（2）薄层板的制备

薄层板制备的好坏直接影响色谱分离的效果。涂层厚度一般要尽量均匀，应在 0.25～1mm 之间，否则，在展开样品时溶剂前沿不整齐，结果不易重复。

涂板前先将吸附剂制成糊状物，溶剂主要有氯仿或在氯仿中加入少量甲醇与水。

氯仿作为溶剂的主要优点是：沸点低（b.p.61℃），意味着不需要将涂好的薄层板放在烘箱中烘干。而且它不会使吸附剂中的熟石膏凝结使涂料的存放时间可长达数天。它的缺点是吸附剂与板之间的黏接力差，所以往氯仿中加入少量甲醇可使熟石膏凝结得较结实，制得的板更耐久。

以水为溶剂的主要优点是：可使熟石膏迅速凝固，制备的薄层板比较结实，而且水廉价易得而且无毒。它的缺点是用水制成的浆料必须立即用掉，不然就会因形成团块而废弃，而且水的沸点较氯仿高，制成的薄层板晾干后必须放在烘箱中加热活化，操作较繁琐。

下面介绍以水为溶剂的制备薄层板的方法。首先将吸附剂调成糊状物：如称取 3g 硅胶 G，加入 6mL 蒸馏水，立即调成糊状物。如果要用 3g 氧化铝则需加 3mL 蒸馏水，立即调成糊状物，然后采取下述两种方法制成薄层板。

图 3-33　薄层涂布器

① 平铺法　平铺法是使用涂布器的制板法，涂布器可以自制，如图 3-33 所示。

将洗净的几块载玻片平整地摆放在涂布器中间，在载玻片的上下两边各夹一条比载玻片厚 0.25～1mm 的玻璃夹板（厚度由样品的量以及薄层板的大小决定），在涂布器槽中倒入糊状物，左右推动涂布器即可得到厚度均匀的薄层板，若无涂布器，也可将调好的糊状浆料用钢尺刮平。

② 倾注法　将调好的糊状物倒在干净的玻璃板上，用手轻摇，使其表面均匀平整，此法的特点是方便，但薄层板的质量往往不如平铺法所制。

（3）薄层板的活化及活性测定

把涂好的薄层板于室温晾干后，需烘干活化，活化条件根据需要而定。硅胶板一般在烘箱中渐渐升温，于 105～110℃活化 30min 左右。氧化铝板在 200℃烘 4h 可得活性Ⅰ级的薄层板，105～160℃烘 4h 可得活性Ⅱ～Ⅳ级的薄层。薄层板的活性与含水量有关，其活性随含水量的增加而下降。

氧化铝板活性的测定：将偶氮苯 30mg、对甲氧基偶氮苯、苏丹红、苏丹黄和对氨基偶氮苯各 20mg 溶于 50mL 无水四氯化碳中，取 0.02mL 此溶液加于氧化铝薄层板上，用无水四氯化碳展开，测定各染料的位置，算出比移值 R_f（见图 3-31），参照表 3-3 确定其活性级别。

表 3-3　氧化铝活性级别与各偶氮染料比移值的关系

活性级别 偶氮染料	勃劳克曼活性级别的 R_f 值			
	Ⅱ	Ⅲ	Ⅳ	Ⅴ
偶氮苯	0.59	0.74	0.85	0.95
对甲氧基偶氮苯	0.16	0.49	0.69	0.69
苏丹黄	0.01	0.25	0.57	0.78
苏丹红	0.00	0.10	0.33	0.56
对氨基偶氮苯	0.00	0.03	0.08	0.19

硅胶板活性的测定：取对二甲氨基偶氮苯、靛酚蓝和苏丹红各 10mg，溶于 1mL 氯仿中，将此混合物点于薄层板上，用正己烷-乙酸乙酯（体积比 9∶1）展开。若能将三种染料分开，并且比移值对二甲氨基偶氮苯＞靛酚蓝＞苏丹红，则与Ⅱ级氧化铝的活性相当。

（4）点样

薄层色谱的点样与纸色谱基本一样，把样品溶于低沸点溶剂（如丙酮、乙醚、乙醇、氯仿、四氯化碳等），浓度大约为 1%，用直径 0.5mm 的玻璃毛细管取样，轻轻点在距薄层板一端约 1～2cm 处，斑点直径为 1～2mm，如一次点样斑点太小，待溶剂挥发后重复点样，浓度高的化合物样品，斑点直径要小，以免出现拖尾现象，斑点的位置用铅笔标记，以备计算 R_f 值，然后晾干以备展开。

（5）展开剂的选择

薄层色谱展开剂的选择与柱色谱选择洗脱剂一样，主要根据样品化合物的极性、溶解度和吸附剂的活性等因素来考虑，溶剂的极性越大，则对样品化合物的洗脱能力越大，R_f 值也就越大，各种溶剂的极性参见柱色谱部分（溶剂的选取）。

（6）展开

与纸色谱一样，展开需在密闭容器中进行，可根据薄层板以及样品的特点分为以下几种展开方式。

① 上升法　将色谱板垂直置于盛有展开剂的密闭容器内。通常用于吸附剂中含黏合剂的薄层板。

② 倾斜上行法　是最为常见的展开方式，如图 3-34 所示。将薄层板倾斜 10°～20°，点样的一端浸入溶剂，以不浸至斑点为准，展开后，取出晾干即可。一般用于不含黏合剂的薄层板。含黏合剂的薄层板可倾斜 45°～60°，以不影响吸附剂的均匀为原则。

③ 下降法　若样品化合物的 R_f 值较小，可使用下降法展开。如图 3-35 所示，将展开剂放在圆底烧瓶中，用滤纸将展开剂吸到薄层板的上端，使展开剂沿板下行。

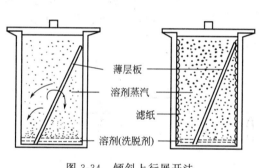

图 3-34　倾斜上行展开法

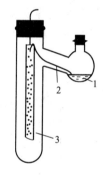

图 3-35　溶剂下降展开法示意图
1—溶剂；2—滤纸条；3—薄层板

④ 双向展开法　薄层板制成正方形，样品点在角上，先向一个方向展开。然后薄层板转动 90°，另换展开剂展开，这种方法特别适用于成分复杂的样品。

（7）显色及鉴定

与纸色谱相似，除带色斑点不必显色外，无色斑点常用喷雾法显色，凡可用于纸色谱的显色剂都可用于薄层色谱。鉴定化合物时，由于 R_f 值重现性较差，故不能孤立地用比较 R_f 值的办法来鉴定。当未知物被怀疑是少数几个已知物之一时，可在同一块薄层板上点样，在适合于分离已知物的展开剂中展开，通过比较 R_f 值即可确定未知物。

3.2.11　气相色谱

色谱技术中用气相作为流动相的是气相色谱，包括气-固色谱和气-液色谱。目前的气相色谱大多是气-液分配色谱。其基本原理：在一定温度下使微量有机化合物气化后的蒸气被稳定的惰性气体流（载气）带入管状色谱柱。固定相是一种表面粘附有机物液膜（称为固定相）的固体颗粒（称为担体），由于固定液对各组分气体溶解能力的差异，各组分在柱内将随着载气的向下移动而被分开，难溶于固定液的组分将先行流出色谱柱，经一定的检测器测量出各组分在不同时间的浓度，经自动检测记录装置，得到一张有若干峰形、面积不一的流出曲线-色谱图。根据各峰出现的时间及峰面积大小作定性鉴定和定量测定。色谱柱中的分离过程如图 3-36 所示。

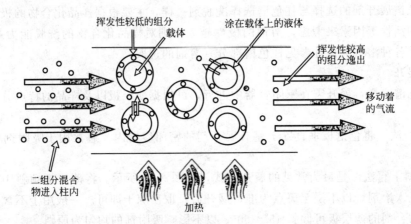

图 3-36　色谱柱中的分离过程

（1）气相色谱仪及色谱图

气相色谱仪主要由进样器、色谱柱、检测器、气流控制系统、温度控制系统、信号记录系统和数据处理系统等设备组成，其一般流程如图 3-37 所示。如果将色谱仪的出口处连接被冷却的收集装置，根据化合物的出峰信号，就可收集到足够量的纯样品供波谱分析使用。

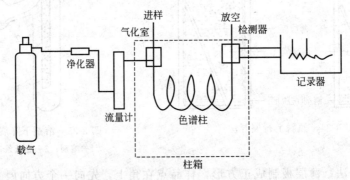

图 3-37　气相色谱流程示意图

测量时先将载气调到所需流速，把气化室、色谱柱和检测器都调节到所需温度，待仪器稳定后，用微量注射器进样，样品气化后随载气流入色谱柱，由于各组分在气相和固定相中的分配系数不同，在色谱柱中通过多次平衡就可分离。分离后的单组分先后进入检测器，检测器将各组分的浓度定量地换成电信号，放大后在记录纸上记录下来。根据记录的电信号-时间曲线可以进行定性与定量分析。色谱图纵坐标表示信号（即浓度）大小，横坐标表示时间，在相同的分析条件下，每一个组分从进样到出峰时间都保持不变，因此可进行定性分析。样品中每一组分的含量与峰的面积成正比，因此根据峰的面积大小也可以进行定量测定。如图 3-38 为一色谱图，表示试样中有两个组分，从进样开始到第一组分色谱峰顶点所需时间 t_1 为第一组分的保留时间，t_2 为第二组分的保留时间。在分析条件相同的条件下，保留时间不变，h 为峰高，$W_{1/2}$ 为半峰宽，两者的乘积即为峰面积，代表各组分的量，据此可进行定量计算。如果色谱仪中连有积分仪，就可直接得到色谱图中的保留时间和峰面积等数据。

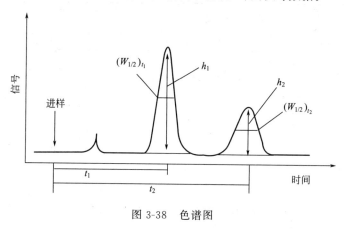

图 3-38　色谱图

（2）色谱柱

色谱柱通常是一根长 1～3m，内径 3～6mm 的 U 形或螺旋形金属管（或玻璃管），在柱中装满表面涂渍固定液的担体，这就是所谓的气-液色谱柱。如果管中装满吸附剂如硅胶、活性炭或分子筛则为气-固色谱柱。

另外一种是内径 0.5～0.8mm、长达几十米的玻璃管，内壁涂以固定液，分离效率高，主要用于复杂样品的快速分析。

① 固定液　色谱柱的分离效果主要取决于固定液，一般是选择与样品极性相近的固定液。常用固定液如表 3-4 所列。

表 3-4　常用固定液

固定液	英文名或缩写	分子式或结构式	最高使用温度/℃	极性	溶剂	分析对象
角鲨烷	Squalane	$i\text{-}C_{30}H_{63}$	140	非	乙醚	分离一般烃类和非极性化合物
阿匹松 LM	ApiesonLM	高分子量烷烃	300 250	非	氯仿、二氯甲烷	各类高沸点有机物
二甲基硅油	DC200 OV101	$Me_3Si\text{—}[O\text{—}\underset{\underset{Me}{\mid}}{\overset{\overset{Me}{\mid}}{Si}}]_n\text{—}O\text{—}SiMe_3$	220～270 220～270	弱	乙醚、丙酮	高沸点非极性、弱极性化合物，有机农药等
甲基苯基硅油	DC701 OV17	$Me_3Si\text{—}[O\text{—}\underset{\underset{Ph}{\mid}}{\overset{\overset{Ph}{\mid}}{Si}}]_m[O\text{—}\underset{\underset{Me}{\mid}}{\overset{\overset{Me}{\mid}}{Si}}]_n\text{—}O\text{—}SiMe_3$	350 160	弱	丙酮	
甲基硅橡胶	SE-30	$Me_3Si\text{—}[O\text{—}\underset{\underset{Me}{\mid}}{\overset{\overset{Me}{\mid}}{Si}}]_n\text{—}O\text{—}SiMe_3$	300	弱	氯仿:乙醇（1:1）	同上，应用很广
邻苯二甲酸二丁酯 邻苯二甲酸二壬酯	DBP DNP	$\begin{array}{c}COOC_4H_9\\COOC_4H_9\end{array}$ $\begin{array}{c}COOC_9H_{19}\\COOC_9H_{19}\end{array}$	100 130	中等	乙醚、甲醇	烃、醇、酮、酸和酯等各类化合物

续表

固定液	英文名或缩写	分子式或结构式	最高使用温度/℃	极性	溶剂	分析对象
磷酸三甲苯酯	TCP	$(CH_3C_6H_4O)_3PO$	120	中等	甲醇	卤代烃等
聚丁二酸乙二醇酯	DEGS	$-[CH_2CH_2OC(CH_2)_2CO]_n-$ （两个O）	200	中等	氯仿	醇、酮、酯及饱和脂肪烃类
β,β'-氧二丙腈	β,β'-Oxy-diproPionitrile	$O\diagdown\!\!\!\!\!\begin{array}{l}CH_2CH_2CN\\CH_2CH_2CN\end{array}$	100	极性	丙酮	烃、含氧化合物
有机皂土-34	Bentone-34	$(C_{18}H_{37})_2N(CH_3)_2$-皂土	200	极性	甲苯	芳烃
聚乙二醇 300 600 1000 1500 4000 6000 20000	PEG 300 600 1000 1500 4000 6000 20000	$HO(CH_2CH_2O)_nH$	60～225	氢键	乙醇、丙酮	分离极性物质醇、醛、酮和脂肪酸等含氧化合物，根据样品沸点选用分子量不同的PEG

② 担体　担体的主要作用是使固定液在其表面形成一个均匀薄膜，对担体一般要求表面积大、结构均匀、机械强度好、表面没有吸附中心或吸附能力弱、粒度均匀、性质稳定。常用的担体如表3-5所列。

表 3-5　常用担体

担体代号		特　点	用　途
红色硅藻土型	6201 201 202	未加助溶剂，含少量 Fe_2O_3，比表面积 $4.0m^2/g$，柱效较高，强度较好，但活性中心较多，若不经硅烷化、釉化处理，分离极性化合物时有拖尾现象	分离非极性和弱极性物质，不宜高温使用
	釉化担体 301 302	性能介于红色担体和白色担体之间	一般应用
	Chromosorb P	吸附性高，pH6～7	分离非极性物质
白色硅藻土型	101 182	加助溶剂，含少量 Na_2O 和 K_2O，比表面积 $1.0m^2/g$，柱效低，强度较红色的小，但活性中心少。分离极性化合物拖尾效应较红色的小	分离极性物质，能用于高温
	硅烷化102	经过硅烷化处理	分析氢键型化合物
	Chromosorb A G W	比表面积 $2.7m^2/g$，供制备色谱用 比表面积 $0.5m^2/g$，吸附性弱，pH8.5 比表面积 $1～3m^2/g$，吸附性中等，pH8～10	一般应用
非硅藻土型	701 702	聚四氟乙烯担体，表面积小，惰性，强度好，可在高温下使用	分析含氟、极性和有腐蚀性化合物
	玻璃球担体	比表面积 $0.02m^2/g$	低温分离高沸点物质
	GDX 101 102 201 301	苯乙烯与二乙烯基苯共聚物	用于测定有机物和无机物中微量水。分离醇、醛、酮、酸、酯等有机物

（3）检测器

气相色谱中应用的检测器种类很多，此处介绍最常见的热导检测器与氢焰电离检测器。

① 热导检测器　热导检测器的工作原理是：在色谱柱出口气流处有两根钨丝，对钨丝用稳定电压加热，当稳定的载气流流经这两根金属丝时，金属丝的失热速率和它的电阻各有一个恒定值，当蒸气流的成分改变时，热从金属丝散失的速率与金属丝的电阻就对应发生变

化。这两根钨丝长短、粗细应相同，即 $R_1 = R_2$，在 R_1 一边通入载气作为"参比臂"，这种热导池称为双臂热导池。R_1、R_2 与固定电阻 R_3、R_4 组成惠斯顿电桥，如图 3-39 所示。当色谱柱中出来的载气没有分离的组分流出时，电桥是平衡的，$R_1 \cdot R_3 = R_2 \cdot R_4$，$A$、$B$ 两点没有信号输出，当分离的样品组分逐渐进入测量臂时，由于组分的热导系数与载气不同，使臂内灼热钨丝的散热条件发生了变化，这样便破坏了电桥平衡，A、B 两点就有信号输出。通常用的载气为氢气与氮气，实验证明氢气的灵敏度高于氮气，氦气的灵敏度更高，但价格昂贵，故不常用。

②　氢焰电离检测器　氢焰电离检测器的核心部分是离子室，离子室以氢焰为能源，并有收集极与发射极，在两极之间加有 $150 \sim 300\mathrm{V}$ 的电压，形成直流电，当样品组分随载气自色谱柱流出后，与氢气汇合，助燃空气由一侧进入离子室，在燃烧的氢焰高温作用下，样品组分被电离，形成正负离子，在电压作用下，离子出现定向运动，从而产生微电流信号，经放大后记录下来，这就是色谱峰信号，氢焰电离检测器的基本结构如图 3-40 所示。

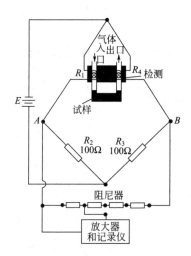

图 3-39　热导池惠斯顿电桥线路

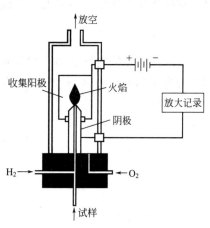

图 3-40　氢焰电离检测器结构示意图

（4）气相色谱的定性及定量分析

①　定性分析　气相色谱常利用保留时间进行定性分析，此时可将未知物的保留时间与纯已知物的保留时间相对照，前提是测量条件相同，或将纯物质混于试样中，观测相应的色谱峰是否增高以鉴定未知物。但必须指出，有时几种不同化合物在同一色谱柱上会出现相同的保留时间，故需选用几根具有不同极性固定液的柱子分别测定保留值，这样的定性结果方可靠。

②　定量分析　气相色谱定量分析的依据是在给定条件下分析试样组分的量与检测器的响应信号（色谱峰面积）成正比，由于同一物质在不同类型检测器上有不同的响应信号，为使响应值能定量代表物质的含量，引进了校正因子 f 的概念，将一个标准物的校正因子定为 1，其他化合物与标准物校正因子之比值即为该化合物的相对校正因子，通常使用的相对校正因子有相对质量校正因子与相对摩尔校正因子。各类化合物在热导池与氢焰电离检测器的相对校正因子可以参阅 J. Gas Chromatog, 5, 2, 68（1967）和 J. Chromatog. Soc., 5, 237（1973）。

最常用的定量分析方法有以下两种。

a. 归一化法　该方法的前提是样品中各组分都可完整地出谱，各组分的百分含量计算公式为：

$$w_i = \frac{f_i A_i}{f_1 A_1 + f_2 A_2 + \cdots\cdots + f_n A_n} \times 100\%$$

式中，w_i 为质量百分比；f_i 为相对质量校正因子；A_i 为色谱峰面积（$A_i = W_{1/2} \cdot h$）。

假如色谱峰不对称或有拖尾现象，或者试样中各组分为同分异构体，或者各组分校正因子接近，最好将峰从色谱图中剪下称其质量，可用下式计算：

$$w_i = \frac{A_i}{A_1 + A_2 + \cdots\cdots + A_n} \times 100\%$$

b. 内标法　如果试样中不是所有组分都能完整出峰的话，则可用内标法。此法是选择一内标物，该化合物的保留时间与待测化合物保留时间很接近，但内标物的色谱峰又不能与试样色谱峰重叠，该方法首先测定待测化合物相对于内标的校正因子，称取质量为 m_s 的内标物和质量为 m_i 的待测物的纯样充分混合，进行色谱分析，分别得到峰面积为 A_s 和 A_i 的色谱峰，则待测化合物相对内标的校正因子为：

$$f_i = \frac{m_i \cdot A_s}{m_s \cdot A_i}$$

然后称取一定量的内标物加入到质量为 m 的样品中，进行色谱分析后得到待测化合物与内标物的峰面积分别为 A_i 和 A_s，则百分含量为：

$$w_i = f_i \times \frac{A_i}{A_s} \times \frac{m_s}{m} \times 100\%$$

第4章 基础合成实验

4.1 烯烃的制备

小分子烯烃如乙烯、丙烯、丁二烯是三大合成材料工业（合成纤维、合成塑料、合成橡胶）的基本原料，由石油裂解得到。实验室中制备烯烃主要采用酸性条件下醇脱水和碱性条件下卤代烃脱卤化氢的方法，还可以采用醇在氧化铝等催化剂上进行高温催化脱水的方法。

醇在酸作用下的脱水反应，是在强无机酸如硫酸或磷酸作用下进行的。酸先使醇羟基质子化后，以水的形式离去，再从中间体中失去一个质子，最后生成烯烃。醇脱水生成烯烃是一个平衡反应，若从反应混合物中蒸出烯烃，可使反应向产物方向移动。将烯烃与水共沸蒸出，可达到提高烯烃产率的目的。

实验一 环己烯

【实验目的】

1. 学习浓磷酸催化环己醇脱水制备环己烯的原理和方法。
2. 掌握分馏、盐析、分液、干燥、蒸馏的基本操作技能。

【实验原理】

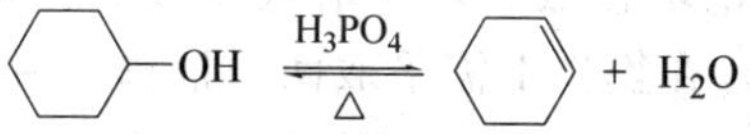

$$\bigcirc\!\!-OH \underset{\triangle}{\overset{H_3PO_4}{\rightleftharpoons}} \bigcirc + H_2O$$

【实验试剂】

环己醇 15.0mL（14.5g，0.144mol），85％磷酸，氯化钠，10％碳酸钠溶液，无水氯化钙。

【实验步骤】

按图 3-25 装配好分馏装置，并使接收瓶的大部分浸没在冰水浴中，以减少生成物环己烯的挥发。

将 15mL 环己醇和 4mL 85％磷酸[1,2]加入到 100mL 圆底烧瓶中，振荡烧瓶使液体充分混合均匀，加入几粒沸石，小火慢慢加热直到有馏液流出，控制分馏温度不超过 90℃[3]，且分馏速率不可太快，以馏出速率 1～2d/s 为宜。馏出液为带水的混浊液体。当反应瓶中仅剩很少量的液体时，立即停止加热。

向馏出液中加入固体氯化钠至馏液饱和，盐应一点一点地加入，且要温和地摇动烧瓶。当盐不再溶解时，向其中加入足够量的 10％碳酸钠溶液，使馏液呈碱性。将中和后的混合物注入分液漏斗中，静置分层，分出水层，将上层有机层通过分液漏斗的上口转入 100mL 干燥的锥形瓶中，取适量无水氯化钙干燥 20min，期间间歇振摇，使干燥剂充分接触被干燥物，至溶液澄清透明。

安装蒸馏装置，把已干燥好[4]的环己烯溶液倾注到 50mL 圆底烧瓶中，要注意切勿将干燥剂倒入烧瓶中，加入 2～3 粒沸石，小火加热蒸出环己烯[5]，收集馏液的沸点范围为 82～84℃。称量，计算产率。

环己烯为无色透明液体，b. p. 82.9℃，d_4^{20} 0.8102，n_D^{20} 1.4465。

【注意事项】

1. 环己醇可在浓硫酸或磷酸催化下脱水，但使用硫酸极易使有机物炭化，产生一些黑色物质，使反应瓶不易刷洗干净。本实验使用 85% 的磷酸催化。

2. 磷酸有很强的腐蚀性，不许接触皮肤。若不慎弄到皮肤上，应立即用水冲洗干净。

3. 环己烯与水形成共沸物，沸点 70.8℃（组成：环己烯为 90%，水为 10%）。最好在此温度以上将环己烯蒸出，但开始很难达到，随着反应的继续，分馏能够顺利进行。环己醇与水形成共沸物，沸点 97.8℃（组成：环己醇为 20%，水为 80%）。反应过程中温度不可过高，否则未反应的环己醇易被蒸出。

4. 蒸馏所用的仪器应干燥，否则得到的产品呈浑浊状。若在 82℃ 以前有较多的馏分，说明未干燥完全，应重新干燥和蒸馏。

5. 在收集和转移环己烯时，应保证充分冷却以免因挥发而造成损失，且环己烯易着火，所以要谨慎操作。

【思考题】

1. 为什么本合成反应要采用分馏装置进行？

2. 为什么要控制分馏温度不超过 90℃？

3. 在分离操作之前，为什么要在馏出液中加入盐？其原理是什么？

【知识扩展】

精密分馏（简称精馏）的原理与简单分馏相同。实验室用精馏装置一般有柱身、柱头、加热器、保温器、接收器及蒸馏器等几部分组成。分馏的效率与柱的设计及操作有关。影响分馏柱分馏效率的因素有：理论塔板数、理论塔板高度、回流比、蒸发速率、压力差、附液、液泛等。为提高分馏效率，在操作上需采取两项措施：一是柱身保温，以保证柱身温度与待分馏物质的沸点相近，利于建立平衡；二是控制一定的回流比，即上升的蒸气，在柱头经冷凝后，回入柱中的量与馏出的馏分的量之比。回流比越大，分馏效率越高，但精馏速率慢，所以要适当控制回流比。实验室中一般选用回流比为理论塔板数的 1/5～1/10。

【产物图谱】

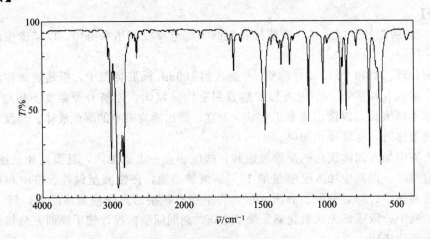

图 4-1　环己烯的红外图谱

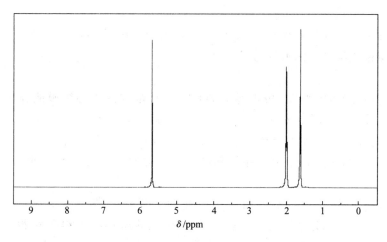

图 4-2　环己烯的核磁共振氢谱

4.2　卤代烃的制备

卤代烃是一类重要的有机合成中间体和重要的有机溶剂，但在自然界中一般不存在，需通过有机反应制备。

脂肪（环）族卤代烃一般通过烷烃卤化、α-H 的卤化、不饱和烃加成、醇的取代和卤离子交换反应制备；芳卤化合物通常采用芳烃直接卤化、α-H 卤化、氯甲基化和重氮盐等方法来制备。烷烃的卤化、烯烃和芳烃的 α-H 卤化是按照自由基历程进行，而芳香族化合物芳环上的卤代是亲电取代历程。醛、酮的 α-H 很容易与卤素发生卤化反应；羧酸及其酯的 α-H 活性比醛、酮的小，为了增强其 α-H 活性，常采用先将羧酸转变为酰卤，再进行卤化反应的方法实现。

烯烃与卤素、卤化氢、次卤酸加成是制备卤代烃及 α-卤代醇常用的合成方法，但亲核性较弱的烯烃如乙烯、四氯乙烯等反应产率较低。利用相转移反应，将氢氧化钠水溶液与卤仿反应，产生的二卤卡宾可快速与烯烃进行加成得到卤代烃，此方法操作方便，也是合成环丙烷衍生物的简易方法。

一些官能团如羟基可被卤素取代，如用醇与氢卤酸、磷的卤化物（三卤化磷、五卤化磷）、亚硫酰氯等反应也可制备相应的卤代烃。

实验二　1-溴丁烷

【实验目的】

1. 掌握由伯醇与卤化氢反应制备卤代烃的原理和方法。

2. 练习回流、气体吸收、振荡、洗涤、干燥、蒸馏等操作。

【实验原理】

$$NaBr + H_2SO_4 \longrightarrow HBr + NaHSO_4$$

$$n\text{-}C_4H_9OH + HBr \longrightarrow n\text{-}C_4H_9Br + H_2O$$

【实验试剂】

正丁醇 6.2mL（5.0g，0.068mol），溴化钠 8.3g（0.080mol），浓硫酸，饱和亚硫酸氢钠溶液，10%碳酸钠溶液，无水氯化钙。

【实验步骤】

在 100mL 圆底烧瓶中加入 10mL 水，再将 10mL 浓硫酸小心缓慢地分次加入，振荡，混合均匀，冷至室温。然后加入 6.2mL 正丁醇，在振荡下加入 8.3g 溴化钠，摇匀后，加入几粒沸石，立即装上回流冷凝管［参见图 3-3（a）］，在冷凝管上口用导气管连接一个倒悬的小漏斗，漏斗口一半浸没在烧杯的水中［参见图 3-7（a）］，也可用 5%氢氧化钠作吸收剂。

将烧瓶放在石棉网上，加热回流 30min 左右。反应完毕，稍冷却，拆下回流冷凝管，再加入几粒沸石，改为蒸馏装置，大火加热，迅速蒸出 1-溴丁烷粗产品，至冷凝管中无油状物为止[1,2]，烧瓶中的残液趁热倒入废液回收瓶中。将粗产品转入分液漏斗中，加入 3～5mL 饱和亚硫酸氢钠溶液[3]，振荡 2min（若有机层无色，可不加亚硫酸氢钠溶液，直接用等体积水洗一次）。静置后分出 1-溴丁烷，并将其转入另一干燥的分液漏斗中，用等量冷浓硫酸洗涤[4]，分出硫酸层。有机层先用等体积的水洗一次，然后用 10%碳酸钠溶液洗涤到中性或弱碱性，再用等体积的水洗涤一次。将产品移入干燥的锥形瓶中，取适量无水氯化钙干燥 20min，并间歇振摇。然后将产品移入干燥的圆底烧瓶中，加入几粒沸石，蒸馏，收集 99～103℃馏分。称量，计算产率。

1-溴丁烷（正溴丁烷）为无色透明液体，b. p. 101.6℃，d_4^{20} 1.2760，n_D^{20} 1.4401。

【注意事项】

1. 粗蒸馏液中除含有 1-溴丁烷外，常含有水、正丁醇、正丁醚，也有一些溶解的丁烯，有时也含有少量的溴而使液体显色。

2. 判断 1-溴丁烷是否蒸完，可根据馏出液中油层是否消失。当馏出液由混浊变澄清时，用盛清水的试管接收几滴馏出液，观察有无油珠出现。

3. 有机层若呈棕红色，系游离的溴的颜色，由浓硫酸氧化生成，可用亚硫酸氢钠溶液洗去。

$$2NaBr + 3H_2SO_4（浓）\longrightarrow Br_2 + SO_2 + 2NaHSO_4 + 2H_2O$$

$$Br_2 + NaHSO_3 + H_2O \longrightarrow 2HBr + NaHSO_4$$

4. 正丁醇、正丁醚及丁烯可通过溶解于浓硫酸而从有机相中分离出来，使用干燥的分液漏斗是为了防止漏斗中残余水分稀释硫酸而降低洗涤效果，同时避免浓硫酸稀释放热而发生危险。

【思考题】

1. 加料时，先使溴化钠与浓硫酸混合，然后再加正丁醇和水，可以吗？为什么？

2. 本实验有哪些副反应？如何减少副反应？

3. 粗产品中有哪些杂质？如何除去？

4. 加入碳酸钠溶液的目的是什么？

【产物图谱】

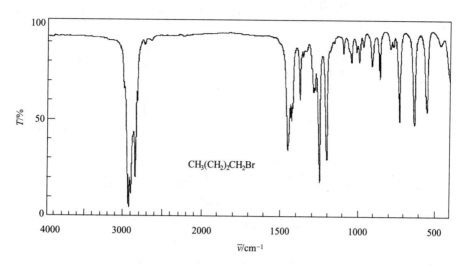

CH₃(CH₂)₂CH₂Br

图 4-3　1-溴丁烷的红外图谱

实验三　叔丁基氯

【实验目的】

1. 掌握叔醇与卤化氢反应制备卤代烃的原理和方法。
2. 练习分液、洗涤、干燥、蒸馏等基本操作。

【实验原理】

$$(CH_3)_3C{-}OH + HCl \longrightarrow (CH_3)_3C{-}Cl + H_2O$$

【实验试剂】

叔丁醇 13mL（10g，0.135mol），浓盐酸 34mL，5％碳酸氢钠溶液，无水氯化钙。

【实验步骤】

把 250mL 的分液漏斗中放在铁圈上，分别加入 13mL 叔丁醇和 34mL 浓盐酸，不盖盖子，轻轻旋摇 1min，然后将漏斗塞紧，翻转后振摇 2～3min。注意及时打开活塞放气，以免漏斗内压力过大，使反应物喷出。静置分层后分出下层水溶液，上层有机相先用 5％碳酸氢钠溶液洗涤至弱碱性，再用水洗涤至中性，之后转移至干燥干净的锥形瓶中。用适量无水氯化钙干燥。将干燥后的液体有机物转入干燥干净的蒸馏瓶中，进行常压蒸馏，收集 51～52℃馏分。称量，计算产率。

叔丁基氯为无色透明液体，b.p. 51.0℃，d_4^{20} 0.8420，n_D^{20} 1.3877。

【思考题】

1. 本实验的副反应是什么？
2. 本实验用碳酸氢钠溶液洗涤粗产品，能否用氢氧化钠溶液洗涤？

【产物图谱】

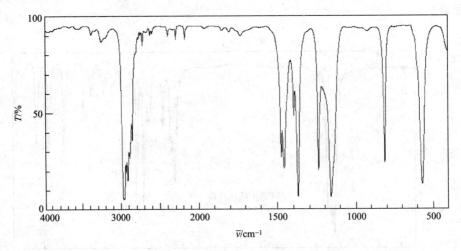

图 4-4　叔丁基氯的红外图谱

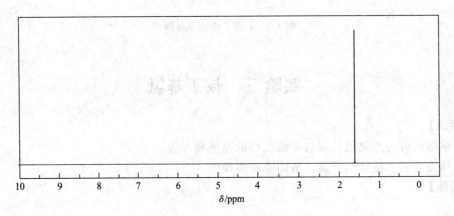

图 4-5　叔丁基氯的核磁共振氢谱

4.3　醇的制备

　　醇类化合物在有机合成上应用非常广泛，它不但可以用作溶剂，还可用于制备卤代烃、烯烃、醚、醛、酮、羧酸、酯等化合物。醇的制法很多，较简单和常用的醇的工业制备方法，主要是通过淀粉发酵或用石油裂解烯烃的催化水合来制备。实验室制备醇主要有两种方法：一种是以烯烃为原料的加成；另一种是以醛、酮、酯为原料的还原。

　　羰基化合物还原制备醇的方法中应用最广泛的是采用硼氢化钠（NaBH$_4$）和氢化铝锂（LiAlH$_4$）作为还原剂。这些金属氢化物的还原反应具有副反应少、产率高、选择性高、立体选择性好等特点，在天然产物及复杂分子的合成中尤为重要。其中氢化铝锂的还原性极强，不仅能还原醛、酮的羰基，也能还原硝基、氰基、羧基、酯基和酰胺基，且反应需在严格的无水条件与非质子溶剂如乙醚、四氢呋喃、二氯乙烷中进行。硼氢化钠是较温和的还原剂，只还原醛、酮的羰基，而对其他基团没有影响，并且既可在单一溶剂——醇中反应，也可在水-有机两相体系中进行，具有操作简便、安全的特点。

　　Grignard 试剂与碳氧双键的加成反应是制备醇的重要方法。大多数醇都可以通过 Grignard 试剂的反应来制备。

实验四　二苯基甲醇

【实验目的】

　　1. 掌握硼氢化钠还原醛、酮制备醇的原理和方法。

　　2. 练习回流、振荡、过滤、重结晶等基本操作。

【实验原理】

$$C_6H_5\overset{O}{\overset{\|}{C}}C_6H_5 \xrightarrow{CH_3OH,\ NaBH_4} C_6H_5\overset{OH}{\overset{|}{C}}HC_6H_5$$

【实验试剂】

　　二苯酮 7.2g（0.040mol），硼氢化钠 0.9g（0.024mol），甲醇 30mL，石油醚或环己烷。

【实验步骤】

　　在 100mL 圆底烧瓶上安装回流冷凝管，加入 7.2g 二苯酮和 30mL 甲醇于烧瓶中，振荡使固体溶解。迅速称取 0.9g 硼氢化钠加入烧瓶中，搅拌溶解后，混合物开始放热，升温至溶液沸腾，静置 20min，期间不时振荡。然后在烧瓶中加入 3mL 水，水浴加热，沸腾 5min。冷却后析出结晶，抽滤得到粗产品。干燥，称量，计算产率。粗产品可用石油醚或环己烷重结晶。

　　二苯基甲醇纯品为白色针状结晶，m.p. 69.0℃。

【思考题】

　　1. 反应后为什么要加入水，并要加热至沸腾？

　　2. 比较 $LiAlH_4$ 和 $NaBH_4$ 的还原性能有何区别？

【产物图谱】

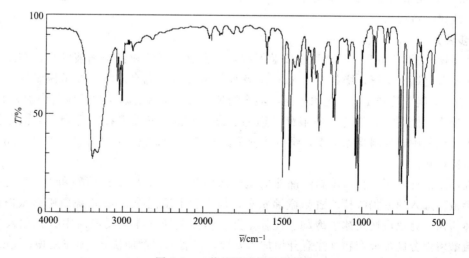

图 4-6　二苯基甲醇的红外图谱

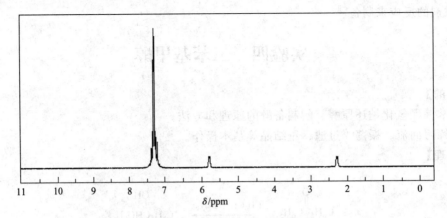

图 4-7　二苯基甲醇的核磁共振氢谱

实验五　2-甲基-2-己醇

【实验目的】

1. 掌握 Grignard 试剂的制备方法。
2. 掌握 Grignard 试剂与醛酮加成制备醇的原理和方法。
3. 学习无水反应的基本操作。

【实验原理】

$$n\text{-}C_4H_9\text{—}Br + Mg \xrightarrow[\ ]{Et_2O} n\text{-}C_4H_9MgBr \xrightarrow[Et_2O]{CH_3COCH_3} n\text{-}C_4H_9\text{—}\underset{\underset{CH_3}{|}}{\overset{\overset{CH_3}{|}}{C}}\text{—}OMgBr \xrightarrow{H_3O^+} n\text{-}C_4H_9\text{—}\underset{\underset{CH_3}{|}}{\overset{\overset{CH_3}{|}}{C}}\text{—}OH$$

【实验试剂】

1-溴丁烷 13.5mL（17.2g，0.126mol），镁丝 3.1g（0.129mol），丙酮 9.5mL（7.5g，0.129mol），无水乙醚，10% 硫酸溶液，5% 碳酸钠溶液，无水氯化钙，无水碳酸钾，无水氯化铝或碘（备用）。

【实验步骤】

在干燥[1]的 250mL 三口烧瓶上安装搅拌器、回流冷凝管和稳压滴液漏斗，在冷凝管上安装无水氯化钙干燥管，烧瓶中加入 3.1g 镁丝[2]和 15mL 无水乙醚，在恒压滴液漏斗中加入 13.5mL1-溴丁烷和 15mL 无水乙醚，混合均匀。自恒压滴液漏斗向反应瓶中加入 3mL 混合液，反应开始后[3]，维持反应液处于微沸状态，回流。开动搅拌，将剩余的混合液缓慢地滴入反应瓶中，控制滴加速率，维持溶液呈微沸状态。加完后在水浴上回流[4]15min，至镁丝全部溶解。

在冰水浴冷却下，自恒压滴液漏斗向反应瓶中缓缓滴入 9.5mL 丙酮和 10mL 无水乙醚的混合液。加入速率仍维持乙醚呈微沸状态，加完后室温搅拌 5min，烧瓶中有灰白色黏稠状固体析出。将反应瓶用冰水冷却、搅拌，并自恒压滴液漏斗向反应瓶中分批加入 100mL 10% 硫酸溶液分解加成产物（注意开始加入要慢，以后可逐渐加快）。加完后振荡 5min，反应结束。

将反应液转入分液漏斗中，分出有机层，水层用乙醚萃取（25mL×2），合并提取液。

萃取液与有机层合并，用 30mL 5％碳酸钠溶液洗涤一次。有机物经无水碳酸钾干燥后蒸馏。先用水浴蒸出乙醚，然后蒸馏产品，收集 139～143℃馏分。称量，计算产率。

2-甲基-2-己醇为无色液体，b. p. 143℃，d_4^{20} 0.8119，n_D^{20} 1.4175。

【注意事项】

1. 在 Grignard 试剂的合成中，反应体系应绝对无水，因为即使有痕量的水，也会使产物收率很低。

2. 镁条使用前用砂纸磨光去掉氧化层，剪成细丝状使用。

3. 若反应不发生，可用 0.5g 左右无水氯化铝或 1 粒碘粒引发。

4. 将乙醚加热沸腾所需热量很少，此过程应严防水气进入反应瓶。

【思考题】

1. 本实验为什么采用滴液漏斗滴加 1-溴丁烷和无水乙醚的混合液？

2. 本实验可能会有哪些副反应？如何避免？

【背景资料】

　　"格利雅反应"是一种重要的有机化学反应，利用此反应可以制备许多类型的有机化合物，这一反应因格利雅所发现而得名。格利雅（Francois Auguste Victor Grignard）于 1871 年出生于法国的 Cherbourg。他在 Lyons 大学师从于 Baibier。Barbier 是探索含有碳-金属键化合物化学性质的先驱之一。格利雅得到了有机化学家 Barbier 的培养，开始研究烷基卤化镁（后被称为"格利雅试剂"，简称格氏试剂），为 1901 年发现"格利雅反应"打下了基础。

　　1901～1905 年，格利雅继续金属有机化合物的研究工作，发表了 200 余篇有关有机金属镁化合物的论文。1906 年他被聘为里昂大学教授。1910 年被聘为南希大学教授。在第一次世界大战期间，他主要从事光气和芥子气的研制。1912 年，由于格利雅在发明"格利雅试剂"和"格利雅反应"中所作的重大贡献而获得诺贝尔化学奖。

【产物图谱】

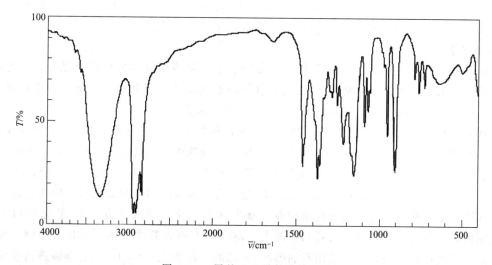

图 4-8　2-甲基-2-己醇的红外图谱

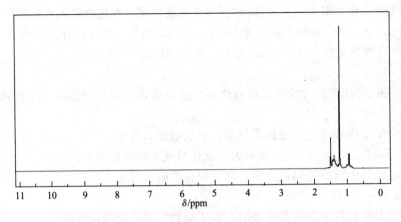

图 4-9   2-甲基-2-己醇的核磁共振氢谱

实验六   三苯基甲醇

【实验目的】

1. 掌握 Grignard 试剂与酯加成制备醇的原理和方法。
2. 练习无水反应、冰水浴、蒸馏、重结晶等基本操作。

【实验原理】

$$Ph{-}Br + Mg \xrightarrow{Et_2O} PhMgBr \xrightarrow{PhCOOC_2H_5} \underset{Ph}{\overset{Ph}{\diagdown}}\underset{OMgBr}{\overset{OC_2H_5}{\diagup}} \longrightarrow C_6H_5\overset{O}{\overset{\|}{C}}C_6H_5$$

$$C_6H_5\overset{O}{\overset{\|}{C}}C_6H_5 + PhMgBr \longrightarrow \underset{Ph}{\overset{Ph}{\diagdown}}\underset{OMgBr}{\overset{Ph}{\diagup}} \xrightarrow{NH_4Cl} \underset{Ph}{\overset{Ph}{\diagdown}}\underset{OH}{\overset{Ph}{\diagup}}$$

【实验试剂】

溴苯 10.0mL（15.0g，0.095mol），镁丝 2.0g（0.083mol），无水乙醚，苯甲酸乙酯 4.5mL（5.0g，0.030mol），氯化铵，碘，无水氯化钙，石油醚（30~60℃），乙醇。

【实验步骤】

在一干净干燥的 250mL 三口烧瓶上，分别装上回流冷凝管和恒压滴液漏斗，在冷凝管上端装上氯化钙干燥管。称取 2.0g 去除了氧化膜的镁条放入烧瓶中，再加入一小粒碘，在恒压滴液漏斗中加入 10mL 溴苯和 35mL 无水乙醚，混合均匀。

从恒压滴液漏斗中滴入 2~3mL 溴苯和无水乙醚的混合液[1]（若不发生反应可用水浴适当加热）。待反应开始后，把剩余的溶液缓缓加入到烧瓶中，保持反应液微沸，并不时振荡。加完后，在水浴上回流 0.5h，使镁条基本全溶。稍冷却，在振荡下自恒压滴液漏斗中慢慢加入 4.5mL 苯甲酸乙酯和 10mL 无水乙醚的混合液，温水浴回流 20min 后，停止。

在冰水浴冷却下，边振荡边向反应瓶中缓慢滴加氯化铵溶液（由 0.4g 氯化铵和 15mL 水配制而成）分解加成产物。然后水浴蒸去乙醚[2]，在剩余物中加入 25mL 石油醚，搅拌，过滤后，得固体粗产品。粗产品用石油醚/95％乙醇（体积比＝2：1）混合溶液进行重结晶，冷却，抽滤，干燥，称重，计算产率。

三苯基甲醇为白色片状结晶，m.p.164.2℃。

【注意事项】

1. 本实验所用仪器均需干燥，所用试剂也需进行干燥和纯化。
2. 本实验使用大量乙醚，操作时应特别小心，尽量避免使用明火。

【思考题】

三苯基甲醇粗产品在重结晶纯化前，为何用石油醚而不是乙醇做洗涤溶剂？

【知识扩展】

过滤装置除常用的布氏漏斗外，还可采用砂芯漏斗。砂芯漏斗的砂芯滤板是由玻璃烧结而成的，根据其孔径大小，分 G1 到 G6 六种规格。

滤板代号	孔径/μm	一　般　用　途	滤板代号	孔径/μm	一　般　用　途
G1	20~0	滤除粗沉淀物及胶状沉淀物	G4	3~4	滤除细沉淀或极细沉淀物
G2	10~15	滤除粗沉淀物及气体洗涤	G5	1.5~2.5	滤除体积大的杆状细菌和酵母
G3	4.5~9	滤除细沉淀,过滤水银	G6	<1.5	滤除 1.5~0.6μm 的病菌

新购置的过滤仪器使用前需要用酸溶液进行多次洗涤，并用水洗净后烘干使用。菌滤器使用前还需高压灭菌，使用后应用洗涤液进行充分洗涤，并用水洗净后烘干使用。

滤器使用后必须及时洗涤，以免沉淀堵塞漏斗。

【产物图谱】

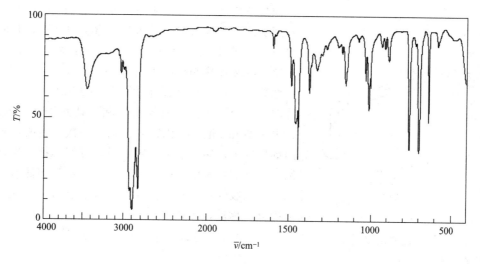

图 4-10　三苯基甲醇的红外图谱

4.4　醚的制备

醚能溶解多种有机化合物，因而是有机合成中常用的溶剂。工业上和实验室制备醚的方法主要有两种：

(1) 脂肪族低级单醚通常由两分子醇在酸性脱水剂的存在下共热，通过分子间脱水制备，实验室常用浓硫酸作脱水剂。

(2) 由卤代烃或硫酸酯与醇钠或酚钠反应制备醚的方法称为 Williamson 合成法。此法可以合成单醚，更多是用来制备混合醚。

实验七 乙 醚

【实验目的】

1. 掌握实验室制备乙醚的原理和方法。
2. 掌握低沸点易燃液体蒸馏的操作要点。
3. 学习边滴加、边反应、边蒸馏的基本操作技能。

【实验原理】

$$C_2H_5OH \xrightarrow{H_2SO_4} C_2H_5OC_2H_5 + H_2O$$

【实验试剂】

95％乙醇 90mL（0.980mol），浓硫酸，10％氢氧化钠溶液，饱和食盐水，饱和氯化钙溶液，无水氯化钙。

【实验步骤】

在 250mL 三口烧瓶中加入 30mL95％乙醇，在小心振荡下慢慢加入 30mL 浓硫酸。三口烧瓶上口分别装有滴液漏斗（底部插入液面下）、温度计（插入液面下）和蒸馏弯头，蒸馏弯头与直形冷凝管相连（见图 4-11）。在滴液漏斗中加入 60mL 95％乙醇。

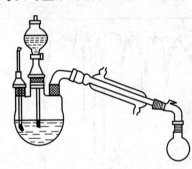

图 4-11 边滴加、边反应、边蒸馏装置

加热三口烧瓶，当反应瓶内温度达到 140℃[1]时开始慢慢滴加乙醇，保持混合物温度不超过 150℃，并使滴加速率与馏出速率基本一致。40～50min 内将乙醇滴加完毕，然后继续加热 5min，停止反应。

把馏出液转入分液漏斗中，先用 15mL10％氢氧化钠溶液洗涤，分出水层，醚层用饱和食盐水洗涤（20mL×2），再用 20mL 饱和氯化钙溶液洗涤一次。将醚层转入干燥的锥形瓶中，用无水氯化钙干燥，过滤。把干燥好的乙醚倒入干燥的烧瓶中，投入几粒沸石，水浴加热蒸馏（为什么？），接收管的支管接橡皮管导入下水槽[2]，收集33～38℃馏分。称量，计算产率。

乙醚为无色透明的液体，b.p. 34.5℃，d_4^{20}0.7138，n_D^{20}1.3526。

【注意事项】

1. 反应产物与温度的关系很大，在 90℃以下，醇主要与硫酸发生分子间脱水生成硫酸酯；在较高温度（140℃左右）下，两个醇分子间失水生成醚；在更高温度（≥170℃）下，醇分子内脱水生成烯烃。因而控制反应温度很关键，然而无论何种条件，副产物均不可避免。

2. 乙醚很容易挥发并易着火，且乙醚蒸气与空气的混合物极易爆炸，所以蒸馏和放置乙醚时，要远离火源。绝对禁止直接用明火蒸馏乙醚。另外乙醚蒸气比空气重，因此可以把未冷凝的乙醚蒸气引入下水槽，以免空气中乙醚蒸气过多而发生事故。

【思考题】

本实验是采用哪些措施将混在粗乙醚里的杂质除去的？

【产物图谱】

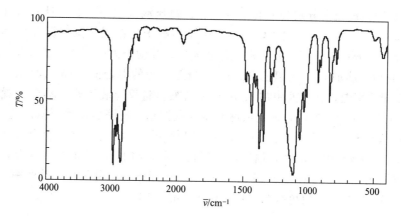

图 4-12 乙醚的红外图谱

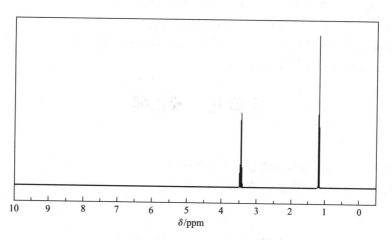

图 4-13 乙醚的核磁共振氢谱

实验八 二苯并-18-冠-6

【实验目的】

1. 掌握酚氧负离子对卤代烷的亲核取代反应（S_N2）。
2. 学习磁力搅拌器的使用方法。

【实验原理】

$$2 \underset{OH}{\overset{OH}{\bigcirc}} + 2(ClCH_2CH_2)_2O \xrightarrow{NaOH}$$

【实验试剂】

邻苯二酚 8.0g（0.073mol），正丁醇 100mL，双-（二氯乙基）醚 9.3g（0.065mol），氢氧化钠，盐酸，丙酮，苯。

【实验步骤】

在 500mL 四口烧瓶上分别装上回流冷凝管、恒压滴液漏斗、温度计和氮气导入管，在烧瓶中加入邻苯二酚 8.0g、正丁醇 100mL 和搅拌磁子，在恒压滴液漏斗中加入 9.3g 双-（二氯乙基）醚与 8mL 正丁醇的混合物。开通氮气，开动磁力搅拌器，加入 5.0g 氢氧化钠，加热回流 0.5h 后，滴加双-（二氯乙基）醚[1]与正丁醇的混合液，1h 内滴完；然后继续回流 12h[2]，冷却至室温，在溶液中加入 9mL 浓盐酸。将反应装置改为蒸馏装置，蒸出正丁醇（30mL 左右）。继续蒸馏时，从滴液漏斗滴加蒸馏水，使滴加速率与蒸馏速率基本相等，反应物的体积基本不变，当蒸馏温度超过 90℃时停止[3]，将反应瓶中剩余的土黄色胶状物冷却至 30℃，用 40mL 丙酮洗涤，抽滤，得到粗产品。将其与 150mL 水混合，搅拌，再抽滤，得到的沉淀用 15mL 丙酮洗涤三次。得到浅灰色固体[4]。称量，计算产率。

纯的二苯并-18-冠-6 为白色针状晶体，m. p. 161～162℃。

【注意事项】

1. 双-（二氯乙基）醚使用前应蒸馏（b. p. 175～177℃）。
2. 可用薄层色谱监控反应终点，反应物呈深棕色。
3. 大部分馏出液在 90℃时被蒸出，组分是正丁醇与水的共沸物。
4. 产物有一定毒性，制备过程需当心。

实验九　苯乙醚

【实验目的】

1. 掌握用 Williamson 合成法合成醚的原理和方法。
2. 练习回流、分液、洗涤、干燥、蒸馏等操作。

【实验原理】

【实验试剂】

苯酚 8.9mL（9.4g，0.100mol），碘乙烷 10.5mL（20.3g，0.130mol），氢氧化钠 4.4g（0.110mol），无水乙醇，5%氢氧化钠溶液，苯，无水氯化钙。

【实验步骤】

在 250mL 圆底烧瓶中加入 4.4g 氢氧化钠、30mL 无水乙醇和 9.4g 苯酚，加入几粒沸石，在烧瓶口装上回流冷凝管，从冷凝管上口分次加入 10.5mL 碘乙烷，加完后在冷凝管上口装上氯化钙干燥管，如图 2-3 示。在水浴中加热回流，当水浴温度达到 70℃时，反应物开始沸腾，固体氢氧化钠逐渐溶解。约 10min 后升温，此时保持水浴温度 75～80℃，以免碘乙烷因温度太高而气化逸出。反应一段时间后，逐渐升温，控制此时的水浴温度在 90～95℃范围，使反应液保持平稳沸腾状态。用 pH 试纸监控反应液碱性的变化，当溶液碱性基本消失时，反应完成。

移去水浴，将反应液静置 5min，将回流装置改为蒸馏装置。加入沸石，把反应混合物中的乙醇尽量蒸馏出来，倒入指定的回收瓶里。

向残留液中加入少量水，以溶解反应中生成的碘化钠。将此混合液倒入分液漏斗中，分离出苯乙醚层，再用 20mL 苯分三次萃取溶于水中的苯乙醚，合并提取液与粗产品，用 10mL 5%氢氧化钠溶液洗涤之。产品用无水氯化钙干燥后，先在沸水浴中加热，蒸出苯，然后改用空气冷凝管，蒸馏，收集 165～170℃馏分。称量，计算产率。

纯苯乙醚为无色油状液体，有芳香气味，b. p. 170.6℃，$d_4^{20}0.9666$，$n_D^{20}1.5076$。

【思考题】

1. 用氢氧化钠洗涤的目的何在？

2. 若制备乙基叔丁基醚，你认为需用什么原料？能否用叔丁基氯和乙醇钠？为什么？

【产物图谱】

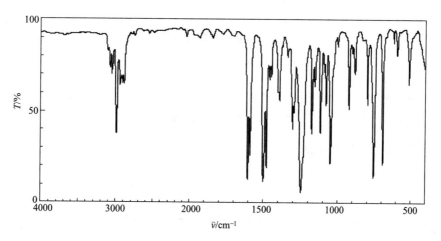

图 4-14 苯乙醚红外图谱

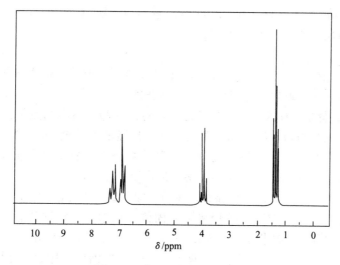

图 4-15 苯乙醚核磁共振氢谱

4.5 醛、酮的制备

工业上醛、酮的制备主要由低级醇经催化脱氢、烯烃氢甲酰化、烷基苯氧化等方法得到。醇的氧化反应是实验室制备脂肪族醛、酮的主要方法。环酮可由环醇氧化得到。常用的氧化剂是重铬酸钾或三氧化铬的硫酸水溶液，它可以把一级醇逐步氧化成醛和羧酸。醇的氧化是放热反应，一级醇氧化制醛时必须严格控制反应温度，避免氧化剂过量，并将生成的低沸点醛随时蒸出，使之离开氧化体系，避免其进一步被氧化。对酸敏感或含有其他易氧化基团的醇，则需采用温和的氧化剂如三氧化铬/双吡啶络合物（Sarret 试剂）、三氧化铬/吡啶/盐酸盐（PCC）、重铬酸-吡啶盐（PDC）等，若分子中还含有双键和缩醛等基团，氧化时不受影响。

酮对氧化剂比较稳定，不易进一步被氧化。合成芳香酮最常用的方法是用 Friedel-Crafts 反应。在无水三氯化铝存在下，酰氯或酸酐与芳香族化合物发生亲电取代反应，生成二芳基酮或芳基烷基酮。

实验十　环己酮

【实验目的】

1. 掌握仲醇氧化制备酮的原理和方法。
2. 练习萃取、干燥、蒸馏等操作以及空气冷凝管的使用。

方法一：重铬酸钠/硫酸氧化法

【实验原理】

【实验试剂】

环己醇 10.5mL（10.1g，0.100mol），重铬酸钠（$Na_2Cr_2O_7 \cdot 2H_2O$）10.0g（0.035mol），浓硫酸，乙醚，氯化钠。

【实验步骤】

在 250mL 烧杯中加入 60mL 水和 10.0g 重铬酸钠[1]，搅拌，使之溶解，然后在冷却和搅拌下慢慢加入 10mL 浓硫酸，冷却至 30℃以下备用。

在 250mL 圆底烧瓶中加入 10.5mL 环己醇，将已冷却到室温的重铬酸钠溶液分次加入其中，振荡，使之混合均匀，注意观察温度变化，当温度上升至 55℃时，立即用冷水浴冷却，反应过程中维持温度在 55～60℃之间，控制加料速率。加完后，继续振荡，至温度开始下降，移去水浴，放置 1h，期间不断振荡，反应液呈黑绿色。

在反应瓶中加入 50mL 水，几粒沸石，改为蒸馏装置，将环己酮与水一起蒸出，直到流出液不再浑浊时停止[2]。在馏出液中慢慢加入固体氯化钠，达到饱和后，转移到分液漏斗中，分出有机相，水相用乙醚提取（15mL×2），提取液与有机相合并，用无水碳酸钾干燥。在水浴上蒸出乙醚后，改用空气冷凝管，收集 151～155℃馏分。称量，计算产率。

环己酮为无色透明液体，b. p. 155.6℃，d_4^{20} 0.9478，n_D^{20} 1.4520。

方法二：三氧化铬/吡啶/盐酸盐（PCC）氧化法

【实验原理】

【实验试剂】

6mol/L 盐酸溶液 18.4mL，三氧化铬 10g（0.100mol），吡啶 7.9g（0.100mol），环己

醇 10mL (10.1g, 0.100mol), 食盐。

【实验步骤】

(1) 三氧化铬/吡啶/盐酸盐氧化剂的制备

在小烧杯中加入 18.4mL 浓度为 6mol/L 的盐酸溶液,并将其置于冷水浴中。搅拌下分批加入 10g 三氧化铬固体,并使固体完全溶解。将溶液放置于冰箱中冷却 20min,过滤,得到红棕色溶液。在此溶液中滴加 7.9g 吡啶,搅拌,经过冷却,得到橘红色固体。用砂芯漏斗过滤沉淀,干燥 24h,即得到黄色的三氧化铬/吡啶/盐酸盐氧化剂。

(2) 环己酮的制备

在一干净的装有温度计、冷凝管和滴液漏斗的 250mL 三口烧瓶中,加入 10.1g 氧化剂和 80mL 水,搅拌溶解。在滴液漏斗加入 10mL 环己醇。滴加环己醇,反应温度控制在 40～50℃之间,反应 10～20min,停止反应。加入沸石,将回流装置改成蒸馏装置,收集 97～99℃之间的馏分,待馏分澄清为止,停止加热。在馏分中加入 4～6g 固体氯化钠,摇匀。将溶液转移至分液漏斗中,收集上层有机物。加入适量无水硫酸钠干燥,蒸馏,收集 151～155℃馏分,计算产率。

【注意事项】

1. 重铬酸钠是强氧化剂且有毒,应避免与皮肤接触,反应残余物不得随意乱倒,应放入指定处,以防污染环境。

采用重铬酸钠/醋酸氧化体系时,可避免使用浓硫酸,产率可达 76%。为了避免使用重铬酸盐,20 世纪 80 年代使用价格低廉的次氯酸钠-冰乙酸体系,减轻了环境污染,可将产率提高至 77%～82%,反应温度降低到 30～35℃。

2. 水的馏出量不宜过多,否则,即使盐析,仍不可避免有少量环己酮溶于水中而损失。环己酮在水中的溶解度:31℃时 2.4g/100mL 水。环己酮与水可形成共沸物,恒沸点为 95℃,恒沸组成为:环己酮 38.4%,水 61.6%。

【思考题】

重铬酸钠/硫酸体系氧化环己醇为环己酮的反应机理是什么?反应终了,深绿色的化合物是什么?该反应是否可以使用碱性高锰酸钾氧化?会得到什么产物?

【产物图谱】

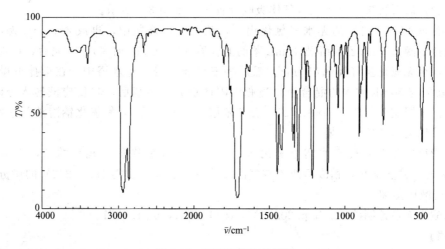

图 4-16 环己酮的红外图谱

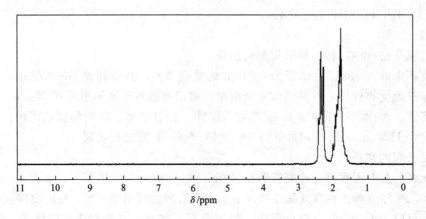

图 4-17　环己酮的核磁共振氢谱

实验十一　苯乙酮

【实验目的】

1. 掌握用 Friedel-Crafts 酰基化反应制备芳香酮的原理和方法。
2. 练习滴液、干燥回流、气体吸收、萃取、干燥、蒸馏等操作及空气冷凝管的使用。

【实验原理】

$$\text{苯} + (CH_3CO)_2O \xrightarrow{AlCl_3} \text{苯—COCH}_3 + CH_3COOH$$

【实验试剂】

苯 40mL（35.1g，0.450mol），乙酸酐 6mL（6.5g，0.063mol），无水三氯化铝 20g（0.150mol），浓硫酸，5%氢氧化钠溶液，无水硫酸镁，无水氯化钙。

【实验步骤】

在 250mL 三口圆底烧瓶中，分别装置滴液漏斗及冷凝管。在冷凝管上端装一个无水氯化钙干燥管，后者再接一个氯化氢气体吸收装置[1]，如图 3-7 所示。

迅速称取 20g 经研碎的无水三氯化铝[2]，放入三口烧瓶中，再放入 30mL 无水苯[3]，在磁力搅拌下滴入 6mL 乙酸酐及 10mL 苯的混合液（约 20min 加完）。加完后，在水浴上加热半小时，至无氯化氢气体逸出为止。然后将三口烧瓶浸入冷水浴中，在搅拌下慢慢滴入 50mL 浓盐酸与 50mL 冰水的混合液。当瓶内固体物完全溶解后，将反应液转入分液漏斗，分出苯层。水层用苯萃取（15mL×2）。合并苯层后，依次用 5%氢氧化钠溶液、水各 20mL 洗涤，苯层用无水硫酸镁干燥。

将干燥后的粗产物先在水浴上蒸出苯[4]，再改大火加热蒸去残留的苯，当温度升至 140℃左右时，停止加热，稍冷后改用空气冷凝管继续蒸馏，收集 198~202℃的馏分，或按表 4-1 进行减压蒸馏。

苯乙酮为无色透明液体，b. p. 202.6℃，$d_4^{20}1.0281$，$n_D^{20}1.5371$。

【注意事项】

1. 本实验在无水条件下进行，仪器和药品必须充分干燥，否则影响反应顺利进行，装置中凡是与空气相通的地方，均应装置干燥管。

2. 无水三氯化铝的质量是实验成败的关键之一，研细、称量、投料都要迅速，避免长时间暴露在空气中，可在带塞的锥形瓶中称量。

3. 无水苯可由一般级别的苯经脱噻吩、钠丝干燥后新蒸获得。

4. 由于最终产物不多，干燥后的蒸馏应选用较小圆底烧瓶，苯溶液可用漏斗分数次加入圆底烧瓶中（表 4-1）。

表 4-1　苯乙酮在不同压力下的沸点

压力	/Pa	666.66	1066.66	1333.32	3333.3	3999.96	5333.29	6666.6	13333.2
	/mmHg	5	8	10	25	30	40	50	100
沸点/℃		64.0	73.0	78.0	98.0	102.0	110.0	115.5	134.0

【思考题】

1. 要使本实验顺利进行，对所使用的仪器和药品有什么特别要求？为什么？

2. 在 Friedel-Crafts 酰基化反应与烷基化反应中，$AlCl_3$ 的用量有何不同？

【产物图谱】

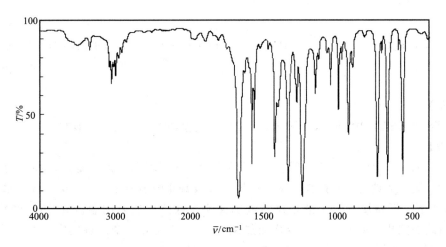

图 4-18　苯乙酮的红外图谱（IR）

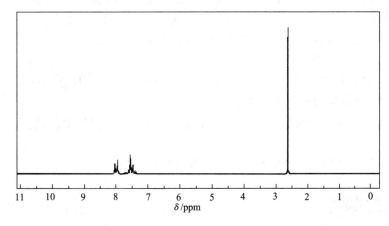

图 4-19　苯乙酮的核磁共振氢谱

实验十二　2-乙基-2-己烯醛

具有 α-氢的醛和酮，在稀碱作用下，将发生羟醛缩合反应，通常用做缩合剂的化合物有氢氧化钠、氢氧化钾、氢氧化钙、氢氧化钡等。

正丁醛在碱催化下可以生成 2-乙基-3-羟基己醛，该化合物在反应条件下若继续脱水可生成 α,β-不饱和醛——2-乙基-2-己烯醛，亦称为辛烯醛。

辛烯醛是无色液体，有腥味，b. p. 177.0℃（略有分解），$d_4^{20}0.8480$，$n_D^{20}1.4500$，不溶于水，溶于乙醇、苯等有机溶剂。在工业上，它主要用于制备 2-乙基-1-己醇（亦称为辛醇），而辛醇是生产聚氯乙烯的增塑剂——邻苯二甲基二辛酯的重要原料。

【实验目的】

1. 掌握利用羟醛缩合反应制备 α,β-不饱和醛的原理和方法。
2. 掌握回流、滴液、分液、洗涤、减压蒸馏等基本操作技能。

【实验原理】

$$2CH_3CH_2CH_2CHO \xrightarrow{NaOH} CH_3CH_2CH_2\underset{\underset{CH_2CH_3}{|}}{CH}\underset{\underset{}{}}{CH}CHO \xrightarrow{-H_2O} CH_3CH_2CH_2CH=\underset{\underset{CH_2CH_3}{|}}{C}CHO$$

（第二个结构中 CH 上方为 OH）

【实验试剂】

正丁醛 12.5mL（10.0g，0.139mol），2％氢氧化钠溶液，无水硫酸钠。

【实验步骤】

在 100mL 三口烧瓶上安装回流冷凝管、温度计和恒压滴液漏斗，在烧瓶中加入 13.0mL 2％氢氧化钠溶液和搅拌磁子，在恒压滴液漏斗中加入 12.5mL 正丁醛。水浴加热，在充分搅拌下，慢慢滴加正丁醛，控制滴加速率，保持反应瓶内温度在 78～82℃[1]，约 0.5h 左右滴加完毕。溶液变黄。继续加热搅拌 1h，使反应完全。将反应液装入分液漏斗中，分去水层。油层用水洗涤（5mL×3），使产品呈中性。

将洗过的油层倒入另一干燥的分液漏斗中，盖上塞子，静置后变为透明的液体，弃去底部少量的水及絮状物，用适量无水硫酸钠干燥。减压蒸馏，收集 60～70℃/1.330～4.000kPa（10～30mmHg）的馏分[2]，称量，计算产率。

【注意事项】

1. 此反应是放热反应，滴加正丁醛不宜太快。要注意密封，防止正丁醛挥发（正丁醛的沸点 74.8℃）。反应温度最高不应超过 90℃。
2. 辛烯醛是 α,β-不饱和醛，容易引起过敏现象，在处理产品时要注意。

【思考题】

写出甲醛在稀碱作用下，分别与乙醛和丙醛反应的产物。

4.6　羧酸的制备

甲酸、乙酸、丁酸、异戊酸一般以游离酸的形式少量存在于天然物质中。含有 1～6 个碳原子的低级一元羧酸和含偶数碳原子的高级一元羧酸常常以酯的形式存在于动物脂肪、植物油中。油脂至今仍是 $C_6 \sim C_{24}$ 的一元羧酸的重要原料来源。低级的直链二元羧酸广泛存在于自然界中：草酸的钾盐存在于大黄等植物中，琥珀酸存在于琥珀、真菌和地衣中，戊二酸和己二酸存在于甜菜中。

羧酸也可通过合成方法得到，一级醇或醛直接氧化生成羧酸，是制备羧酸常用的经典方法。高锰酸钾、重铬酸钾是常用的氧化剂。由于在酸性条件下，生成的酸易进一步与醇反应生成酯，因此也用碱性高锰酸钾水溶液进行氧化反应。

芳香族羧酸常用高锰酸钾、重铬酸钾氧化芳烃的侧链制得。当侧链上含有苄基氢原子时，如乙苯、丙苯，总是在苄基碳原子上生成羧基，因而总是得到苯甲酸。当苄基碳原子上无氢原子时，一般不被氧化。带支链的基团比直链易于氧化。

将卤代烃与镁反应得到 Grignard 试剂，Grignard 试剂与二氧化碳发生亲核加成反应，水解后得到羧酸，亦为羧化反应。通过此反应可使卤代烃分子中的卤原子转变成羧基，从而得到比原来卤代烃分子增加一个碳原子的羧酸。

羧酸衍生物中酯、酰胺、酸酐、酰卤均可与水发生亲核加成-消除反应，即水解得到羧酸。由于酯广泛存在于自然界中，因此酯的水解是制备羧酸的重要途径。尽管酰卤、酸酐极易水解，但因为它们均是以羧酸为原料制备的，因此一般情况下，不会使用酰卤、酸酐水解来制备羧酸。

腈水解也是合成羧酸的一个常用方法。腈的水解既可在碱性条件下进行，也可在酸性条件下进行。

实验十三　苯甲酸

方法一：芳烃氧化法

【实验目的】
1. 掌握芳烃侧链氧化制备芳香羧酸的原理和方法。
2. 掌握回流、振荡、过滤、重结晶基本操作技能。

【实验原理】

【实验试剂】
甲苯 2.7mL（2.3g，0.025mol），高锰酸钾 8.5g（0.054mol），浓盐酸。

【实验步骤】
在 250mL 圆底烧瓶中放入 2.7mL 甲苯和 100mL 水，装上回流冷凝管，加热至沸。从冷凝管上口分批加入 8.5g 研细的高锰酸钾固体，粘附在冷凝管内壁上的高锰酸钾用 25mL 水洗入反应瓶内。继续煮沸并间歇摇荡烧瓶，直到甲苯层几乎消失，回流液不再有油珠（约 4~5h）。

将反应混合物趁热减压过滤[1]，用少量热水洗涤滤渣二氧化锰。合并滤液和洗涤液，并将其放在冷水浴中冷却后用浓盐酸酸化，至苯甲酸全部析出为止。将析出的苯甲酸减压过滤，用少量冷水洗涤，挤压去水分后，得到苯甲酸粗品。将粗产品在水中重结晶[2]，抽滤，干燥，称重，计算产率。

纯苯甲酸为无色针状晶体，m. p. 121.7℃。

【注意事项】

1. 滤液如果呈紫色，可加入少量亚硫酸氢钠使紫色褪去，重新减压过滤。
2. 苯甲酸在水中的溶解度为：0.18g（4℃）；0.27g（18℃）；2.2g（75℃）。

方法二：羧化反应法

【实验目的】

1. 掌握 Grignard 试剂羧化反应制备羧酸的原理和方法。
2. 掌握干燥、回流、搅拌、分液基本操作技能。

【实验原理】

$$\text{Br} \xrightarrow[\text{Et}_2\text{O}]{\text{Mg}} \text{MgBr} \xrightarrow[\text{干冰}]{\text{CO}_2} \text{COOMgBr} \xrightarrow{\text{H}_3\text{O}^+} \text{COOH}$$

【实验试剂】

溴苯 15.0mL（22.4g，0.140mol），镁丝 30.0g（1.200mol），无水乙醚 70mL，干冰 35g（0.820mol），浓盐酸，5％氢氧化钠溶液，饱和亚硫酸氢钠溶液。

【实验步骤】

根据实验五的方法制取 Grignard 试剂。然后将得到的 Grignard 试剂慢慢地平稳地倾至盛有 35g 碎干冰的 800mL 烧杯内[1]，用表面皿盖住反应物，直到过量干冰全部升华。此 Grignard 试剂加成物呈黏稠的玻璃状，如果产物过于黏稠而无法搅拌时，可再补加 50mL 乙醚稀释。

用事先加有 15mL 浓盐酸的 50g 碎冰水解上述加成产物。搅拌混合物直到出现两层，然后将混合物移入分液漏斗中。振荡、静置，放出下面的水层，弃去。用 50mL 水将上层乙醚溶液洗涤一次。若乙醚层由于碘的存在而呈黄或棕色，则可在用于洗涤乙醚层的 50mL 水中加 10mL 饱和亚硫酸氢钠水溶液，振荡、静置，分液后弃去水层。将乙醚层用 5％氢氧化钠水溶液萃取（50mL×3），以提取苯甲酸。将萃取液合并，乙醚层回收[2]。将合并的碱性萃取液转入 400mL 烧杯中，置于通风橱内，不断搅拌此混合物直至除尽溶解在其中的乙醚[3]。冷却碱性溶液，加入 20mL 浓盐酸使苯甲酸析出。抽滤，用少量水洗涤晶体，干燥。用水作溶剂进行重结晶，测定苯甲酸的熔点。

【注意事项】

1. 使用干冰时要十分谨慎，因其触及皮肤会造成严重冻伤。粉碎干冰时，可用一干燥、洁净的毛巾包住干冰，然后在干净桌面上将其击碎。击碎后的干冰要立即使用，否则，空气中的水分会凝结在干冰表面，造成副反应发生。
2. 乙醚层中含有副产物联苯，可回收。
3. 室温下，乙醚在水中的溶解度为 7g，若乙醚不除尽，产物将呈蜡状固体而不是晶体。

【思考题】

在苯甲酸的制备中为什么必须用氢氧化钠溶液萃取乙醚层？

【产物图谱】

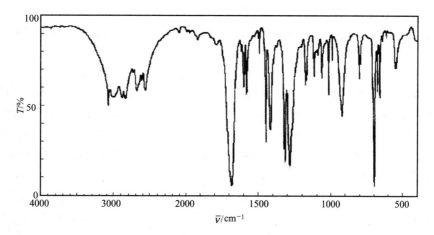

图 4-20　苯甲酸的红外图谱

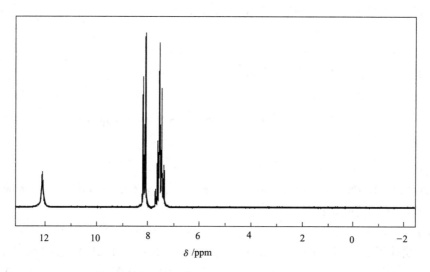

图 4-21　苯甲酸的核磁共振氢谱

实验十四　己二酸

【实验目的】

1. 掌握醇氧化制备二元羧酸的原理和方法。
2. 掌握回流、气体吸收、水浴、过滤、重结晶等基本操作技能。

方法一

【实验原理】

$$3 \text{ } \bigcirc\text{—OH} + 8 \text{ HNO}_3 \longrightarrow 3 \text{ HOOC(CH}_2)_4\text{COOH} + 8 \text{ NO} + 7 \text{ H}_2\text{O}$$

$$\downarrow \text{O}_2$$

$$\text{NO}_2$$

【实验试剂】

环己醇 8mL（7.7g，0.077mol），50％硝酸 24mL（30.24g，0.120mol），偏钒酸铵 0.08g。

【实验步骤】

在装有回流冷凝管、温度计、滴液漏斗的 100mL 三口烧瓶中，加入 24mL 50％硝酸[1]及少许偏钒酸铵（0.08g），环己醇 8mL[2,3]放入滴液漏斗中，在冷凝管上口接一气体吸收装置，用碱液吸收反应过程中产生的氧化氮气体[4]。水浴加热，当反应液升温到 50℃左右时，移去水浴，滴入几滴环己醇，摇动反应瓶至反应开始（有红棕色氧化氮气体溢出），然后，慢慢加入剩余的环己醇，调节滴加速率[5]，使瓶内温度维持在 50～60℃（在滴加时，经常加以摇动）。温度过高时，可用冷水浴冷却，温度过低时，则可用水浴加热。滴加完毕约需5min，加完后再继续振荡，并用热水浴 80～90℃加热 10min，至几乎无红棕色气体放出。将此热溶液倒入 100mL 烧杯中，冷却后，析出己二酸。抽滤，用冰水洗涤沉淀，干燥。粗己二酸可用水进行重结晶。称量，计算产率。

纯己二酸为白色棱状晶体，m.p.153℃，d_4^{20}1.360。

方法二

【实验原理】

【实验试剂】

环己醇 5.2mL（5.0g，0.050mol），碳酸钠 7.5g（0.071mol），高锰酸钾 22.5g（0.142mol），10％碳酸钠溶液。

【实验步骤】

在装有搅拌器、温度计的 250mL 三颈烧瓶中，加入 5.2mL 环己醇和 7.5g 碳酸钠溶于 50mL 水的溶液。在迅速搅拌下，分批小量地加入研细的 22.5g 高锰酸钾[6]，加入时，必须控制反应温度在 30℃以下。加完后，继续搅拌，直至反应温度不再上升为止。然后在 50℃[7]的水浴中加热并不断搅拌 0.5h，反应过程中，有大量二氧化锰沉淀产生。

将反应混合物抽滤，用 20mL 10％碳酸钠溶液洗涤滤渣[8]，洗涤液与滤液合并。在搅拌下，向滤液中慢慢滴加浓硫酸，直到溶液呈强酸性，己二酸沉淀析出。冷却、抽滤、晾干，称量，计算产率。

【注意事项】

1. 硝酸过浓，反应太剧烈，50％浓度的硝酸（密度 1.26g/mL）可用市售的 71％硝酸（密度 1.42g/mL）10.5mL 稀释到 16mL 即可。

2. 环己醇与浓硝酸切不可用同一量筒量取，否则二者相遇会发生剧烈反应，甚至发生意外。

3. 环己醇熔点为 24℃，熔融时为黏稠液体，为减少转移时的损失，可用少量水冲洗盛放的容器，一同转移入滴液漏斗中。在室温较低时，这样做可以避免堵塞漏斗。

4. 本实验最好在通风橱内进行，因产生的氧化氮有毒。装置要求严密不漏气，如发生漏气现象，应立即暂停实验，改正后再继续进行。

5. 此反应为强烈放热反应，滴加速率不宜过快，以避免反应过于剧烈，引起爆炸。

6. 加入高锰酸钾后，反应可能不立即开始，可用 40℃ 水浴温热，当温度升到 30℃ 时，必须立即撤开温水浴，反应温度超过 30℃，反应就难于控制，反应物会冲出反应瓶。

7. 50℃ 加热是为了使反应进行得更完全。但这一步必须在撤去温水浴，反应温度不再上升后进行。

8. 在二氧化锰滤渣中易夹杂己二酸钾盐，故须用碳酸钠溶液洗脱。

【思考题】

方法二中，若为酸性体系，高锰酸钾最后的产物是什么？

【产物图谱】

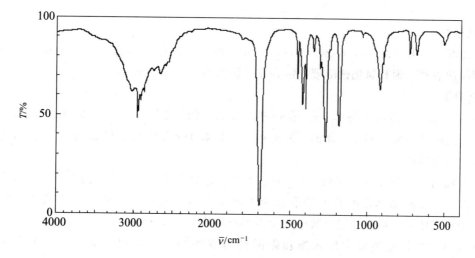

图 4-22　己二酸的红外图谱

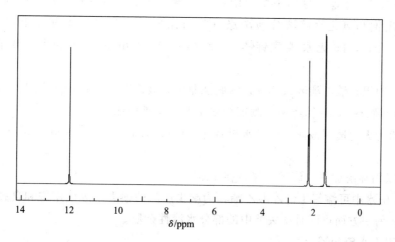

图 4-23　己二酸的核磁共振氢谱

4.7 羧酸衍生物的制备

实验十五 乙酸乙酯

【实验目的】
1. 掌握醇和酸反应制备酯的原理和方法。
2. 学习边滴加、边反应、边蒸馏的基本操作技能。

【实验原理】

$$CH_3COOH + CH_3CH_2OH \xrightleftharpoons{H_2SO_4} CH_3COOCH_2CH_3 + H_2O$$

【实验试剂】
冰乙酸 14mL（14.7g，0.245mol），95％乙醇 22.5mL（18.2g，0.376mol），浓硫酸，饱和碳酸钠溶液，饱和氯化钠溶液，饱和氯化钙溶液，无水碳酸钾。

【实验步骤】
取 95％乙醇与浓硫酸各 7.5mL 在烧杯内混匀，倒入如图 4-11 所示的 250mL 三口圆底烧瓶中，温度计和滴液漏斗均须插入液面内，再另取 14mL 冰乙酸和 15mL95％乙醇放入滴液漏斗中混合待用。

在石棉网[1]上用小火加热到 115℃时，先滴入乙醇和冰乙酸混合液约 5mL，控制温度在 110～120℃，使滴加冰乙酸与乙醇混合液的速率与蒸出乙酸乙酯的速率大致相同（为什么?）。滴加完毕后，再继续加热数分钟至不再有液体蒸出为止。

在馏出液中慢慢地分次加入饱和碳酸钠溶液约 8mL，时加摇动，直到无二氧化碳气体逸出为止（用试纸检验酯层为中性）。将此混合物移入分液漏斗中，充分振荡后（注意活塞放气），静置，分出下层水溶液，上层再用约 8～12mL 的饱和食盐水洗涤一次[2]，最后用饱和氯化钙溶液分项洗涤（7.5mL×2）。将酯层由漏斗上口倒入一干燥的锥形瓶中，加入 1g 无水碳酸钾[3]干燥（约 20～30min）。干燥期间要间歇振荡锥形瓶。

把干燥过的粗乙酸乙酯倒入 50mL 圆底烧瓶中，装配蒸馏装置，在水浴上加热蒸馏，收集 74～78℃的馏分[4]，计算产率。测定折射率并与文献值比较。

乙酸乙酯为无色透明液体，略带水果香味。b.p.77.1℃，d_4^{20}0.9003，n_D^{20}1.3723。

【注意事项】
1. 也可以用油浴加热，使浴温保持在 140℃。
2. 每 17 份水中可溶解 1 份乙酸乙酯，为减少产品的损失，故使用饱和食盐水，一方面起盐析作用，另一方面可同时洗去酯中的部分水溶性杂质。
3. 也可用无水硫酸镁干燥。
4. 若乙醇未除净或干燥不彻底，在最后蒸馏时将有大量前馏分出现，这主要是由于形成恒沸物的缘故（恒沸物的组成与恒沸点见附录 8、9）。

【思考题】

　　1. 在乙酸乙酯的制备中为什么要用浓硫酸？

　　2. 采用什么样的方法可以提高乙酸乙酯的产量？

　　3. 在中和粗乙酸乙酯中的酸性物质时，为什么要用饱和碳酸钠溶液？能否用氢氧化钠溶液代替？为什么？

【产物图谱】

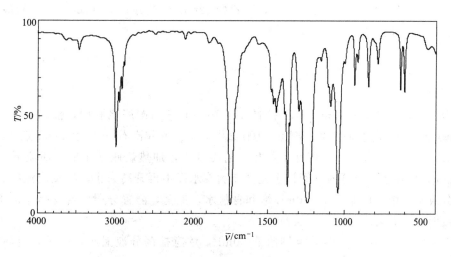

图 4-24　乙酸乙酯的红外图谱

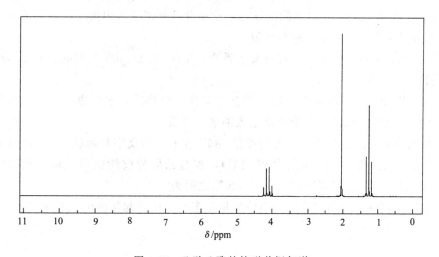

图 4-25　乙酸乙酯的核磁共振氢谱

实验十六　乙酸异戊酯

【实验目的】

　　1. 掌握醇和酸反应制备酯的原理和方法。

2. 掌握分水器的工作原理和使用方法。

3. 掌握回流、洗涤、干燥、蒸馏等基本操作技能。

【实验原理】

$$(CH_3)_2CHCH_2CH_2OH + CH_3COOH \underset{}{\overset{H^+}{\rightleftharpoons}} CH_3COOCH_2CH_2CH(CH_3)_2$$

【实验试剂】

异戊醇 18mL（14.6g，0.165mol），冰乙酸 12mL（12.6g，0.210mol），浓硫酸，5％碳酸氢钠溶液，饱和食盐水，无水硫酸镁。

方法一

【实验步骤】

将 18.0mL 异戊醇和 12mL 冰乙酸加入到 100mL 三口圆底烧瓶中，摇匀。再小心地加入 5 滴浓硫酸，且要边加边摇匀烧瓶（为什么？），加入几粒沸石。在油水分离器（见图 1-2）内加入 $(V-5)$ mL 水[1]。一切准备好后，通冷却水，加热烧瓶，在平稳回流下[2]反应约 30～40min，使油水分离器的支管被水完全充满或水面不再升高为止。将反应液冷到室温后转移到分液漏斗中，再加入 5～10mL 饱和食盐水，振荡，静置分层，若有晶体析出[3]，可用滴管吸取之。弃去水层（哪一层？）。

向粗酯中分次加入 5％碳酸氢钠溶液 50mL，注意摇荡分液漏斗，适时开启活塞放气。弃去碱洗液。此步碱洗，以水层呈碱性为止（用试纸检验）。最后再用 20mL 水洗涤一次（可酌情加 5mL 饱和食盐水以助分层）。酯层转入干燥的锥形瓶中，用无水硫酸镁干燥 20min。蒸馏，收集 134～141℃之间的馏分，称量并计算产率。用折光仪分别测定产品和分析纯试剂乙酸异戊酯的折射率，进行比较。

乙酸异戊酯是无色透明液体，且有香蕉香味，b.p. 142℃，d_4^{20} 0.8760，n_D^{20} 1.4003。

【注意事项】

1. 反应所用烧瓶及冷凝管均干燥。若有水存在，加热后，水会进入油水分离器内，占据一定容积，使反应生成的水不能全部进入油水分离器。

2. 开始加热时，温度要高些，大约要在 135℃左右，当反应开始后，就有水生成，由于水与异戊醇可形成恒沸物（恒沸点为 95.2℃），水与乙酸异戊酯也形成恒沸物（恒沸点为 93.8℃），所以反应温度大约控制在 118～120℃之间为宜。

3. 硫酸钠的溶解度较氯化钠小，当硫酸量稍多时，可在此步析出硫酸钠结晶。

方法二

【实验步骤】

将 18mL 异戊醇和 12mL 冰乙酸加入到 100mL 圆底烧瓶中。在振荡溶液的同时，小心地加入 5 滴浓硫酸，加入 2～3 粒沸石，装上回流冷凝管，回流 1h。反应液冷至室温后转移到分液漏斗中，之后的操作同方法一。

【思考题】

1. 试提出一个制备乙酸异戊酯的操作方法。

2. 为何要在反应混合物中加入饱和食盐水？

3. 上述制备乙酸异戊酯的两种方法，哪一种更合理？为什么？

【产物谱图】

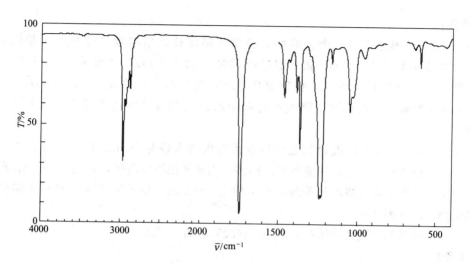

图 4-26　乙酸异戊酯的红外图谱

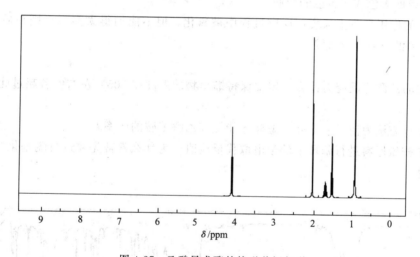

图 4-27　乙酸异戊酯的核磁共振氢谱

实验十七　乙酰苯胺

【实验目的】

1. 掌握酰胺的制备原理和方法。

2. 掌握分馏、重结晶等基本操作技能。

【实验原理】

$$C_6H_5NH_2 + CH_3COOH \xrightarrow{\triangle} C_6H_5NHCOCH_3$$

【实验试剂】

苯胺 5.0mL（5.1g，0.055mol），冰乙酸 7.4mL（7.8g，0.129mol），锌粉，活性炭。

【实验步骤】

在 100mL 锥形瓶上装一个分馏柱，柱顶插温度计，用接收管连接一个接收瓶收集流出液。在锥形瓶中放入 5mL 新蒸馏过的苯胺[1]和 7.4mL 冰乙酸及 0.1g 锌粉[2]，放在石棉网上用小火加热至沸腾，控制加热速率，保持温度计的读数在 105℃ 左右，反应40～60min。当温度计的读数下降或反应瓶中出现白烟时反应达到终点（为什么？），停止加热。

在不断搅拌下，把反应混合物趁热以细流慢慢倒入盛有 100mL 冷水的烧杯中。冷却，使粗乙酰苯胺成细粒状析出，抽滤析出的固体，用瓶塞把固体压碎，再用 5～10mL 水洗涤，以除去残留的酸液，即得粗乙酰苯胺，产量约 1.5～2.0g。粗乙酰苯胺可经过重结晶提纯，重结晶提纯方法见第 3 章。

乙酰苯胺纯品为白色片状结晶，m.p. 114.3℃，d_4^{15} 1.2190。

【注意事项】

1. 久置的苯胺会被空气氧化而有深色杂质，直接使用会影响生成的乙酰苯胺质量，故最好用新蒸馏的无色或浅黄色的苯胺。

2. 锌粉的作用是防止苯胺在反应过程中被氧化，但不能加得太多，否则在后处理中会出现不溶于水的氢氧化锌沉淀。

【思考题】

1. 苯胺的乙酰化反应为什么一定要保持馏出物的温度在 105℃ 左右？若超过此温度对产率有何影响？

2. 本合成方法为何产率不高，怎样才能提高乙酰苯胺的产率？

3. 用苯胺做原料进行苯环上的亲电取代反应时，为什么常常先要进行酰基化？

【产物图谱】

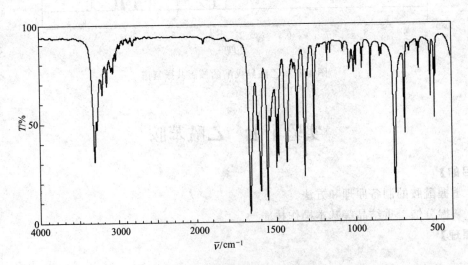

图 4-28　乙酰苯胺的红外图谱

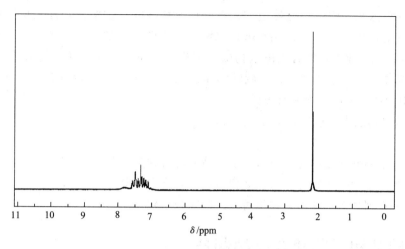

图 4-29 乙酰苯胺的核磁共振氢谱

【知识扩展】

在有机合成化学中，酰基化反应是保护氨（胺）基、醇羟基、酚羟基的方法之一，即利用酰氯、羧酸、酸酐等酰化试剂将氨基（胺基）转化成酰胺，醇、酚转化成相应的羧酸酯。简单酰基化合物的稳定性顺序为甲酰基＜乙酰基＜苯甲酰基。保护氨（胺）基最常用的方法是乙酰化（Ac）和叔丁氧羰基化（Boc）。在使用醋酐和酰氯做酰化试剂时，常用吡啶、4-二甲氨基吡啶（DMAP）、四甲基乙二胺（TMEDA）以及三氟化硼的乙醚复合物来催化，而保护基的脱除可在强酸或碱性溶液中加热实现。Boc 保护多用于多肽的合成，如氨基酸与氯代甲酸叔丁酯反应生成氨基甲酸叔丁酯，该酯在氢解、钠-液氨、碱和肼解等条件下稳定，Boc 保护的脱保护多在酸性条件下进行，如 HCl-EtOAc、CF_3COOH-PhSH、HBr-HOAc 或 $10\%H_2SO_4$ 等。

实验十八　乙酰水杨酸

【实验目的】

1. 掌握酸酐醇解制备酯的原理和方法。
2. 掌握振荡、结晶、洗涤、干燥等基本操作。

【实验原理】

$$\text{（水杨酸 COOH, OH）} + (CH_3CO)_2O \xrightarrow{H_3PO_4} \text{（乙酰水杨酸 COOH, } OCOCH_3\text{）} + CH_3COOH$$

【实验试剂】

水杨酸 4g（0.029mol），乙酸酐 10mL（10.8g，0.106mol），饱和碳酸氢钠，1％$FeCl_3$ 溶液，浓磷酸，浓盐酸。

【实验步骤】

在 100mL 锥形瓶中加入 4g 水杨酸和 10mL 乙酸酐，加入 7mL 浓磷酸，摇荡使固体全部溶解。水浴加热 5～10min，冷却至室温，即有乙酰水杨酸结晶析出。如无结晶析出，可用玻璃棒摩擦瓶壁或放入冰水中冷却使结晶产生。在锥形瓶中再加 100mL 水，继续在冰水中冷却，直至结晶全部析出为止。抽滤，用少量冷水洗涤固体，抽干，将固体置于表面皿上，自然干燥，得粗产品。

将粗产品放入烧杯中，边搅拌边加入 50mL 饱和碳酸氢钠溶液，加完后继续搅拌几分钟，直至无气泡产生。抽滤，并用 15mL 水洗涤，将合并的滤液倒入盛有 10mL 浓盐酸和 20mL 水的烧杯中，搅拌，即有乙酰水杨酸沉淀析出。在冰浴中冷却，使结晶析出完全后，再次抽滤，晶体用冷水洗涤 2～3 次后转移至表面皿上干燥，称量并计算产率。可用 1% FeCl₃ 溶液检验产品纯度，观察有无颜色反应。

纯的乙酰水杨酸为白色片状结晶，m. p. 136℃。

【思考题】

1. 在进行水杨酸的乙酰化反应时，加入磷酸的目的是什么？
2. 反应中产生的副产物是什么？如何将产品与副产物分开？
3. 如果一瓶阿司匹林变质，你能否通过闻味来鉴别？

4.8 含硝基和氨基化合物的制备

实验十九 苯 胺

用金属锡或铁与盐酸作用所产生的氢还原硝基苯可用于制备苯胺。前者还原作用较快，但锡比铁的价格高，并且还原过程中需要消耗大量的酸和碱，所以常用铁与盐酸作还原剂。

【实验目的】

1. 掌握苯胺的制备原理和方法。
2. 掌握振荡、回流、水蒸气蒸馏、萃取、洗涤、蒸馏等基本操作。

【实验原理】

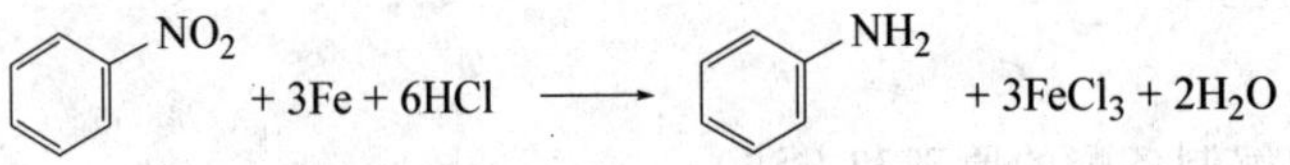

实验结果显示：HCl 的用量仅为反应式中理论用量的 1/40 就能很好地完成反应，这是因为反应过程生成的 $FeCl_2$ 可被硝基苯氧化成碱式氯化铁，后者再被过量的单质铁还原，就又产生了可继续参与反应的 HCl。

$$Fe + 2HCl \longrightarrow FeCl_2 + 2[H] \tag{1}$$

$$FeCl_2 + 2H_2O \longrightarrow Fe(OH)_2 + 2HCl \tag{2}$$

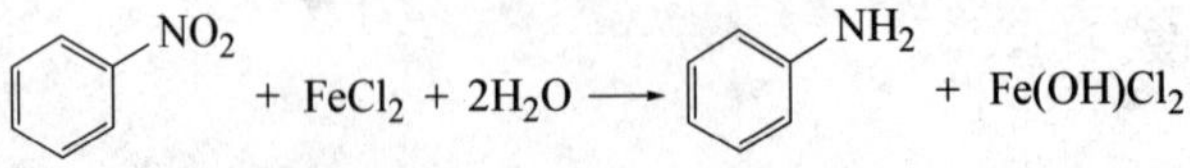

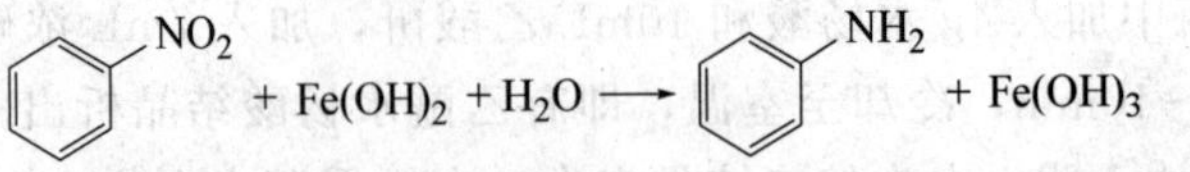

$$6\,Fe(OH)Cl_2 + Fe + 2H_2O \longrightarrow FeCl_2 + 10HCl + 2\,Fe_3O_4 \tag{5}$$

所以，实际是由水供给氢以还原硝基苯的，故总的反应式可表示如下：

$$4 \ \text{C}_6\text{H}_5\text{NO}_2 + 9\text{Fe} + 4\text{H}_2\text{O} \xrightarrow{\text{H}^+} 4 \ \text{C}_6\text{H}_5\text{NH}_2 + 3\text{Fe}_3\text{O}_4$$

显然，作为还原剂，铁与盐酸还原硝基苯的优点是成本低廉，缺点是反应耗时较长。这是因为反应中生成的铁盐为强酸弱碱盐，它经水解还原成氧化铁的趋势较小（反应式5），故还原作用需时较长。如果反应中产生的铁盐能够是弱酸弱碱盐的话，它就较易水解，转化成碱式铁盐或氧化铁的趋势较大，还原就可快速完成。为此本实验采用少量的醋酸与铁作还原剂，还原的时间显著缩短。

【实验试剂】

硝基苯 11.0mL（13.3g，0.108mol），冰乙酸 2.0mL，还原铁粉，甲苯，碳酸钠，氯化钠，氢氧化钠。

【实验步骤】

在 250mL 圆底烧瓶中加入 20.0g 还原铁粉、50.0mL 水和 2.0mL 冰乙酸，在回流装置中用小火缓缓加热煮沸约 5min[1]。稍冷片刻，从回流冷凝管上端分数次加入 11mL 硝基苯[2]，每加一次都应用力振荡烧瓶，使反应物混合均匀。由于此反应过程放热，每加入一次硝基苯均有一阵剧烈的暴沸发生。硝基苯加完后，再向反应瓶中加入几粒沸石，继续加热回流 40～50min。本反应为非均相反应，故在反应过程中应经常振荡反应混合物，使固、液两相充分接触，直至还原作用完成（终点的标志是硝基苯的淡黄色消失，冷凝管下端的回流液完全呈乳白色）。冷却，拆卸回流装置。

待反应瓶中的混合物稍冷却后，分数次加入粉状碳酸钠 5g，且每加一次后都应充分搅拌和振荡，直至反应物呈碱性[3]，然后进行水蒸气蒸馏，一直蒸到馏出液内无明显油滴为止[4]。馏出液转入分液漏斗中，分出苯胺层（哪一层?），保存到一洁净锥形瓶中，水层用固体氯化钠（5～8g）[5]饱和后，再用甲苯萃取（20mL×2），将甲苯的萃取液和前面分出的苯胺层合并，用 2g 粒状氢氧化钠作干燥剂，放置、干燥。将干燥过的澄清液体小心地倾注到 50mL 圆底烧瓶中，装配好蒸馏装置，先蒸出甲苯（倒入指定的回收瓶中），当温度上升到 140℃时，停止加热，稍冷后换装空气冷凝管和另一洁净、干燥的接收瓶后，继续加热蒸馏，收集 180～185℃的馏分，称量，计算产率。

纯净苯胺为无色透明的液体，b.p.184.4℃，$d_4^{20}1.0217$，$n_D^{20}1.5863$。

【注意事项】

1. 此步目的是为了除去铁粉表面的锈，促使其活化。

2. 硝基苯和苯胺均有毒性，实验过程应避免皮肤接触及过多地吸入其蒸气。

3. 生成的苯胺一部分与醋酸形成了盐类，故需加碱使苯胺游离出来后，再进行水蒸气蒸馏，其反应如下：

$$2 \ \text{C}_6\text{H}_5\text{NH}_3\text{OOCCH}_3 + \text{Na}_2\text{CO}_3 \longrightarrow 2 \ \text{C}_6\text{H}_5\text{NH}_2 + 2\text{CH}_3\text{COONa} + \text{CO}_2 + \text{H}_2\text{O}$$

此时体系 pH 约为 10 左右。

4. 随着馏出液中苯胺量的减少，馏出液多呈乳白色的浑浊状（可用溴水与之作用立即生成 2,4,6-三溴苯胺白色沉淀来证明），所以收集 100mL 馏出液后停止蒸馏。这是因苯胺有较高的水溶性，延长蒸馏时间，致使馏液含水较多，即使加入再多的盐，也无法降低苯胺的水溶损失。

5. 在 20℃时，每 100mL 水可溶解 3.6mL 苯胺。为了减少损失，根据盐析原理，酌加精盐使馏液饱和，使溶解的苯胺浮于盐水之上，一般来说每 100mL 馏液中加精盐 5～8g。

【思考题】

1. 硝基苯在不同介质中被还原时，各得到什么产物？

2. 有机物必须具备什么性质才能采用水蒸气蒸馏提纯？

3. 为什么不用蒸馏、过滤或萃取等分离方法，而要用水蒸气蒸馏法把苯胺从反应混合物中分离出来？

【知识扩展】

除常规的磁力搅拌和机械搅拌外，为了提高反应速率，微波和超声也是当前应用于有机反应的常用方法。

微波辐射下的有机反应具有反应速率快、副产物少、产率高、环境友好、操作方便、产品易纯化等特点。反应是在微波合成系统中进行，可通过改变温度、微波功率等条件，达到提高反应效率的目的。

1986 年 Gedye 等在比较常规条件与微波辐射条件下的酯化、水解、氧化等反应时发现，在微波辐射下反应有不同程度的加快，而且有的反应速率提高了几百倍。这是微波有机合成化学开始的标志。微波加快反应所适用的反应种类很多，在传统加热条件下能发生的反应基本上在微波条件下都能进行。因此，微波辅助的有机反应作为绿色合成方法之一受到研究者的高度关注。

超声和微波一样，也是一种绿色环保的方法。超声波作用原理是空化效应，即超声波作用于液体时产生大量小气泡，因空化作用形成的小气泡会随周围介质的振动而不断运动、长大或突然破灭。破灭时周围液体突然冲入气泡而产生高温、高压，同时产生激波。超声波辐射不仅能加快有机均相和异相反应，还可实现在一般反应条件下难以进行的反应。随着超声设备的普及和应用，超声波已广泛用于合成、材料改性等多个领域。超声设备分超声波清洗器和超声波直插式处理仪器，可通过改变超声频率、功率和超声时间优化反应条件，提高反应速率。

【产物图谱】

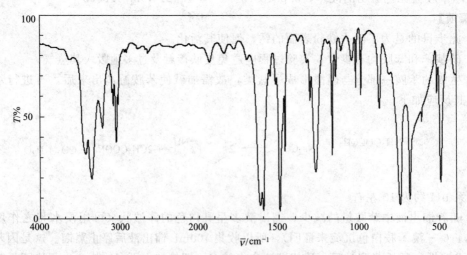

图 4-30　苯胺的红外图谱

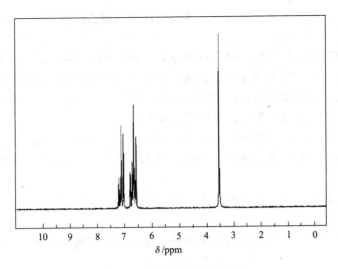

图 4-31　苯胺的核磁共振氢谱

实验二十　硝基苯

【实验目的】

1. 掌握硝基苯的制备原理和方法。
2. 掌握水浴加热、回流、滴液、干燥、蒸馏等基本操作。

【实验原理】

主反应

$$\text{苯} \xrightarrow[\text{H}_2\text{SO}_4]{\text{HNO}_3} \text{硝基苯}$$

副反应

$$\text{硝基苯} + \text{HNO}_3 \xrightarrow[100℃]{\text{H}_2\text{SO}_4} \text{间二硝基苯} + \text{H}_2\text{O}$$

【实验试剂】

苯 18mL（15.8g，0.200mol），浓硝酸 20mL（63％市售，28g，0.280mol），浓硫酸 25mL，10％碳酸钠溶液，无水氯化钙。

【实验步骤】

配制混酸：在 100mL 锥形瓶中放入 20mL 浓硝酸。将锥形瓶置于冷水浴中，在不断摇动锥形瓶时将 25mL 浓硫酸慢慢地加入到浓硝酸中，不断振荡，并使混酸冷却到室温为止。

在装有球形冷凝管、搅拌器和温度计的 250mL 三口圆底烧瓶中，加入 18mL 苯，开动搅拌器[1]，待转动正常后，从冷凝管上口将已冷却的混酸分数次加入烧瓶中[2]，控制反应温度在 40～50℃，若温度高于 50℃可在冷水浴中冷却。

加料完毕，把烧瓶放在水浴中加热，维持反应物温度在 60～65℃，在搅拌下继续加热 30min 后，将反应混合物冷却。

将冷却后反应物倒入分液漏斗中，静置分层，分出酸层（哪一层？），倒入指定的回收瓶中。粗硝基苯先用等体积冷水洗涤[3]，再用等体积的 10% 碳酸钠溶液洗涤，直至洗涤液呈淡黄色为止（除去多硝基苯类杂质）。最后用水洗至中性，分离出粗硝基苯，注入干燥的小锥形瓶中，加入无水氯化钙干燥之，间歇振荡锥形瓶。

将澄清透明的硝基苯[4]转移到 50mL 圆底烧瓶中，连接空气冷凝管，加热蒸馏，收集 204～210℃的馏分。为避免残留在烧瓶中的二硝基苯因高温而分解导致爆炸，切勿将产品蒸干。

纯硝基苯为浅黄色液体，有苦杏仁味，b. p. 210.8℃，d_4^{20} 1.2037。

【注意事项】

1. 混酸与苯不互溶，所以宜用搅拌器搅拌，或连续不断地振荡烧瓶，使反应顺利进行，从而提高产率。

2. 苯的硝化为放热反应，在开始加入混酸时，硝化反应速率较快，每次加入量以 0.5～1.0mL 为宜，随着混酸的加入和硝基苯的生成，反应混合物中苯的量逐渐降低，反应速率也随之减慢，故在加入后一半混酸时，每次可加入 2.0mL 左右。

3. 洗涤时不可过于用力振荡（特别是用碳酸钠溶液洗涤时），否则会使产品乳化而难以分层。若遇此情况，可往分液漏斗中加入固体氯化钙使其饱和（或加入数滴乙醇），静置片刻，即可分层。

4. 硝基苯有毒，处理时须加小心，如果溅到皮肤上，可先用少量乙醇擦洗，再用肥皂洗净，最后用自来水冲洗即可。

【思考题】

1. 浓硫酸在本实验中起什么作用？
2. 粗产品依次用水、碳酸钠溶液和水洗涤的目的是什么？
3. 温度对本实验有何影响？

【产物图谱】

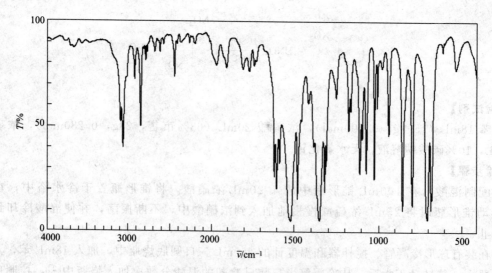

图 4-32　硝基苯的红外图谱

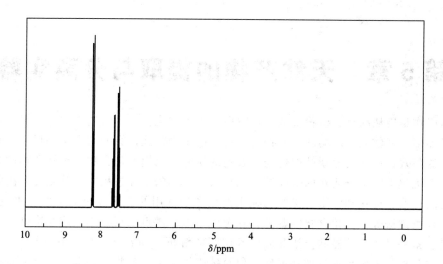

图 4-33　硝基苯的核磁共振氢谱

第5章　天然产物的提取与分离实验

天然产物是指从动物、植物及微生物中衍生出来的化合物。天然产物种类繁多，广泛存在于自然界中。多数天然产物的提取物具有特殊的生理效能，有的可用作香料和染料，有的具有神奇的药效，有的则为新结构药物、农药的研究提供模型化合物。天然产物的分离提取和鉴定是有机化学中十分活跃的研究领域。在天然产物的研究过程中，首先要解决的问题是天然产物的提取、纯化和鉴定。提取和纯化天然产物常用的方法有溶剂萃取、水蒸气蒸馏、重结晶以及色谱法等。对化合物的鉴定，除考虑熔点、沸点、折射率、旋光度外，更要结合红外光谱、紫外光谱、核磁共振谱和质谱等谱图的解析。随着现代色谱和波谱技术的发展，天然产物的分离和鉴定更加方便和准确。但总体来说，天然产物的提取，尤其是要得到纯度很高的物质，其过程相当冗长，而且需要综合应用多种分离手段。本章主要介绍从天然产物中提取、分离和鉴定生物碱、黄酮类、萜类等化合物的原理与方法，以及一些有机实验的基本操作。

实验二十一　从茶叶中提取咖啡因

【实验目的】
1. 学习从茶叶中取提咖啡因的原理与方法。
2. 掌握索氏提取器的工作原理及其应用。
3. 掌握升华原理及其操作。

【咖啡因简介】
茶叶中含有多种活性物质，其中咖啡因、少量茶碱和可可豆碱占 $1\%\sim5\%$、单宁酸（又名鞣酸）占 $11\%\sim12\%$，还有色素、纤维素、类黄酮色素和蛋白质等约占 0.6%。咖啡因又称咖啡碱，是杂环化合物嘌呤的衍生物，其化学名称为 1,3,7-三甲基-2,6-二氧嘌呤：

嘌呤　　　　　　咖啡因

咖啡因是弱碱性化合物，无臭、味苦，易溶于氯仿（12.5%）、乙醇（2%）、水（2%）和丙酮，难溶于苯和乙醚，咖啡因为白色粉末，含有结晶水的咖啡因为无色针状结晶。咖啡因在 100℃ 时失去结晶水并开始升华，178℃ 时升华最快，咖啡因的熔点为 234.5℃。咖啡因具有刺激心脏、兴奋大脑神经和利尿作用，因此可用作中枢神经兴奋剂。

本实验利用咖啡因在乙醇中有一定溶解度的性质，以 95% 乙醇作溶剂，通过索氏提取器进行连续抽提，浓缩后得到粗咖啡因。粗咖啡因中还含有其他的生物碱等杂质，利用咖啡因易升华的特性，将咖啡因升华纯化。

【仪器与试剂】
仪器：索氏提取器（250mL），蒸馏装置，蒸发皿等。

试剂：茶叶 95％乙醇，生石灰。

【实验步骤】

取约 5g 茶叶，放入索氏提取器（见图 3-27）的滤纸筒中（注意：茶叶高度不得超过虹吸管高度），安装好仪器。从仪器上部的回流冷凝管口加入够两次虹吸量的 95％乙醇（当流入索氏提取器中的液体量超过虹吸管的高度时，液体会沿着虹吸管全部被虹吸至下端的烧瓶中，完成一次虹吸）。然后加热回流、虹吸提取，直到提取液颜色比较浅时为止。当乙醇溶液刚被虹吸下去时，立即停止加热。

撤去索氏提取器，改成蒸馏装置，蒸出提取液中的大部分乙醇，剩余约 10mL。将残液倾入蒸发皿中（也可用蒸出的乙醇洗一次圆底烧瓶，洗涤液一并倒入蒸发皿中），加入 3～4g 研细的生石灰[1]，搅拌成糊状后，置于电热套上加热，不断搅拌下糊状物渐成干粉状（注意不可烤焦）。在蒸发皿上盖一张刺有许多小孔的滤纸（刺孔向上），再将玻璃漏斗罩在滤纸上，漏斗的细管口处塞一些脱脂棉，继续加热，使咖啡因升华[2]。当滤纸的刺孔上出现白色毛状结晶时，停止加热，勿动蒸发皿，移去热源，待蒸发皿冷却到 100℃左右时，小心揭开漏斗和覆盖的滤纸，仔细把附着在滤纸上及漏斗壁上的咖啡因用小刀刮下。残渣可搅拌后用较大的火再升华一次，合并两次收集的咖啡因晶体。测定产物的熔点。

【注意事项】

1. 生石灰的作用主要是中和酸性附着物，使咖啡因游离出来，另外，生石灰可吸收残留的少量水分，避免升华时带来的烟雾污染器皿和产物。

2. 在回流提取充分的情况下，升华操作是实验成败的关键。升华过程中，应始终严格控制加热温度和速率，防止温度过高使被加热物质炭化，或把一些有色物带出来，使产品品质下降。

【思考题】

1. 何为虹吸现象？

2. 简述索氏提取器的工作原理，用索式提取器提取咖啡因的特点有哪些？

3. 升华操作时应注意些什么？

实验二十二　花椒挥发油的提取

【实验目的】

1. 掌握天然产物挥发油的提取原理与方法。

2. 练习水蒸气蒸馏、萃取等操作。

【花椒油简介】

花椒为芸香科灌木花椒树的果实，成熟的果实带红色，含挥发油，性热，味辛，具有温中止痛和杀虫的功效，常用做调味料或杀虫剂。花椒的挥发油主要由多种萜类化合物组成，能随水蒸气挥发，对粮食害虫有较强的驱避和毒杀作用，其中杀虫活性最强的是 β-水芹烯和里那醇。

当水和不溶或难溶于水的化合物共存时，整个体系的总蒸气压应为水的蒸气压和化合物的蒸气压之和。在水蒸气蒸馏时，当混合物的总蒸气压与外界大气压相等时，混合物开始沸腾，即为混合物的沸点，其沸点比其中任何一个组分的沸点都要低，因此可在低于 100℃的温度下将高沸点组分和水一起蒸馏出来，从而可使化合物能够在较低温度下得到初步分离。由于花椒挥发油中的活性物质 β-水芹烯和里那醇的结构特殊，易在高温下氧化和聚合，且含量低、并有大量固形物包裹，因此本实验利用花椒中的挥发油难溶于水的性质，通过水蒸气蒸馏，使挥发油在低于100℃的温度下能够被蒸馏出来。

【仪器与试剂】

仪器：水蒸气蒸馏装置等。

试剂：花椒粉20g，乙醚100mL，无水硫酸钠。

【实验步骤】

水蒸气蒸馏装置见图3-26。安装水蒸气发生器，并将蒸气导管与T形管连接，打开止水夹，加热水蒸气发生器至水沸腾。

以250mL三口圆底烧瓶作为蒸馏瓶，水蒸气导管应插入蒸馏瓶的底部。若以单口烧瓶做蒸馏瓶，瓶口宜安装克氏蒸馏头，可防止蒸馏时物料冲入冷凝管。

称取20g花椒粉置于蒸馏瓶中，加入100mL热水，摇匀。待水蒸气发生器的导管有大量蒸气产生时，关闭止水夹，将蒸气导管插入蒸馏瓶中，导入水蒸气进行水蒸气蒸馏。蒸馏至无油状物馏出时停止蒸馏。

将馏出液移入分液漏斗中，用90mL乙醚萃取（30mL×3）。萃取完毕，合并醚液，用无水硫酸钠干燥。将干燥过的乙醚溶液转入蒸馏烧瓶中，水浴蒸出乙醚（尽量将乙醚蒸馏完全），残留物即为花椒挥发油，为无色或淡黄色油状物，有花椒气味（水蒸气蒸馏结束时，冷凝管的管壁尾端可能有白色固体物质，此物质为挥发物中的胡椒酮）。根据花椒的品种、产地和新鲜程度不同，花椒挥发油的提取率相差很大，一般为1％～4％。

称量提取物，计算提取率。

【思考题】

水蒸气蒸馏的适用范围及操作要点？

实验二十三　绿色植物色素的提取及色谱分离

【实验目的】

1. 学习绿色植物色素的提取和分离的原理和方法。
2. 掌握柱色谱、薄层色谱的使用方法。

【绿色植物色素简介】

绿色植物的茎、叶中含有胡萝卜素（橙色）、叶黄素（黄色）和叶绿素（绿色）等多种天然色素。

植物色素中的胡萝卜素（$C_{40}H_{56}$）是具有长链结构的共轭多烯，有三种异构体，即 α-胡萝卜素、β-胡萝卜素和 γ-胡萝卜素。其中 β-体含量较多，也最重要。生长期较长的绿色植物中，异构体中 β-体含量多达90％。β-体具有维生素A的生理活性，其结构是两分子的维生素A在链端失去两分子水结合而成的。在生物体内，β-体受酶催化氧化即形成维生素A。目前 β-体已能够工业化生产，可作为生产维生素A的原料，同时也能作为食品工业中的色素使用。

维生素A_1　　　　　　　维生素A_2

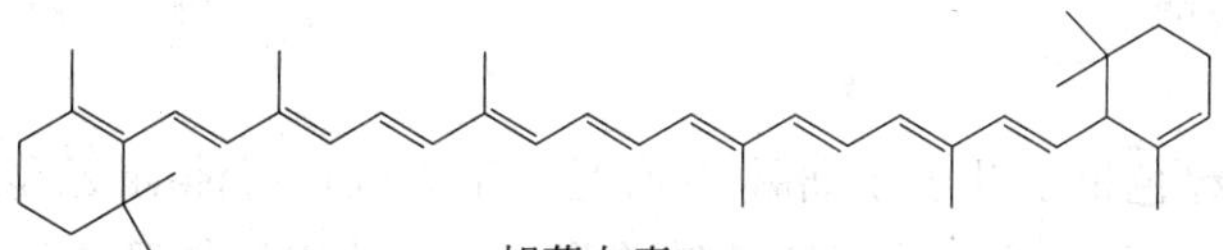

α-胡萝卜素

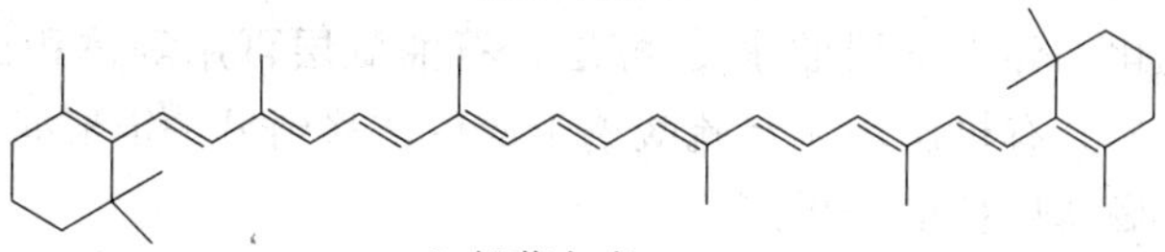

β-胡萝卜素

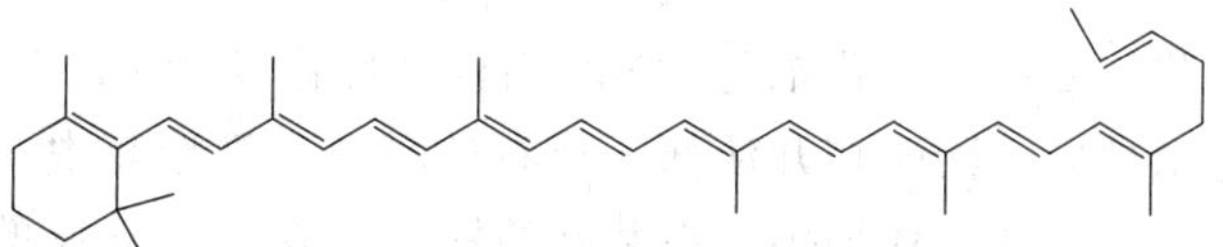

γ-胡萝卜素

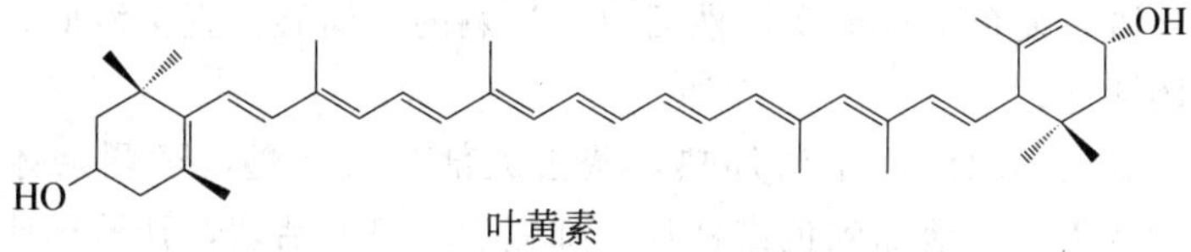

叶黄素

叶黄素（$C_{40}H_{56}O_2$）最早是从蛋黄中分离出的，它是胡萝卜素的羟基衍生物，在绿叶中的含量通常是胡萝卜素的两倍。与胡萝卜素相比，叶黄素较易溶于醇而在石油醚中溶解度较小。叶绿素中有两个异构体：叶绿素 a（$C_{55}H_{72}O_5N_4Mg$）和叶绿素 b（$C_{55}H_{70}O_6N_4Mg$），其差别是 a 中一个甲基被 b 中的甲酰基取代。它们都是吡咯衍生物与金属镁的络合物，是植物光合作用必需的催化剂。植物中叶绿素 a 的含量通常是 b 的 3 倍。尽管叶绿素分子中含有一些极性基团，但分子中大的烷基结构使之易溶于丙酮、乙醇、乙醚、石油醚等有机溶剂。

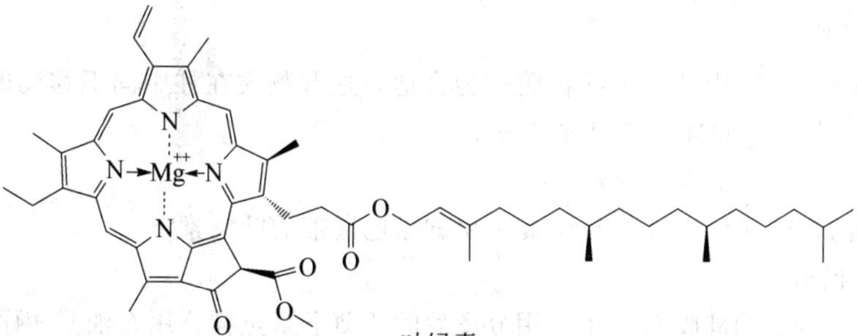

叶绿素a

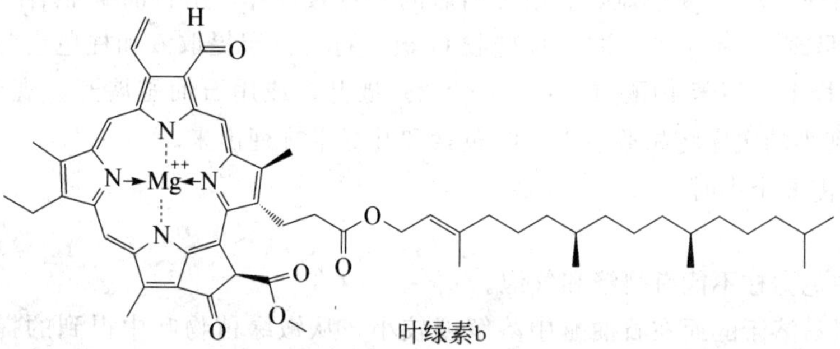

叶绿素b

【仪器与试剂】

仪器：研钵，分液漏斗，滴管，硅胶 G 板，色谱柱。

试剂：新鲜绿色植物叶 5.0g，95％乙醇，石油醚（60～90℃），丙酮，正丁醇，苯，中性氧化铝，无水硫酸钠。

【实验步骤】

称取 5g 新鲜的绿色植物叶子于研钵中捣烂，用 30mL 石油醚-乙醇混合溶剂（$V：V=$ 2：1）分数次浸取。将浸取液过滤，滤液转移到分液漏斗中，加等体积的水洗一次。洗涤时要轻轻振荡，以防乳化。弃去下层的水-乙醇层，石油醚层再用等体积的水洗两次，以除去乙醇和其他水溶性物质。有机层用无水硫酸钠干燥后转移到另一锥形瓶中保存。取一半用做柱色谱分离，其余留做薄层色谱分析。

1. 柱色谱分离

色谱柱的装填：将 10g 中性氧化铝与 10mL 石油醚搅拌成糊状，并将其慢慢加入预先加了一定量石油醚的色谱柱中，同时打开活塞，让石油醚流入锥形瓶中。以稳定的速率装柱，不时用橡胶棒敲打色谱柱，使柱体均匀。在装好的柱子上放 0.5cm 厚的石英砂或一片滤纸，并不断用石油醚洗脱，使色谱柱流实。然后放掉过剩的石油醚，直至液面刚刚达到石英砂或滤纸的顶部，关闭活塞。

洗脱：将已干燥的萃取液经水浴加热，蒸去大部分石油醚，至剩余体积约为 10mL 为止，将此浓缩液用滴管小心地加到色谱柱顶。加完后，打开活塞，让液面刚刚达到色谱柱顶端，关闭活塞，再用滴管加数滴石油醚，打开活塞，使液面下降。如此反复几次，使色素全部进入柱体。待色素全部进入柱体后，在柱顶小心加入石油醚-丙酮（$V：V=2：1$）洗脱剂约 1.5cm 高。然后在色谱柱上面装一滴液漏斗，内装 20mL 上述洗脱剂，打开上下两个活塞，让洗脱剂逐滴放出，分离即开始进行。当第一个橙黄色色带即将流出时，换锥形瓶接收，此为胡萝卜素，约用洗脱剂 50mL（若流速慢，可用水泵稍减压）。再用石油醚-丙酮（$V：V=7：3$）洗脱剂洗脱，当第二个棕黄色色带即将流出时，换锥形瓶接收，此为叶黄素。再换用正丁醇-乙醇-水溶液（$V：V：V=3：1：1$）洗脱，分别接收叶绿素 a（蓝绿色）和叶绿素 b（黄绿色）。

大约在 45～90min 内洗脱全部物质较为合适，这些物质在柱中向下移动的顺序大致为：

首先流出的橙黄色谱带为 β-胡萝卜素；

其次流出的棕黄色谱带为叶黄素；

最后流出的是蓝绿色谱带的叶绿素 a 和黄绿色谱带的叶绿素 b。

2. 薄层色谱分析

在 10cm×2.5cm 的硅胶 G 板上，用分离后的胡萝卜素点样，用石油醚-丙酮（$V：V=7：3$）展开，可出现 1～3 个黄色斑点。用分离后的叶黄素点样，用石油醚-丙酮（$V：V=7：3$）展开，一般可呈现 1～4 个点。取 4 块硅胶 G 板，将有机层提取液和柱色谱分离后的 4 个试样点在同一快板上，用苯-丙酮（$V：V=8：2$）展开，或用石油醚展开，观察斑点的位置，并依 R_f 由大到小的次序将胡萝卜素、叶黄素和叶绿素排列出来。

本实验约需 6 个小时。

【注意事项】

1. 装好的色谱柱不能有裂缝和气泡。

2. 叶黄素易溶于醇而在石油醚中溶解度较小，从嫩绿植物叶中得到的提取液，叶黄素含量少，柱色谱不容易分出黄色带。

【思考题】

比较胡萝卜素、叶黄素和叶绿素的极性，为什么胡萝卜素在色谱中移动最快？

实验二十四　银杏叶中黄酮类有效成分的提取

【实验目的】

1. 了解银杏叶的主要成分。
2. 学习黄酮类有效成分的提取方法。
3. 进一步熟悉索氏提取器、减压蒸馏、萃取等基本操作。

【银杏叶有效成分简介】

银杏的果、叶、皮等均具有很高的药用价值和保健价值。银杏叶中的化学成分很多，主要有黄酮类、萜类、酯类、聚戊烯醇类，此外还有酚类、生物碱和多糖等药用成分。银杏叶的提取物对于治疗心脑血管病和周边血管疾病、神经系统障碍、头晕、耳鸣、记忆损失等有显著效果。

银杏叶的化学成分十分复杂，目前发现的已达 160 多种。银杏叶最重要的活性成分是黄酮类化合物和银杏内酯，此外还有有机酸类、酚类、聚戊烯醇类、原花青素类和营养成分等。黄酮类化合物由黄醇酮及其苷、双黄酮、儿茶素三类组成，它们具有广泛的生理活性。黄酮类化合物的结构复杂，黄酮类及其苷的结构表示如下：

R=H, OH, OCH₃

黄酮类化合物广泛分布于自然界中，它们是苯并 γ-吡喃酮（色酮）最重要的一类衍生物。黄酮分子 C3 位上的氢被羟基取代，得到 3-羟基黄酮，它是黄酮类色素，存在于许多植物色素中。黄酮与黄烷酮是具有显著生理活性和药用价值的化合物，具有杀菌和消炎作用，在植物体内具有抗病作用，相当于植物卫士，但有的却是植物的毒素成分。

目前提取银杏叶有效成分的方法主要有水蒸气蒸馏法、溶剂萃取法和超临界流体萃取法。

本实验采用溶剂萃取法。

【仪器与试剂】

仪器：索氏提取器（1000mL），循环水真空泵，蒸馏装置，分液漏斗等。

试剂：银杏叶，95％乙醇，二氯甲烷，无水硫酸钠。

【实验步骤】

称取干燥的银杏叶粉末 25g，放入索氏提取器的滤纸筒中，圆底烧瓶中加入够两次虹吸量的 95％的乙醇，连续提取至银杏叶颜色变浅（约需 2～3h），停止提取。将提取物转入蒸馏装置，去溶剂后得到膏状粗提取物。

将粗提取物加入到 120mL 水中，搅匀，转入分液漏斗中，用二氯甲烷萃取（60mL×3），萃取液用无水硫酸钠干燥，蒸去二氯甲烷，残留物干燥，称量，计算收率。

本实验约需 5h。

【注释】

粗提取物的精制方法很多，如用 D101 树脂和聚酰胺树脂 1∶1（质量比 1∶1）混合装柱，吸附，然后用 70％乙醇洗脱，经浓缩得到精制品。

【思考题】

根据黄酮类化合物的结构特点，思考可否用分光光度法分析？

实验二十五　肉桂皮中肉桂醛的提取和鉴定

【实验目的】

1. 学习从肉桂皮中提取肉桂醛的一般方法。

2. 学习有机物官能团的定性分析方法，以及色谱法、红外光谱法等在有机化合物鉴定中的应用。

【肉桂醛简介】

肉桂醛（cinnamaldehyde）是肉桂皮中肉桂油（一种重要的香精油）的主要成分，化学名称为反-3-苯基丙烯醛，结构式如下：

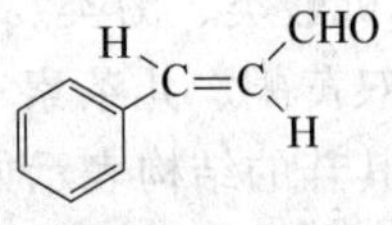

肉桂醛为略带浅黄色油状液体，难溶于水，易溶于苯、丙酮、乙醇、二氯甲烷、三氯甲烷、四氯化碳、石油醚等有机溶剂，沸点为 252℃。肉桂醛易被氧化，如长期放置，肉桂醛会被空气中的氧慢慢氧化成肉桂酸。

由于肉桂醛难溶于水，能随水蒸气蒸发，因此可用水蒸气蒸馏的方法提取肉桂醛。

根据肉桂醛具有双键和醛基的特点，可以利用加成和氧化反应对肉桂醛进行定性鉴定。肉桂醛也可用薄层色谱、红外光谱等做进一步鉴定。

【仪器与试剂】

仪器：水蒸气蒸馏装置，蒸馏装置，分液漏斗等。

试剂：肉桂皮 15g，石油醚（60～90℃），3％Br$_2$/CCl$_4$ 溶液，2,4-二硝基苯肼，0.5％高锰酸钾溶液，无水硫酸钠。

【实验步骤】

1. 肉桂醛的提取

取 15g 粉碎的肉桂皮放入 250mL 烧瓶中，加 50mL 热水和几粒沸石，安装好水蒸气蒸馏装置，进行水蒸气蒸馏。蒸馏至无油状物馏出时停止蒸馏（约 80mL）。将馏出液转移至分液漏斗中，用石油醚萃取（10mL×3）。石油醚层合并后加少量无水硫酸钠干燥。干燥后的石油醚层转入 50mL 圆底烧瓶进行蒸馏，水浴加热蒸出大部分石油醚，当蒸馏瓶内液体剩约 5mL 时停止加热。将残液移入一已称重的小烧杯（或试管）中，在通风橱中用沸水浴加热，蒸发残余的石油醚，称重，以肉桂皮为基准计算提取率。

2. 肉桂油中肉桂醛的鉴定

① 双键的鉴定　取 2 滴肉桂油于试管中，加入 1mL CCl$_4$ 溶解，再滴加 3％ Br$_2$/CCl$_4$ 溶液，观察溴的红棕色是否褪去。

② 羰基的鉴定　取 2 滴肉桂油于试管中，加入 1mL 2,4-二硝基苯肼，水浴加热，观察有无橘红色沉淀生成。

③ 双键及醛基的鉴定　取 2 滴肉桂油于试管中，加入 4～5 滴 0.5％ KMnO$_4$ 溶液，边

加边振荡试管，并注意观察溶液颜色的变化，在水浴上稍微温热，观察有无棕黑色沉淀生成。

　　④ 红外光谱鉴定　取 2 滴肉桂油测其红外光谱，与肉桂醛的标准红外光谱图进行比较，对照其主要官能团的出峰位置。

【思考题】

　　1. 为什么可以采用水蒸气蒸馏的方法提取肉桂醛？除此之外，还可以采用什么方法？

　　2. 是否可以用索氏提取器提取肉桂醛？如果可以，请设计一个实验方案。

　　3. 实验中还可采取哪些方法来鉴定肉桂油中的主要成分？

【知识扩展】

　　许多植物具有独特的令人愉快的气味，这种香气是由香精油所致。香精油存在于许多植物的根、茎、叶、籽和花中，大部分是易挥发的物质，因此可以用水蒸气蒸馏的方法加以分离，其他的分离方法还有萃取法和榨取法。工业上生产的重要香精油已有 200 多种，其中像杏仁油、茴香油、丁子香油、蒜油、玫瑰油、茉莉油、薄荷油、肉桂油等是一些比较熟悉的香精油品种。

　　肉桂油由肉桂的皮、枝和叶提取制得，将其露置于空气中，颜色会变深、质地变稠。肉桂皮具有辛而甜的特殊香气，并有一定的杀菌作用。肉桂皮的主要成分是肉桂醛，其含量最高可达 95%，另外还含有少量丁子香酚等成分。

　　肉桂醛具有促进血液循环、紧实皮肤组织的作用。将其外用按摩，可使四肢、身体舒畅，可充分改善肌肤水分滞留现象，具有很强的脂肪化解作用。对皮肤的疤痕、纤维瘤的软化与清除皆具有效果。肉桂醛抗凝血酶的效果明显，还具有镇静、镇痛、解热、抗惊厥等作用。

　　肉桂醛具有熏蒸性，在果品中可以起防腐保鲜的作用，主要用于苹果、柑橘等水果的贮存期防腐。它不但可制成乳液浸泡水果，也可以将其涂抹到包装纸上包裹水果。据研究，在苹果汁中加入 0.2% 的肉桂醛，可杀灭大肠杆菌、沙门杆菌、葡萄球菌甚至肠炎菌等造成食物中毒的细菌。

　　肉桂醛还是重要的香料成分之一，在日用化学品中可以用于皂用香精，调制铃兰、玫瑰、栀子等香精，在食品香精中调制苹果、樱桃、水果香精等。

实验二十六　从牛乳中分离提取酪蛋白和乳糖

【实验目的】

　　1. 了解从牛乳中分离提取酪蛋白和乳糖的原理与操作

　　2. 学习酪蛋白和乳糖的鉴定方法。

【酪蛋白和乳糖简介】

　　牛乳中含有多种蛋白质，其中最主要的是酪蛋白。酪蛋白是一类含磷蛋白质的混合物，在牛奶中以钙盐形式存在，脱脂牛乳的蛋白质中酪蛋白约占 80%。蛋白质是两性化合物，当调解牛乳的 pH 值达到酪蛋白的等电点（4.8 左右）时，酪蛋白的溶解度最小，从牛乳中析出：

$$酪蛋白 - Ca^{2+} + 2H^+ \longrightarrow 酪蛋白 \downarrow + Ca^{2+}$$

酪蛋白可通过电泳或蛋白质的颜色反应进行鉴定。

牛乳经脱脂和去掉蛋白质后，所得溶液即为乳清，乳清内含有的糖类物质主要为乳糖。乳糖是一种还原性二糖，难溶于乙醇，在乳清中加入乙醇时乳糖即可结晶析出。乳糖的水溶液有变旋光现象，达到平衡时的比旋光度为 $+53.5°$。可通过变旋光现象、薄层色谱或糖脎的生成鉴定。

【仪器与试剂】

仪器：离心机，旋光仪，熔点仪，水浴锅。

试剂：去脂牛乳，醋酸水溶液（$V:V=1:9$），95%乙醇，乙醇-乙醚混合液（$V:V=1:1$），乙醚，生理盐水（含 0.4mol/L 氢氧化钠），5%氢氧化钠，1%硫酸铜溶液，浓硫酸，茚三酮，pH 试纸。

【实验步骤】

1. 牛乳中酪蛋白的分离与鉴定

(1) 酪蛋白的分离

取 50mL 去脂牛乳置于 150mL 烧杯内，在水浴锅中小心加热至 40℃，保持温度恒定，边搅拌边慢慢滴加 1:9 醋酸水溶液，即有白色的酪蛋白沉淀析出。继续滴加醋酸溶液，直至酪蛋白不再析出为止（约需加 2mL），此时混合液的 pH 值约为 4.8。冷却到室温，将混合物转入离心管中，以 3000r/min 离心 15min。上清液经漏斗过滤于蒸发皿中，做乳糖的分离与鉴定。沉淀（主要为酪蛋白）转移至另一烧杯中，加 95%乙醇 20mL，搅匀后用布氏漏斗抽滤，以乙醇-乙醚混合液（$V:V=1:1$）小心洗涤（每次约 10mL），最后再用 5mL 乙醚洗涤一次，吸滤至干。将干粉铺于表面皿上，溶剂挥发完后，烘干，称重并计算牛乳中酪蛋白的含量。

(2) 酪蛋白的颜色反应

称取酪蛋白 0.5g 溶于 5mL 生理盐水（含 0.4mol/L 氢氧化钠）中，用于蛋白质的颜色反应。

缩二脲反应：在一支小试管中加入酪蛋白溶液 5 滴和 5%NaOH 溶液 5 滴，摇匀后加入 1%硫酸铜溶液 1~2 滴（硫酸铜不能加多，否则产生蓝色的氢氧化铜沉淀，干扰实验现象的观察）。振摇试管，溶液呈蓝紫色。

黄蛋白反应：在一支小试管中加入酪蛋白溶液 10 滴和浓硝酸 3 滴，水浴加热，生成黄色硝基化合物。冷却后再加入 15 滴 5%的 NaOH 溶液，溶液呈橙黄色。

茚三酮反应：在一支小试管中加入酪蛋白溶液 10 滴，然后加茚三酮试剂 4 滴，加热至沸腾，即有蓝紫色出现。

2. 乳糖的分离与鉴定

(1) 乳糖的分离

将上述实验中所得的上清液（即乳清）置于蒸发皿中，用小火浓缩至 5mL 左右，冷却后，加入 95%乙醇 10mL，水浴中冷却，用玻璃棒搅拌摩擦，使乳糖析出完全，经布氏漏斗减压过滤，用 95%乙醇洗涤乳糖晶体（5mL×2），即得粗乳糖晶体。

将粗乳糖晶体溶于 8mL 热水（50~60℃）中，滴加 95%乙醇至产生浑浊，再经水浴加热至浑浊消失，自然冷却，析出晶体，过滤，用 95%乙醇洗涤晶体，干燥后得一分子结晶水的纯乳糖。

(2) 乳糖的变旋光现象

精确称取 1.25g 乳糖用少量蒸馏水溶解，转入 25mL 容量瓶中定容，将溶液装入旋光管中，每隔 1min 测定 1 次，至少平行测定 6 次，8min 内完成，记录数据。10min 后，每隔

2min 测定 1 次，平行测定 8 次，20min 完成。记录数据并计算比旋光度。

本实验约需 4h。

【思考题】

在离心分离的上清液中，牛奶中的什么主要成分被除去了？

实验二十七　槐花米中芸香苷和槲皮素的提取

【实验目的】

1. 掌握槐花米中芸香苷和槲皮素提取的原理和方法。

2. 熟习回流、洗涤、干燥等基本操作。

【芸香苷和槲皮素简介】

槐花米是槐系豆科槐属植物的未开放花蕾，具有清热、凉血、止血之功效，可用来治疗多种出血症，是提取芸香苷的主要原料。芸香苷又名芦丁，为淡黄色小针状结晶，存在于槐花米中，含量约为 $12\%\sim20\%$，是一种具有生理活性的黄酮类化合物。芸香苷结构式如下：

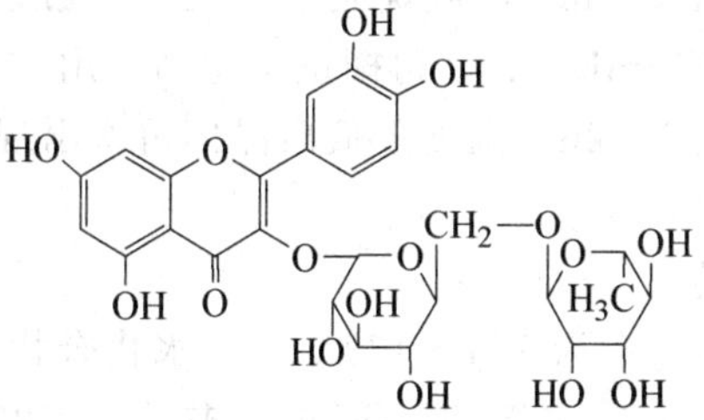

芸香苷用稀硫酸水解可得粗品槲皮素（quercetin），可用 50% 乙醇重结晶提纯。槲皮素为黄色结晶，又称芸香苷的苷元。槲皮素的结构式如下：

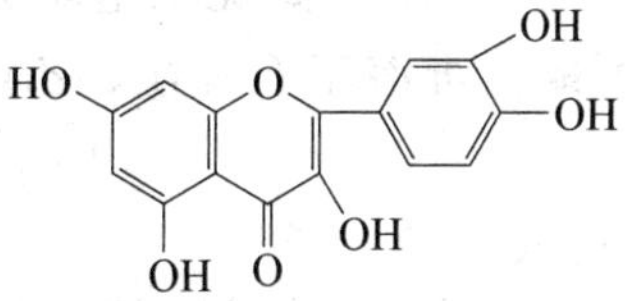

芸香苷的提取方法有醇提取法和碱提取法两种。①醇提取法：利用芸香苷溶于乙醇的特性，用 75% 乙醇回流提取槐花米。将含芸香苷的提取液进行浓缩，析出芸香苷沉淀，抽滤洗涤得到芸香苷的粗品。再利用芸香苷在冷、热水中溶解度的差异对芸香苷的粗品进行重结晶，得到芸香苷精品。②碱提取法：利用芸香苷分子中酚羟基的酸性用碱液煮沸提取槐花米，将溶于碱的芸香苷提取液酸化，得到芸香苷粗品，同样可用水对芸香苷粗品进行重结晶得到芸香苷的精品。

将芸香苷在稀硫酸中进行裂解，芸香苷的糖苷键断裂得芸香糖和槲皮素粗品，将粗品精制后得到槲皮素精品。

【仪器与试剂】

仪器：循环水真空泵，回流装置，蒸馏装置。

试剂：槐花米 30g，95% 乙醇，石油醚，丙酮，2% 硫酸，饱和石灰水，15% 盐酸。

【实验步骤】

1. 芸香苷粗品的制备

① 醇提取法　称取 30g 槐花米置于 250mL 圆底烧瓶中，加入 100mL 75％乙醇，加热回流 1h，过滤，滤渣转入圆底烧瓶中，再次加入 75％乙醇 100mL，加热回流 1h 后过滤，合并两次的滤液，蒸馏浓缩至约 40mL，放置 12h，出现晶体。抽滤，滤饼用石油醚、丙酮、95％乙醇各 15mL 依次洗涤，得黄色片状芸香苷粗品，60℃干燥，称重。

② 碱提取法　称取 30g 槐花米置于 250mL 圆底烧瓶中，加 150mL 水煮沸，加入饱和石灰水调节 pH 值为 9，加热，保持微沸 30min，趁热过滤，残渣再加 100mL 水煮沸后，趁热过滤，合并滤液，加热滤液至 90℃，加 15％盐酸调 pH 值为 5，搅匀，放置 1～2h，使沉淀完全。抽滤，沉淀用水洗涤（25mL×2），得黄色片状芸香苷粗品，干燥，称重。

2. 芸香苷纯品的制备

将芸香苷粗品放入 400mL 烧杯中，用 250mL 去离子水加热溶解。趁热过滤，静置滤液，温度降低后晶体再次出现，1h 后抽滤，所得结晶即为芸香苷纯品，干燥，称重，计算收率。

3. 槲皮素的制备

称取芸香苷纯品 1.0g，在 250mL 圆底烧瓶中加入 2％硫酸 150mL，加热回流 1h，用砂芯漏斗抽滤，滤饼用水洗涤（15mL×2），得槲皮素粗品。用 150mL 50％乙醇加热溶解槲皮素粗品，趁热过滤，滤液放置 1～2h，温度降低后晶体再次出现，抽滤，干燥得黄色槲皮素纯品，称重，计算收率。

【芸香苷和槲皮素的物理性质】

含三个结晶水的芸香苷的熔点为 174～178℃，无水化合物的熔点为 188℃。溶解情况：冷水 1∶8000（1g 样品需 8000g 冷水溶解，下同）；热水 1∶200；冷乙醇 1∶650；热乙醇 1∶30；难溶于乙酸乙酯、丙酮、苯、氯仿、乙醚及石油醚等溶剂；易溶于碱液中（呈黄色），酸化后析出，可溶于浓硫酸和浓盐酸呈棕黄色，加水稀释析出。

含两个结晶水的槲皮素熔点为 313～314℃，无水化合物的熔点为 316℃。溶解情况：可溶于甲醇、冰醋酸、乙酸乙酯、丙酮，难溶于石油醚、乙醚、氯仿、水，冷乙醇 1∶290，热乙醇 1∶23。

【思考题】

1. 试比较醇提取法与碱提取法的异同点。说明这两种提取法是依据芸香苷的什么性质？

2. 以芸香苷在槐花米中含量为 15％计，计算本次实验中产物的收率，分析影响收率的因素。

3. 芸香苷水解后过滤所得滤液中含有葡萄糖与鼠李糖，请查阅有关资料，设计一个简单的实验检测滤液中葡萄糖与鼠李糖的含量。

【知识扩展】

黄酮类化合物（flavonoids）主要是指以黄酮（2-苯基色原酮）为母核而衍生的一系列化合物。天然黄酮类化合物常因母核上存在共轭体系和助色基团（如羟基、甲氧基、烃氧基、异戊烯氧基）而显色，多数呈黄色或淡黄色，所以称为黄酮。黄酮类化合物是植物中分布最广的一类物质，几乎每种植物体内都有，在花、果实、叶中较多。它们常以游离形式如槲皮素，或与糖结合成苷的形式如芸香苷、橙皮苷等存在，对植物的生长、发育、开花、结果以及抵御异物的入侵起着重要的作用。

2-苯基色原酮　　　　　　　　　　橙皮苷

根据三位碳键（C3）结构的氧化程度和 B 环的连接位置等特点，黄酮类化合物可分为下列几类：黄酮和黄酮醇、黄烷酮（又称二氢黄酮）和黄烷酮醇（又称二氢黄酮醇）、异黄酮、异黄烷酮（又称二氢异黄酮）、查耳酮、二氢查耳酮、橙酮（又称澳咔）、黄烷醇、黄烷二醇（又称白花色苷元）。

槲皮素等游离苷元难溶于或不溶于水，易溶于稀碱及甲醇、丙醇、乙酸乙酯等有机溶剂；芸香苷等苷类化合物可以溶于水、甲醇、乙醇等极性溶剂中，难溶于或不溶于苯、氯仿、石油醚等非极性溶剂中。因大多数黄酮类化合物的分子中含有酚羟基结构，因而呈酸性，可溶于碱水、吡啶、甲酰胺、N,N-二甲基甲酰胺中，而且由于羟基位置的不同，其酸性强弱也不同。又由于分子中 γ-吡酮环上的氧原子能与强酸成𨦡盐而表现为弱碱性，因此曾称为黄碱素类化合物。利用它们的溶解性和酸碱性可将许多黄酮类化合物从中草药等植物中提取出来。

黄酮类化合物是临床上治疗心血管疾病的良药，有强心、扩张冠状血管、抗心律失常、降压、降低胆固醇、降低毛细血管的渗透性等作用。如橙皮苷是治疗冠心病药物的重要原料之一，芸香苷有调节毛细血管渗透性的作用，临床上用作毛细血管止血药，也作为高血压症的辅助治疗药物。许多黄酮类化合物还具有抗癌作用，能减少甚至消除一些化学致癌物的致癌性，对一些致癌剂和致癌物有拮抗作用。例如芹菜、槲皮素对黄曲霉素 B_1 与 DNA 加合物的形成具有抑制作用。槲皮素及其衍生物可有效诱导芳烃羟化酶和环氧化物水解酶，使多环芳烃和苯并芘通过羟化或水解失去致癌活性。

第6章 人名反应实验

人名反应是为了纪念首次发现或对该反应做出突出贡献的科学家而以科学家的名字命名的反应，迄今为止，大约有上千个人名反应曾被提及或应用过，为人们所熟知的反应有几百个。学好有机化学，熟悉人名反应，掌握更多的人名反应是必不可少的环节。前面基础实验中已经列出了一些与人名反应有关的实验，本章再列出一些前面章节未涉及的人名反应。

6.1 康尼查罗反应（Cannizzaro 反应）

Cannizzaro 反应是指无 α-氢的醛，在浓碱存在下进行自身的氧化还原反应，一分子醛被氧化成酸，另一分子醛被还原成醇。发生 Cannizzaro 反应常见的醛有甲醛、芳香甲醛、呋喃甲醛以及 α,α,α-三取代乙醛。甲醛和芳香醛之间也能发生交叉 Cannizzaro 反应，在这种反应中，常常是甲醛被氧化成甲酸，而芳香醛则被还原成芳香甲醇。

实验二十八 苯甲酸与苯甲醇的合成

【实验原理】

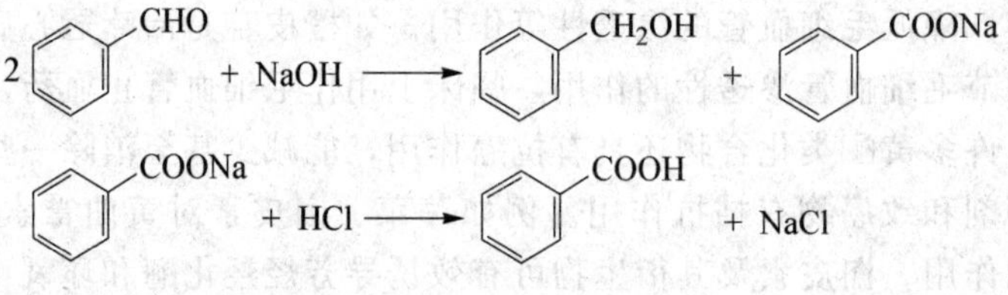

【实验试剂】

苯甲醛 10mL（10.5g，0.118mol），氢氧化钠 9.0g（0.225mol），乙醚，饱和 $NaHSO_3$ 溶液，10% Na_2CO_3 溶液，盐酸，无水碳酸钾。

【实验步骤】

在 100mL 锥形瓶中加入 9.0g 氢氧化钠和 9mL 水，溶解，冷却至室温后，在不断摇动下，分次加入 10mL 新蒸过的苯甲醛，每次加完后都应盖紧瓶塞，用力振摇[1]（注意：最好使用橡皮塞或软木塞，尽量勿使溶液振荡溅至塞子处），使反应物充分混合。若温度过高，可放入冷水浴中冷却。间歇振摇 40 分钟后停止反应，此时反应物变成有固体颗粒的白色糊状物。

向白色糊状物中加入 50mL 水，使其中的固体全部溶解。冷却后将混合物倒入分液漏斗中，用乙醚萃取苯甲醇（10mL×3）。合并乙醚萃取液，用饱和亚硫酸氢钠溶液洗涤后（10mL×2），再依次用 10% 碳酸钠溶液和水各 20mL 洗涤。将乙醚溶液转入干燥、洁净的锥形瓶中，用无水碳酸钾干燥 20～30min。

将干燥后的乙醚溶液倒入圆底烧瓶中，先以水浴加热蒸出乙醚，然后将加热温度提高到

140℃时停止加热，换上空气冷凝管，再继续加热收集 202～206℃的馏分；或减压蒸馏，收集 55～56℃/0.27kPa（2mmHg）的馏分。

　　将乙醚萃取过的水溶液慢慢倒入由 40mL 浓盐酸、40mL 水和 25g 碎冰组成的混合物中，经充分冷却，使苯甲酸完全析出，抽滤，用少量冷水洗涤，挤压水分，得到苯甲酸粗产品。粗苯甲酸产品可用水为溶剂进行重结晶提纯。

　　纯苯甲醇为无色液体，b. p. 204.7℃，$d_4^{20}1.0454$，$n_D^{20}1.5396$。

　　纯苯甲酸为无色针状结晶，m. p. 122.4℃。

【注意事项】

　　1. 充分振摇是反应成功的关键。如混合充分，放置 24h 后混合物通常在瓶内固化，苯甲醛气味消失。

【思考题】

　　1. 比较 Cannizzaro 反应和羟醛缩合反应的醛结构有何不同？

　　2. 本实验中两种产物是根据什么原理分离提纯的？用饱和亚硫酸氢钠溶液和 10％碳酸钠溶液洗涤的目的是什么？

　　3. 乙醚萃取后的水溶液，用浓盐酸酸化到中性是否最适当？为什么？不用试纸或试剂检验，怎样知道酸化已经恰当？

【背景资料】

　　康尼扎罗反应（Cannizzaro 反应）是无活泼 α-氢的醛在强碱作用下发生分子间氧化还原反应，生成一分子羧酸和一分子醇的有机歧化反应。意大利化学家 StanislaoCannizzaro（1826—1910）于 1853 年首次发现了该反应，通过用草木灰（植物燃烧后的残余物，其主要成分是多种碳酸盐，其中碳酸钾最多）处理苯甲醛，得到了苯甲酸和苯甲醇，反应名称也由此得来。康尼扎罗出生在巴勒莫，1841 年进入大学学习，原本有学习制药意向的他很快转向了化学研究。他因水杨苷的工作闻名，随后任比萨大学化学系教授。

【产物图谱】

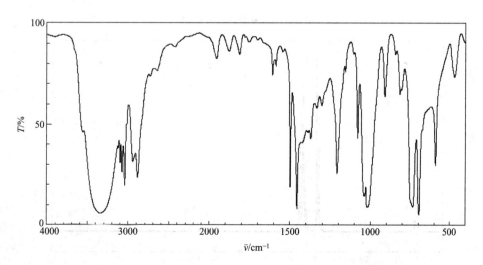

图 6-1　苯甲醇的红外图谱

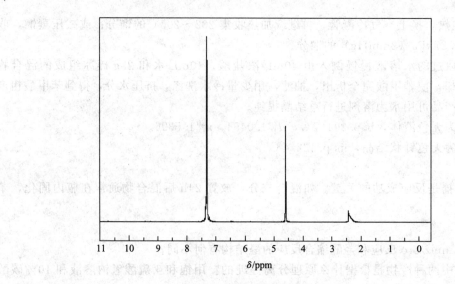

图 6-2 苯甲醇的核磁共振氢谱

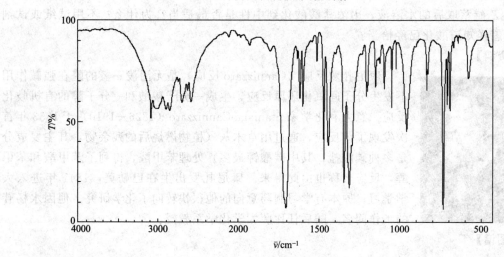

图 6-3 苯甲酸的红外图谱

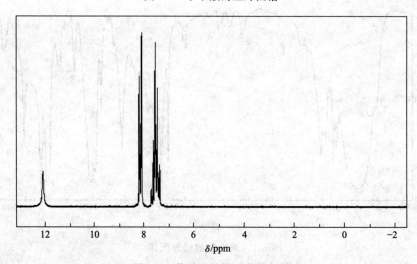

图 6-4 苯甲酸的核磁共振氢谱

6.2　克莱森酯缩合反应（Claisen 酯缩合反应）

两分子含有 α-氢的酯在强碱催化下，失去一分子醇生成 β-羰基羧酸酯的反应称为 Claisen 酯缩合反应。乙酰乙酸乙酯就是通过乙酸乙酯的酯缩合反应来制备的。

实验二十九　乙酰乙酸乙酯的制备

【实验原理】

$$CH_3-\overset{O}{\overset{\|}{C}}-OC_2H_5 + CH_3\overset{O}{\overset{\|}{C}}-OC_2H_5 + CH_3CH_2ONa \longrightarrow \left[H_3C-\overset{O}{\overset{\|}{C}}-CH-\overset{O}{\overset{\|}{C}}-OC_2H_5\right]^- Na^+ + 2CH_3CH_2OH$$

$$\left[H_3C-\overset{O}{\overset{\|}{C}}-CH-\overset{O}{\overset{\|}{C}}-OC_2H_5\right]^- Na^+ + CH_3COOH \longrightarrow H_3C-\overset{O}{\overset{\|}{C}}-CH_2-\overset{O}{\overset{\|}{C}}-OC_2H_5 + CH_3COONa$$

【实验试剂】

乙酸乙酯 27.5mL（25g，0.380mol），金属钠丝 2.5g（0.110mol），50％乙酸，无水碳酸钾，饱和食盐水。

【实验步骤】

在干燥的 100mL 单口圆底烧瓶[1]中，快速放入 27.5mL 乙酸乙酯[2]和 2.5g 金属钠丝[3]。迅速装上回流冷凝管，其上口连接一个氯化钙干燥管。反应开始，会有氢气放出。如反应很慢，用水浴稍微加热，促使反应开始。若反应过于剧烈，可移去热水浴。待剧烈反应过后，在水浴上加热（或在石棉网上小心加热），以保持微沸状态，直至金属钠全部作用完为止。此时生成的乙酰乙酸乙酯的酮式钠盐呈橘红色透明溶液（有时可能会析出黄白色沉淀）。冷至室温后，在摇振下从冷凝管上口慢慢加入 50％乙酸水溶液[4]，使呈弱酸性。这时候，所有固体物质已全部溶解。将反应液移入分液漏斗中，加入等体积的饱和食盐水溶液，用力摇振后，静置，分出的酯层用无水碳酸钾干燥。将干燥后的有机物转移至 100mL 圆底烧瓶中，先在水浴上蒸去未反应的乙酸乙酯，然后进行减压蒸馏，收集乙酰乙酸乙酯馏分，记录沸程。本实验以钠的用量为基准计算理论产量（为什么？）。

纯乙酰乙酸乙酯为无色透明液体，b. p. 180.4℃，d_4^{20} 1.0282，n_D^{20} 1.4194。

【注意事项】

1. 反应也可以在三口圆底烧瓶中进行，中间口装搅拌器，两侧口分别装上回流冷凝管和温度计。注意：在反应的前半程不能搅拌。

2. 乙酸乙酯的纯度应在 96％以上，允许含 4％以下的乙醇，与金属钠生成乙醇钠，但必须不含水和酸。为此，开始实验前要将乙酸乙酯用等体积的水洗涤，再用无水硫酸钠干燥，蒸馏收集 75℃以上的馏分。

3. 金属钠遇水即燃烧、爆炸，故使用时应严格防止与水接触。在称量或切片过程中应当迅速，以免受空气中水分侵蚀或被空气氧化。正确操作方法是：用镊子从瓶中取出金属钠，用双层滤纸吸去溶剂油，用小刀切去其表面的氧化层，立即用压钠机将钠压入反应瓶中。若无压钠机，可将金属钠切成细条，立即转移到反应瓶中，不可使其与空气接触太长时间。

4. 乙酸的加入量以钠的用量来计算，加到溶液刚呈弱酸性即可，若酸过量，会增大酯的水溶性，降低产量。用乙酸中和时，开始会有固体析出，继续加入乙酸并不断振摇，固体会逐渐溶解，得到澄清的液体。

表 6-1　不同压力下乙酰乙酸乙酯的沸点

压力/kPa	101.325	7.999	3.999	2.666	2.399	1.866	1.599
沸点/℃	181	97	88	82	78	74	71

【思考题】

1. 实验所用仪器为什么必须彻底干燥？

2. 乙酰乙酸乙酯为什么会有酮式和烯醇式互变异构体？用什么方法可以证明？请用你所得的产品验证。

【产物图谱】

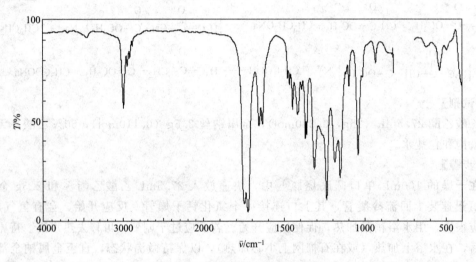

图 6-5　乙酰乙酸乙酯的红外图谱

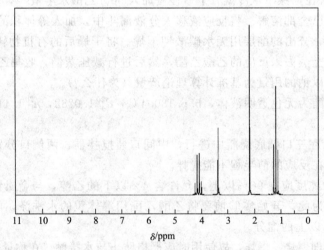

图 6-6　乙酰乙酸乙酯的核磁共振氢谱

6.3　狄尔斯-阿尔德反应（Diels-Alder 反应）

一个具有共轭二烯结构的化合物（双烯体）与另一具有双键（或叁键）结构的化合物（亲双烯体）加成生成六元环状化合物，该反应由德国化学家 O. Diels 和他的学生 K. Alder

于 1928 年发现，称为 Diels-Alder 反应。此后，人们发现这一反应不仅在合成氢化苯的衍生物上十分有用，在甾族化合物的合成中更有其独到之处，为此他们共同获得了 1950 年的诺贝尔化学奖。

　　Diels-Alder 反应是合成六元环状有机化合物的一个重要和巧妙的方法。这类反应是亲双烯体和共轭双烯间的 1,4-加成反应，即一个 2π 电子体系对一个 4π 电子体系的加成，π 键断裂并在两端生成两个 σ 键而闭合成环，因此该反应也称为 [4+2] 环加成反应。当双烯体上含有烷基、烷氧基等给电子基团或者亲双烯体上含有羰基、羧基、酯基、氰基等吸电子基团时，反应速率加快。此反应是一步发生的协同反应，其反应过渡态包括双烯体的 π 轨道和亲双烯体的 π 轨道交盖，即旧键的断裂和新键的形成是同时发生的。

　　Diels-Alder 反应的特点：

　　① 可逆反应　环戊二烯在室温下结合成双环戊烯，后者在 180℃加热时解聚成环戊二烯。

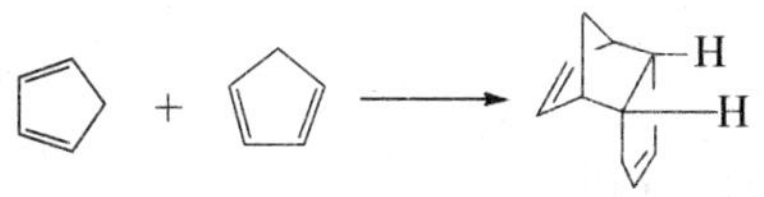

　　② 立体定向的顺式加成反应　顺丁烯二酸酯和反丁烯二酸酯与环戊二烯反应时，分别得到了顺式和反式产物。

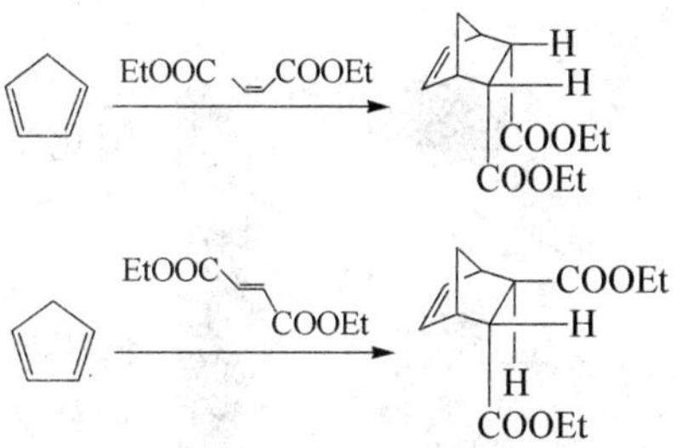

实验三十　蒽与顺丁烯二酸酐的反应

【实验原理】

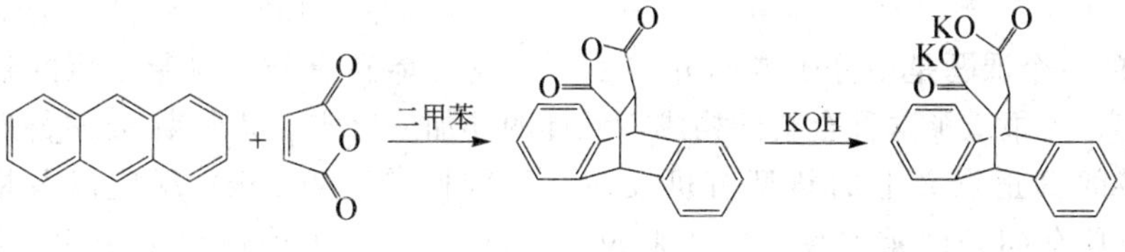

【实验试剂】

　　蒽 2.0g（0.010mol），顺丁烯二酸酐 1.0g（0.010mol），二甲苯。

【实验步骤】

　　在 50mL 干燥的圆底烧瓶中放入 2.0g 蒽、1.0g 研细的顺丁烯二酸酐、25mL 二甲苯及几粒沸石，装上回流冷凝管，在冷凝管上端装一氯化钙干燥管[1]。加热回流 15～20min[2]，在加热过程中应间歇振摇混合物。反应结束后将反应混合物冷却至室温，过滤，用无水二甲苯对粗产物进行重结晶提纯，并置重结晶产品于盛有石蜡片和硅胶的真空干燥管内干燥[3,4]，产量 6～6.5g，m. p. 262～263℃（分解）。

　　蒽在紫外光照射下能发出荧光，反应过程可用薄层色谱进行监测。用硅胶为吸附剂，1% 的羧甲基纤维素为黏合剂，用载玻片制成薄层板，室温晾干后，在 110℃烘箱中活化 1h。

用等体积的石油醚和乙醚组成展开剂，间歇取样，跟踪反应完成的情况。

【注意事项】

1. 顺丁烯二酸酐及其反应产物易水解成二元酸，因此反应仪器和所有试剂必须干燥。

2. 延长加热回流时间，可提高产率。反应 2h 产率可达 90%。

3. 石蜡能吸附烃类气体，用它来除去产物中痕量的二甲苯。

4. 产物必须保存在干燥器或用塞子塞紧的干燥瓶子中，以免水解。

【思考题】

写出下列化合物进行 Diels-Alder 反应生成产物的结构。

【背景资料】

Diels　　　　　　　Alder

狄尔斯-阿尔德反应是由两位德国化学家发现并以他们的名字命名的。OttoPaul Hermann Diels 当时任 Kiel 大学教授，Kurt Alder 是他的博士后。Diels 生于 1866 年，就读于柏林大学并获得博士学位，后任著名化学家费歇尔（Emil Fisher）的助手。Alder 于 1902 年生于上西里西亚，先就读于柏林大学，后就读于 Kiel 大学，在那里结识了 Diels，并于 1926 年获得博士学位。当时引起他们注意的一个课题是一分子或两分子 1,3-环戊二烯和一分子对苯二醌的新式加成，他们于 1928 年首先报道了这种全新的构成六元环的环加成反应。狄尔斯-阿尔德反应被认为是 20 世纪不多的真正意义上的新型有机反应，和维悌希（Wittig）反应以及格利雅（Grignard）反应具有同等的重要性。因为此反应，狄尔斯-阿尔德被授予 1950 年的诺贝尔化学奖。

实验三十一　内型-降冰片烯-顺-5,6-二羧酸酐

【实验原理】

【实验试剂】

环戊二烯[1] 1.6g（2mL，0.025mol），马来酸酐 2.0g（0.020mol），乙酸乙酯，石油醚（b. p. 60～90℃）。

【实验步骤】

在 50mL 干燥的圆底烧瓶[2]中，加入 2.0g 马来酸酐和 7mL 乙酸乙酯，在水浴上温热使之溶解。然后加入 7mL 石油醚，混合均匀后将此溶液置于冰浴中冷却。加入 2.0mL 新蒸的环戊二烯，在冷水浴中振摇烧瓶，直至放热反应完成，析出白色结晶。将反应混合物在水浴上加热使固体重新溶解，再让其缓缓冷却，得到内型-降冰片烯-顺-5,6-二羧酸酐的白色针状结晶，抽滤，干燥后产物约 2g，m. p. 163～164℃。

上述得到的酸酐很容易水解为内型-顺二羧酸。取 1g 产品，置于锥形瓶中，加入 15mL 水，加热至沸使固体和油状物完全溶解后，让其自然冷却，必要时用玻棒摩擦瓶壁促使结晶，得白色棱状结晶 0.5g 左右，m. p. 178～180℃。

【注意事项】

1. 环戊二烯在室温时容易二聚生成二聚体双环戊二烯。商品环戊二烯均为二聚体，将二聚体加热到 170℃ 以上解聚即可得到环戊二烯单体（具体方法：在装有 30cm 长刺形分馏柱的圆底烧瓶中，加入商品环戊二烯，慢慢进行分馏。热裂解反应开始时要慢，二聚体转变为单体馏出，沸程为 40～42℃。控制分馏柱顶端温度计的温度不超过 45℃，接收器要用冰水浴冷却。如蒸出的环戊二烯受接收器中水的影响而呈混浊，可加无水氯化钙干燥。蒸出的环戊二烯应尽快使用，可在冰箱内短期保存）。

2. 由于马来酸酐遇水会水解成二元酸，反应仪器和所用试剂必须干燥。

【思考题】

环戊二烯为什么容易二聚和发生 Diels-Alder 反应?

【产物谱图】

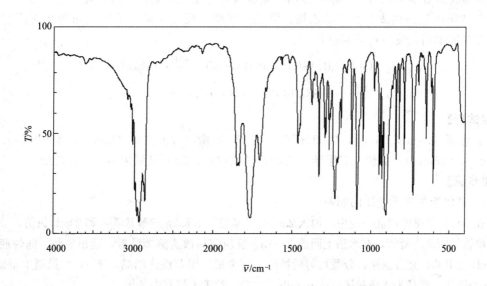

图 6-7　内型-降冰片稀-顺-5,6-二羧酸酐的红外图谱

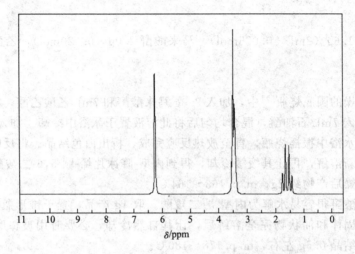

图 6-8 内型-降冰片烯-顺-5,6-二羧酸酐的核磁共振氢谱

6.4 维悌希反应（Wittig 反应）

硫、磷等元素与碳结合时，碳带负电荷，硫或磷带正电荷，碳和硫或磷彼此相邻且保持完整电子隅的结构，称为叶立德（ylide），由磷形成的叫磷叶立德，是德国化学家 Wittig 于 1953 年发现的，所以也称为 Wittig 试剂。Wittig 试剂与醛、酮的羰基进行亲核加成反应生成烯烃，此反应称为 Wittig 反应。

实验三十二 反-1,2-二苯乙烯的制备

【实验原理】

本实验通过苄基氯与三苯基膦作用，生成氯化苄基三苯基鏻，再在碱存在下与苯甲醛作用，经 Wittig 反应生成 1,2-二苯乙烯。第二步是两相反应，通过季鏻盐和磷叶立德起相转移催化剂的作用，反应可顺利进行。

$$(C_6H_5)_3P + ClCH_2C_6H_5 \xrightarrow{\triangle} (C_6H_5)_3\overset{+}{P}CH_2C_6H_5Cl^- \xrightarrow{NaOH} (C_6H_5)_3P = CHC_6H_5$$

$$\xrightarrow{C_6H_5CHO} C_6H_5CH = CHC_6H_5 + (C_6H_5)_3PO$$

【实验试剂】

苄基氯 2.8mL（3.0g，0.024mol），三苯基膦 6.2g（0.024mol），苯甲醛 1.5mL（1.6g，0.015mol），氯仿，二甲苯，乙醚，二氯甲烷，50%氢氧化钠，95%乙醇。

【实验步骤】

1. 氯化苄基三苯基鏻的制备

在 50mL 干燥的圆底烧瓶中，加入 2.8mL 苄基氯[1]、6.2g 三苯基膦[2]和 20mL 氯仿，装上带有干燥管的回流冷凝管，在水浴上回流 2～3h。反应完后改为蒸馏装置，蒸出氯仿。向烧瓶中加入 5mL 二甲苯，充分摇振，分散均匀后抽滤。用少量二甲苯洗涤结晶，于 110℃烘箱中干燥 1h，得 7g 季鏻盐。产品为无色晶体，m.p. 310～312℃，贮于干燥器中备用。

2. 1,2-二苯乙烯的制备

在 50mL 圆底烧瓶中，加入 5.8g 氯化苄基三苯基鏻、1.5mL 苯甲醛和 10mL 二氯甲烷，

装上回流冷凝管。在电磁搅拌器的充分搅拌下，自冷凝管顶端滴入 50% 氢氧化钠水溶液 7.5mL，约 15min 滴完。加完后，继续搅拌 0.5h。

将反应混合物转入分液漏斗，加入 10mL 水和 10mL 乙醚，振荡后分出有机层，水层用乙醚萃取（10mL×2），合并有机层和醚萃取液，用水洗涤后（10mL×3），用无水硫酸镁干燥，滤去干燥剂，在水浴上蒸去溶剂。残余物加入 95% 乙醇加热溶解（约需 10mL），然后置于冰水浴中冷却，析出反-1,2-二苯乙烯结晶。抽滤，干燥后称重。产量约 1g，测定熔点。

进一步纯化可用甲醇-水重结晶。纯的反-1,2-二苯乙烯 m.p. 124℃。

【注意事项】

1. 苄基氯蒸气对眼睛有强烈的刺激作用，转移时切勿滴在瓶外，如不慎粘在手上，应用水冲洗后再用肥皂擦洗。

2. 有机膦化合物通常是有毒的，与皮肤接触后立即用肥皂擦洗。

【思考题】

三苯亚甲基膦能与水起反应，三苯亚苄基膦在水存在下则可与苯甲醛反应，并主要生成烯烃，试比较二者的亲核活性并从结构上加以说明。

【背景资料】

格奥尔格·维悌希于 1954 年发现该反应，并于 1979 年获得诺贝尔化学奖。在 20 世纪 50 年代初，可控制碳碳双键位置的烯烃的合成还不能完全进行。维悌希和他的学生在研究 5 价膦有机化合物性质时发现，亚甲基三苯基膦和苯甲酮反应生成了没有预料到 1,1-二苯乙烯。这一意外结果于 1954 年被他们报道，随后他们又报道了亚甲基三苯基膦在温和条件下和不同类型的醛和酮反应生成烯烃而不发生异构化的论文。今天维悌希反应以及派生出来的反应，已经成为有机化学中合成不同排布的取代烯烃的一类最重要反应。此反应不仅在实验室用于合成少量的烯烃，而且该反应同样可大规模用于工业，如维生素 A 的生产。维悌希 1897 年生于德国柏林，并在马尔堡大学获得博士学位。1944 年，他搬到 Tubingen 大学任教授和系主任。1956 年任 Heidelberg 大学系主任，1967 年成为名誉教授。他于 1987 年去世，享年 90 岁。

【产物图谱】

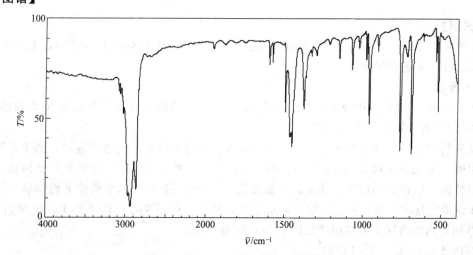

图 6-9　反-1,2-二苯乙烯的红外图谱

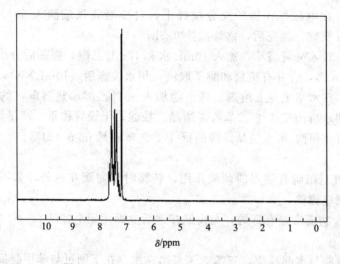

图 6-10   反-1，2-二苯乙烯的核磁共振氢谱

6.5   柏金反应（Perkin 反应）

芳香醛与乙酸酐在乙酸钠催化下缩合，生成 α,β-不饱和羧酸的反应称为 Perkin 反应。芳环上若带有吸电子取代基，则缩合反应容易发生，反之，给电子取代基使反应难于进行。

实验三十三   肉桂酸的制备

【实验原理】

本实验用碳酸钾代替经典 Perkin 反应中的乙酸钠制备肉桂酸，使反应时间缩短，产率提高。

$$\text{C}_6\text{H}_5\text{—CHO} + (\text{CH}_3\text{CO})_2\text{O} \xrightarrow[\text{(2) NaOH}]{\text{(1) K}_2\text{CO}_3} \text{C}_6\text{H}_5\text{—CH}=\text{CHCOONa} \xrightarrow{\text{HCl}} \text{C}_6\text{H}_5\text{—CH}=\text{CHCOOH}$$

【实验试剂】

苯甲醛 1.5mL（0.015mol）（新蒸），乙酸酐 4.0mL（0.036mol）（新蒸），无水碳酸钾，浓盐酸，10%氢氧化钠溶液。

【实验步骤】

在 100mL 三颈烧瓶中放入 1.5mL 苯甲醛、4.0mL 乙酸酐以及研细的 2.2g 无水碳酸钾，加热回流 0.5h（温度 150～170℃）。

反应物稍冷后向其中加入 20mL 热水，然后将装置改成水蒸气蒸馏装置，蒸出未反应完的苯甲醛（至无油状物蒸出为止）。冷却后向反应瓶中加入 10mL 10%氢氧化钠溶液，使生成的肉桂酸形成钠盐而溶解。抽滤，将滤液倒入 250mL 烧杯中，在搅拌下慢慢滴加浓盐酸至 pH 试纸变红。冷却、抽滤，用少量水洗涤，抽干。产品在红外灯下烘干，产量约 1.5g。若要得到较纯的肉桂酸可将粗产品用 95%乙醇重结晶。

纯肉桂酸 m.p. 131～133℃。

【注意事项】

反应初始阶段加热不宜过猛，以防止醋酸酐受热挥发，白色烟雾不宜超过空气冷凝管高度的 1/3。

【思考题】

具有何种结构的醛能进行 Perkin 反应？

【产物图谱】

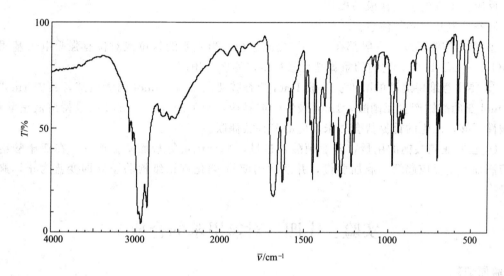

图 6-11　肉桂酸的红外图谱

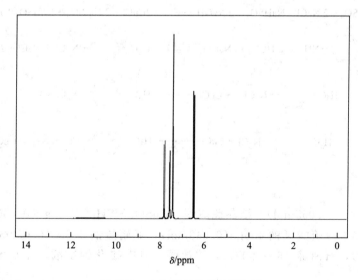

图 6-12　肉桂酸的核磁共振氢谱

6.6　桑德迈耳反应（Sandmeyer 反应）

芳香族伯胺在强酸介质中与亚硝酸作用生成重氮盐的反应，称为重氮化反应。反应生成的重氮盐可作为中间体用来合成许多有机化合物，其中有两类最重要的反应：一类反应是重氨基被—H、—OH、—F、—Cl、—Br、—I、—CN、—NO$_2$ 及—SH 等基团所取代，合成相应的芳香族化合物。Sandmeyer 反应是重氮盐在亚铜盐作用下转变成相应的芳香族卤化物或氰化物的反应。另一类反应是重氮盐与芳香胺或酚类作用生成偶氮染料的偶联反应，一些常用的指示剂如甲基红、甲基橙、刚果红等都是偶氮化合物。

重氮化反应需要在低温（0～5℃）下进行，因为大多数重氮盐很不稳定，常温下即分解放出氮气。制成的重氮盐溶液也不宜长时间存放，可在溶液中制备好后不经分离直接用于下一步反应。干燥的重氮盐极易爆炸。

制备重氮盐时必须注意：

① 严格控制温度。一般都在 0～5℃之间进行。当氨基的邻位或对位有强吸电子基团如—NO$_2$、—SO$_3$H 时，它们的重氮盐比较稳定，温度可稍高一点。

② 要注意维持溶液的酸度。一般 1mol 芳香胺要用 2.5～3mol 的无机酸，其中 1mol 酸与 1mol 亚硝酸钠产生亚硝酸，1mol 酸生产重氮盐，余下的 0.5～1mol 酸维持溶液呈酸性，若酸性不够，产生的重氮盐会和未反应的芳香胺偶联。

③ 控制亚硝酸钠的用量。若亚硝酸钠过量，会氧化重氮盐而降低产率。在亚硝酸钠水溶液滴加后期反应趋缓，滴加要慢，并经常用淀粉-碘化钾试纸检验至立即变蓝为止，避免过量。

实验三十四　　对氯甲苯的合成

【实验原理】

$$2\,CuSO_4 + 2\,NaCl + NaHSO_3 + 2\,NaOH \longrightarrow 2CuCl + 2\,Na_2SO_4 + NaHSO_4 + H_2O$$

$$H_3C-\!\!\!\bigcirc\!\!\!-NH_2 + 2\,HCl + NaNO_2 \xrightarrow{0～5℃} H_3C-\!\!\!\bigcirc\!\!\!-\overset{+}{N_2}\overset{-}{Cl} + NaCl + 2\,H_2O$$

$$H_3C-\!\!\!\bigcirc\!\!\!-\overset{+}{N_2}\overset{-}{Cl} + CuCl \longrightarrow H_3C-\!\!\!\bigcirc\!\!\!-\overset{+}{N_2}\overset{-}{Cl} \cdot CuCl$$

$$H_3C-\!\!\!\bigcirc\!\!\!-\overset{+}{N_2}\overset{-}{Cl} \cdot CuCl \xrightarrow{\triangle} H_3C-\!\!\!\bigcirc\!\!\!-Cl + N_2\uparrow + CuCl$$

【实验试剂】

对甲苯胺 5.4g（0.055mol），结晶硫酸铜（CuSO$_4$·5H$_2$O）15g（0.060mol），氯化钠 4.5g（0.077mol），亚硫酸氢钠 4.5g（0.043mol），亚硝酸钠 3.8g（0.050mol），氢氧化钠 2.3g（0.058mol），石油醚（60～90℃），浓盐酸，淀粉-碘化钾试纸，无水氯化钙，10%氢氧化钠溶液。

【实验步骤】

1. 氯化亚铜的制备

在 250mL 三口烧瓶中放置 15g 结晶硫酸铜和 50mL 水，加热使晶体溶解后，再加入 4.5g 氯化钠使其溶解。溶液加热至 60～70℃[1]，边振摇边加入 4.5g 亚硫酸氢钠[2]和 2.3g 氢氧化钠溶于 25mL 水的溶液。溶液由原来的蓝绿色变成浅绿色或无色[3]，并析出白色粉末状的氯化亚铜。将烧瓶置于冰水浴中冷却。待冷却后，倾去上层液体，白色粉末尽快用冰水洗涤两次，每次尽可能倾干上层液体[4]。将 25mL 冷的浓盐酸倒入瓶内，摇匀使沉淀溶解成棕色的溶液。塞紧瓶塞，将瓶置入冰水浴中冷却备用[5]。

2. 重氮盐溶液的制备

在 100mL 烧杯中放置 15mL 浓盐酸、15mL 水及 5.4g 对甲苯胺，搅拌加热使对甲苯胺溶解。稍冷后将烧杯置于冰盐浴中不断搅拌，使溶液成糊状[6]。用冰盐浴冷却控制液温在 0～5℃[7]，边搅拌边滴加由 3.8g 亚硝酸钠溶于 10mL 水中的溶液，控制滴加速率使反应温度始终维持在 0～5℃。当 90% 的亚硝酸钠溶液加入后，将接近反应终点，此时每加入一滴亚硝酸钠溶液，需搅拌 1～2min，用淀粉-碘化钾试纸检验，若立即出现深蓝色，则停止加入亚硝酸钠溶液。

3. 对氯甲苯的制备

将已制好的重氮盐溶液慢慢倒入冷却的氯化亚铜溶液中，边加边振摇烧瓶，瓶内反应液逐渐变黏稠，并有橙红色的复合物析出。加完后在室温下放置 20min，复合物慢慢分解，然后用水浴慢慢加热到 50～60℃[8]，使复合物分解完全，直至无氮气逸出为止。将上述溶液进行水蒸气蒸馏，蒸出对氯甲苯粗产物[9]。粗产物倒入分液漏斗中，加入 10mL 石油醚（沸程为 60～90℃），振摇后分出有机层，水层用石油醚萃取（10mL×2），萃取液与有机层合并，依次用 10% 氢氧化钠溶液、水、浓硫酸和水各 10mL 洗涤。有机层用无水氯化钙干燥 0.5h。过滤，先蒸去石油醚，然后蒸馏，收集 158～162℃ 馏分，产量 3.1～4.0g（产率 49%～63%）。

【注意事项】

1. 此温度下制得的氯化亚铜粉末颗粒较粗，沉于瓶底，容易漂洗处理。

2. 亚硫酸氢钠的纯度最好在 90% 以上。若放置过久，二氧化硫逸出，会使还原能力降低，碱性增大。用相同量的纯度不高的亚硫酸氢钠配制的溶液，就不能使二价铜被还原成一价铜而降低了氯化亚铜的产率。同时由于碱性偏高，还会产生黄褐色的氢氧化铜，使沉淀呈黄色。此时可根据具体情况酌情增加亚硫酸氢钠的用量。

3. 如实验中发现溶液颜色仍呈蓝绿色，则表示还原不完全，应酌情多加些亚硫酸氢钠溶液。若发现沉淀呈黄褐色，应立即滴入几滴盐酸并稍加振摇，使其中的氢氧化铜转化为氯化亚铜。氯化亚铜会溶解于酸，故盐酸不宜多加。

4. 加入水后应轻轻振摇后静止，小心倾去水层。不宜剧烈振摇，否则因氯化亚铜粉末细颗粒沉降速率较慢，在倾去水层时会导致氯化亚铜的损失。

5. 氯化亚铜在空气中遇热或光易被氧化，重氮盐久置也会分解，两者制好后应立即反应。

6. 对甲苯胺有毒，加热溶解时必须在通风橱中进行。对甲苯胺盐酸盐稍溶于冷水，搅拌下快速冷却使析出的晶体很细，有利于重氮化反应进行。

7. 反应温度不超过 5℃，温度过高重氮盐会分解使产率降低。

8. 重氮盐-氯化亚铜复合物不稳定，15℃ 即会分解出对氯甲苯，稍加热可使分解加速。但若升温过快，温度过高会产生焦油状物质对甲苯酚，使产率降低。若时间许可，在室温放置过夜，再加热分解。加热分解时可见氮气逸出，应不断搅拌，以免反应液外溢。

9. 蒸至冷凝管管口无橙红色油状馏分流出即可停止。

【产物图谱】

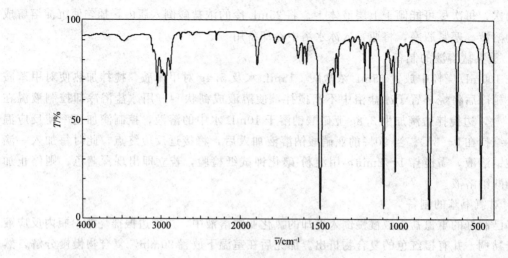

图 6-13　对氯甲苯的红外图谱

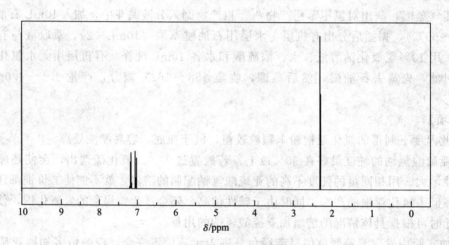

图 6-14　对氯甲苯的核磁共振氢谱

实验三十五　甲基红的合成

【实验原理】

$$
\begin{array}{c}
\text{(2-NH}_2\text{-benzoic acid)} \xrightarrow[0\sim5\,℃]{\text{NaNO}_2,\ \text{HCl},\ \text{H}_2\text{O}} \text{(2-N}_2^+\text{Cl}^-\text{-benzoic acid)}
\end{array}
$$

【实验试剂】

邻氨基苯甲酸 0.7g（0.005mol），N,N-二甲基苯胺 1mL（0.960g，0.008mol），亚硝酸钠 0.4g，浓盐酸，淀粉-碘化钾试纸，醋酸钠，10%NaOH 溶液，醋酸，甲苯。

【实验步骤】

在 50mL 锥形瓶中加入 0.7g 邻氨基苯甲酸，将 1.5mL 浓盐酸溶于 4mL 水中倒入锥形瓶中，加热溶解，然后放入冰水浴中冷却。

在另一锥形瓶中加入 0.4g 亚硝酸钠和 2mL 水，搅拌溶解后，放在冰水浴中冷却。

将上述两溶液冷却到 0～5℃ 时，将亚硝酸钠溶液在搅拌下慢慢滴加到邻氨基苯甲酸溶液中，反应液温度维持在 0～5℃[1]，充分搅拌后用淀粉-碘化钾试纸检验重氮盐溶液，若立刻变蓝即停止滴加。

将 1mL 的 N,N-二甲基苯胺[2]迅速加入到制备好的重氮盐热溶液[3]中，反应温度维持在 5℃，继续搅拌 15min。

将 0.7g 醋酸钠溶于 2mL 水中的溶液加到上述反应瓶内，使瓶内溶液温度仍维持在 5±1℃，搅拌 20min，再在室温下搅拌 10min，然后加入 1mL 10％NaOH 溶液，在室温下放置 30min[4]，粗产物甲基红呈细粒沉淀析出。抽滤，沉淀用水洗，然后用 5mL 稀醋酸水溶液洗涤结晶[5]，再用水洗涤一次。粗产物用甲苯重结晶，干燥后称重，产量 0.4g，产率约 29％。

【注意事项】

1. 重氮盐多数不稳定，温度高时容易分解，本实验维持在低于 5℃，以防止重氮盐水解生成相应的酚。

2. N,N-二甲基苯胺久置易被氧化，在投料前需新蒸馏。N,N-二甲基苯胺有毒，必须在通风橱中操作。

3. 干燥的邻氯化重氮苯甲酸遇刮擦或受热会爆炸，需存放在溶液里。

4. 偶联产物生成很慢，提高溶液的 pH 值会加快沉淀生成速率。

5. 用稀醋酸水溶液洗涤结晶是为了除去产品中未反应的 N,N-二甲基苯胺。

6.7　斯克劳普反应（Skraup 反应）

芳香族伯胺和甘油、浓硫酸及芳香族硝基化合物发生反应，生成喹啉及其衍生物的反应称为 Skraup 反应。

许多芳胺都可以发生 Skraup 反应，在选择氧化剂时应注意硝基芳烃结构要和参加反应的芳胺结构保持一致。因为在反应过程中硝基芳烃被还原成芳胺，它也会参与成环反应，如果结构不一致，就会形成副产物，给分离纯化带来麻烦。Skraup 反应开始时会很剧烈，在反应混合物中加入一些硫酸亚铁可使反应缓和。

实验三十六　喹啉的合成

【实验原理】

【实验试剂】

无水甘油 19g（0.026mol），苯胺 4.7mL（4.8g，0.050mol），硝基苯 3.8mL（4.6g，0.037mol），浓硫酸 8.2mL（15.1g，0.154mol），30％NaOH 溶液 0.7g（0.0051mol），亚硝酸钠，乙醚，结晶硫酸亚铁。

【实验步骤】

在250mL三口烧瓶中，称取19g无水甘油[1]，再依次加入2g结晶硫酸亚铁[2]、4.7mL苯胺及3.8mL硝基苯。充分混合后，在摇动下缓缓加入8.2mL浓硫酸[3]。装上回流冷凝管，在石棉网上用小火加热。当溶液开始微沸时，立即移去火源[4]，反应大量放热，待作用缓和后，继续加热，保持反应物微沸2h。

稍冷后，进行水蒸气蒸馏，除去未反应的硝基苯，直至馏出液澄清为止，收集馏出液约50mL。瓶中残留液稍冷后，加入30%氢氧化钠溶液，中和反应混合物中的硫酸，使溶液呈碱性，再进行水蒸气蒸馏，蒸出喹啉及未反应的苯胺，直至馏出液变清为止，收集馏出液约250mL。

馏出液用浓硫酸酸化，待油状物全部溶解后，置于冰水浴中冷却至5℃，慢慢加入由3g亚硝酸钠溶解于10mL水的溶液，加至取一滴反应液使淀粉-碘化钾试纸立即变蓝为止。由于重氮化反应在接近完成时，反应很慢，故应在加入亚硝酸钠溶液2～3min后再检验是否有亚硝酸存在。然后将混合物在沸水浴上加热15min，至无气体放出为止。冷却后，加入30%氢氧化钠溶液碱化，使混合物呈中性，再进行水蒸气蒸馏[5]。将馏出液倒入分液漏斗，分出有机层，水层用乙醚25mL×2萃取。合并有机层和乙醚萃取液，加入氢氧化钠干燥过夜。先蒸去乙醚，再减压蒸馏，收集110～114℃/2kPa（15mmHg）馏分，产量4.0～5.0g，产率62%～77%[6]。

纯喹啉 b. p. 238.05℃。

【注意事项】

1. 所用甘油的含水量较大时，则喹啉的产率不好。无水甘油的制备：在通风橱内将甘油置于蒸发皿中加热至180℃，冷至100℃左右，放入盛有浓硫酸的干燥器中备用。

2. 硫酸亚铁的作用是防止反应物迅速氧化，减缓反应的剧烈程度。

3. 浓硫酸必须最后加入，否则反应往往很剧烈，不易控制。

4. 此反应是放热反应，溶液呈微沸，表示反应已经开始。此时如继续加热，则反应过于剧烈，会使反应液冲出容器。

5. 加入亚硝酸水溶液使混合物中的苯胺重氮化，经水解后即转变为苯酚，苯酚在碱作用下成盐，再经水蒸气蒸馏后即可让苯酚钠盐保留在溶液中而使喹啉蒸出。

6. 产率以苯胺为基准计算，不考虑硝基苯部分转化为苯胺的部分。

【思考题】

为什么第一次水蒸气蒸馏要在酸性条件进行，而第二次却要在中性条件下进行？

第7章 综合性实验

综合性实验包括了多步制备、分离和提纯、结构表征等多项内容，是基础性实验的进一步延伸。综合性实验有助于学生对有机化学实验内容、操作技术进行全面的了解和掌握，有助于训练和培养学生对有机化学实验基本内容的综合运用能力，对培养学生的综合实验能力有较大的帮助。

实验三十七　7,7-二氯二环［4.1.0］庚烷

【实验目的】

1. 掌握相转移催化合成 7,7-二氯二环［4.1.0］庚烷的原理和方法。
2. 练习搅拌、回流、萃取、洗涤、干燥、蒸馏等基本操作。

【实验原理】

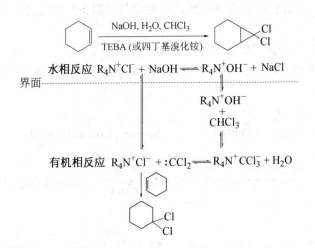

【实验试剂】

环己烯 10.1mL（0.100mol），氯仿 30mL（0.374mol），50%氢氧化钠溶液 25mL，三乙基苄基氯化铵（TEBA）0.5g（0.002mol）或四丁基溴化铵 0.7g（0.002mol），乙醚，无水硫酸钠。

【实验步骤】

在 250mL 三口圆底烧瓶上安装回流冷凝管、温度计和恒压滴液漏斗，瓶中加入 10.1mL 环己烯、30mL 氯仿和 0.5g TEBA（或 0.7g 四丁基溴化铵）。在磁力搅拌下[1]，由恒压滴液漏斗滴加 25mL 50%氢氧化钠溶液，约 10min 内滴加完毕，滴加过程中有放热现象，应控制体系内温度不超过 60℃。滴加完毕后，水浴加热，回流 1h，当反应液颜色逐渐变为黄色，并有少量絮状物出现时，停止反应。待反应液冷至室温后，加入 50mL 水使固体全部溶解。将混合液转入分液漏斗，分出下层有机层，水相用 30mL 乙醚萃取一次，将萃取液与有机相合并，用水洗涤至中性（等体积的水约需洗 3 次），无水硫酸钠干燥。水浴蒸出低沸点有机物后减压蒸馏，收集 80～82℃/2.133kPa（16mmHg）的馏分[2]，称量，计算产率。产品也可以常压蒸馏，在沸点（198℃）温度下有轻微分解。

7,7-二氯二环［4.1.0］庚烷纯品为无色透明液体，b. p. 198℃，d_4^{20}1.25，n_D^{20}1.5006～1.5040。

【注意事项】

1. 此反应是在两相中进行，反应过程中必须剧烈搅拌，否则影响产率。

2. 本实验若使用油泵进行减压蒸馏操作，必须先在常压下将低沸点溶剂蒸出，否则大量低沸点溶剂会冲过干燥塔污染油泵。

【思考题】

1. 实验使用搅拌操作的目的是什么？

2. 实验原料中，为什么氯仿过量而季铵盐仅为催化量？

实验三十八　4-苯基-2-丁酮

4-苯基-2-丁酮存在于天然烈香杜鹃的挥发油中，具有止咳祛痰的作用。实验室获取 4-苯基-2-丁酮一般采用化学合成法，其制备原料之一的乙酰乙酸乙酯是重要的有机合成试剂，由于其亚甲基上氢的酸性强（pK$_a$ 值为 10.7），在醇钠的存在下，可被其他基团取代，得到多种乙酰乙酸乙酯的衍生物。而乙酰乙酸乙酯及其衍生物还可在稀碱作用下进行酮式分解，得到丙酮的衍生物。本实验即以乙酰乙酸乙酯为原料，制备目标化合物 4-苯基-2-丁酮。

【实验目的】

1. 了解乙酰乙酸乙酯在有机合成中的应用。

2. 掌握搅拌、干燥、回流、分液、萃取、简单蒸馏、减压蒸馏等基本操作操作。

【实验原理】

$$CH_3CCH_2COC_2H_5 + C_2H_5ONa \longrightarrow [CH_3CCHCOC_2H_5]^- Na^+$$

$$\xrightarrow{C_6H_5CH_2Cl} CH_3CCHCOC_2H_5 \xrightarrow[(2)\ H_3O^+]{(1)\ NaOH} CH_3CCH_2CH_2C_6H_5$$
$$\quad\quad\quad\quad\quad\quad |$$
$$\quad\quad\quad\quad\quad CH_2C_6H_5$$

【实验试剂】

乙酰乙酸乙酯 5.5mL（0.031mol），氯化苄 5.3mL（0.046mol，新蒸），钠 1g（0.044mol），无水乙醇 20mL，10％氢氧化钠溶液，20％盐酸溶液，乙醚，无水氯化钙。

【实验步骤】

在 50mL 干燥的三口烧瓶上，装上温度计及带有氯化钙干燥管的回流冷凝管，置于磁力搅拌器上。

在反应瓶中加入 20mL 无水乙醇，小心分次加入 1g 切成小片的金属钠[1]，加入速率以维持溶液微沸为宜。待全部金属钠作用完后，在搅拌下加入 5.5mL 乙酰乙酸乙酯[2]，继续搅拌 10 分钟，再慢慢加入 5.3mL 重新蒸馏过的氯化苄[3]，这时即有大量白色沉淀产生。然后加热使反应物微沸，回流至反应物呈中性（约 1.5h）。

将上述装置改为蒸馏装置，蒸去大部分乙醇。冷却后向反应液中加入 20mL 的冰水，使析出的盐溶解，混合物转移至分液漏斗中，分出有机层，水层用乙醚萃取（15mL×2）。有机层与乙醚萃取液合并后，水浴蒸去乙醚，在剩余液体中加入 15mL 10％氢氧化钠溶液，在搅拌下加热回流 1.5h，再滴加 20％盐酸溶液调节 pH 值为 2～3，加热搅拌至无 CO$_2$ 气泡逸出为止。反应混合物冷至室温，用稀氢氧化钠溶液调节至中性，用乙醚萃取（15mL×3），合并乙醚萃取液，用水洗涤一次，然后用无水氯化钙干燥。干燥后的溶液在水浴上蒸去乙醚，剩余物进行减压蒸馏，收集 87~88℃/667Pa（5mmHg）馏分。产量 3.6~3.7g，产率 56%~57%。

纯 4-苯基-2-丁酮为无色透明液体，b.p.233~235℃，115℃/1.733kPa（13mmHg），n_D^{22}1.5110。

【注意事项】

1. 金属钠遇水燃烧爆炸，使用时应严格防止与水接触。
2. 市售乙酰乙酸乙酯若储存时间较长，会出现部分分解物，用时需重新蒸馏。
3. 滴加速率不可过快，否则酸分解会快速释放出 CO_2 而造成冲料。

实验三十九　甲基橙的合成

甲基橙是常用的酸碱指示剂，其 pH 值变色范围 3.1（红）~4.4（黄），可用于测定多种溶液的酸碱度。

【实验目的】

1. 掌握重氮化反应和偶合反应的原理和方法。
2. 学习低温反应的操作。
3. 复习固体有机化合物重结晶的原理和操作。

【实验原理】

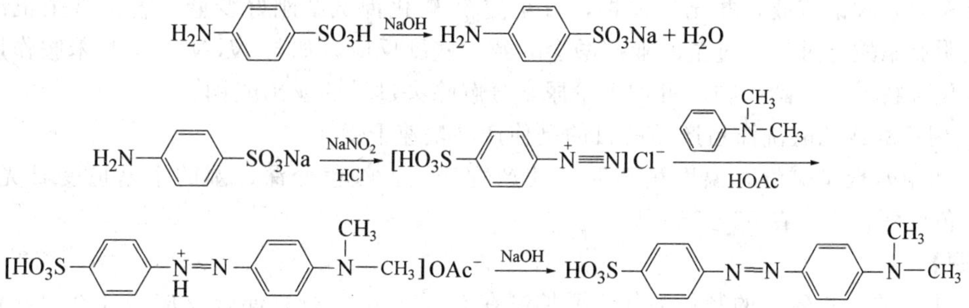

【实验试剂】

对氨基苯磺酸 1.7g（0.098mol），亚硝酸钠（7mL），N,N-二甲基苯胺 1.3mL（0.010mol），盐酸，氢氧化钠，乙醇，乙醚，冰醋酸，淀粉-碘化钾试纸。

【实验步骤】

1. 对氨基苯磺酸重氮盐的合成

100mL 烧杯中加入 1.7g（0.098mol）对氨基苯磺酸，再加入 10mL 5%氢氧化钠水溶液，用石蕊试纸检验溶液呈碱性，搅拌下用小火加热使之溶解[1]，加入 7mL 10%亚硝酸钠水溶液，混合均匀后放入冰水浴中冷却至 0~5℃（混合液 1）。在另一烧杯中加入 3mL 浓盐酸和 10g 碎冰，也放入冰水浴中冷却至 0~5℃。搅拌下将混合液 1 缓慢倒入冰冷的盐酸溶液中，用石蕊试纸或刚果红试纸检验，始终保持反应为酸性[2]，控制反应温度低于 5℃[3]。混合液在冰水浴中继续反应 15min，反应完成后，有白色的重氮盐晶体生成[4]，用淀粉-碘化钾试纸检验溶液中有无过量的亚硝酸[5]。

2. 甲基橙的合成

在试管中加入 1.3mL（0.010mol）N,N-二甲基苯胺和 1mL 冰醋酸，混合均匀后置于冰水浴中冷却至5℃左右，搅拌下将此溶液缓慢滴入对氨基苯磺酸重氮盐的冷溶液中。继续搅拌反应10min，使之完全反应。然后搅拌下缓慢加入5％氢氧化钠水溶液，直至产物变为橙色，此时反应液为碱性。粗甲基橙为橙色颗粒状沉淀。抽滤，依次用少量水、乙醇、乙醚[6]洗涤，低温烘干[7]，称重，计算产率。若要得到较纯的甲基橙，可用水重结晶。每1g甲基橙加入20～25mL沸水制成近饱和溶液，热过滤后冷却，使甲基橙充分析出，抽滤，用乙醇洗涤产品，低温烘干。

纯甲基橙为橙色片状结晶，无明确的熔点。

【注意事项】

1. 对氨基苯磺酸是两性化合物，以内盐形式存在，难溶于水和无机酸，但由于其酸性比碱性强，可以与碱作用成盐，使对氨基苯磺酸溶于水中。

2. 重氮化反应中，为了使亚硝酸钠转化成亚硝酸，使重氮化反应顺利进行，必须使反应液保持酸性。另外，在酸性条件下对氨基苯磺酸钠生成对氨基苯磺酸以固体形式析出，立即与亚硝酸作用，生成粉末状的重氮盐。

3. 重氮化反应中，严格控制温度非常重要，反应温度高于5℃则生成的重氮盐易水解为相应的酚，降低产率。因此，制备好的重氮盐应保存在冰水浴中备用。

4. 由于重氮盐在水中可电离，形成中性的内盐，在低温时难溶于水，因而形成细小的晶体析出。

5. 溶液中如有亚硝酸存在，可将碘化钾氧化为碘，碘遇淀粉变蓝。若试纸不显蓝色，则需补充亚硝酸钠溶液，并充分搅拌，直至淀粉-碘化钾试纸刚好变蓝。若试纸至很深的蓝色，说明亚硝酸已过量，过量的亚硝酸会导致一些副反应，如与 N,N-二甲基苯胺作用生成亚硝基化合物或肟等副产物，可加少量尿素分解除去过量的亚硝酸钠。

6. 用乙醇或乙醚洗涤粗产品的目的是使产品快速干燥。

7. 粗甲基橙呈碱性，温度稍高时易使产物变质，颜色变深，湿的甲基橙受日光照射，亦会颜色变深，通常在65～75℃烘干。

【思考题】

1. 本实验中重氮盐的制备为什么要控制在0～5℃中进行，偶合反应为什么要在弱酸介质中进行？

2. 试解释甲基橙在酸碱介质中变色的原因，并用反应式表示之。

3. 对氨基苯磺酸重氮化前为什么先加碱制成钠盐？

4. 本次实验总计排放了多少液体废物和固体废物？试设计治理方案。

实验四十　植物生长素2,4-二氯苯氧乙酸的合成

2,4-二氯苯氧乙酸（2,4-Dichlorophenoxyacetic Acid）纯品为无色无臭晶体，是一种应用十分广泛的除草剂和植物生长素。低浓度2,4-二氯苯氧乙酸对植物生长具有刺激作用，能促进作物早熟增产，防止果实如番茄等早期落花落果，并可以导致无籽果实的形成。而高浓度2,4-二氯苯氧乙酸对植物具有灭杀作用，对于双子叶杂草具有良好的防治效果。

【实验目的】

1. 学习威廉逊（Williamson）制醚法、芳烃氯化反应原理及实验方法，掌握次氯酸氯化方法。

2. 进一步理解重结晶技术在纯化过程中的作用。

【实验原理】

2,4-二氯苯氧乙酸的合成方法有多种，本实验是用后氯化法，以苯酚和氯乙酸为原料，在碱性溶液中进行威廉逊反应先制得苯氧乙酸，然后再氯化得到 2,4-二氯苯氧乙酸。

【实验试剂】

苯酚 5.6g(0.060mol)，一氯乙酸 6.2g(0.066mol)，氢氧化钠 2.6g(0.065mol)，次氯酸钠水溶液，冰醋酸，二氯甲烷，乙醚，碳酸钠，20％盐酸。

【实验步骤】

1. 苯氧乙酸的合成

依次将 6.2g 一氯乙酸和 10mL 15％食盐水加入到 200mL 的烧杯中[1]，在搅拌下慢慢加入约 4g 碳酸钠，加入速率以使反应混合物温度不超过 40℃为宜[2]，当溶液 pH 值接近中性时，再改用饱和碳酸钠水溶液将反应混合液 pH 值调至 7～8，待用。向 100mL 三口烧瓶中加入 2.6g 氢氧化钠和 15mL 水。稍加振摇，待氢氧化钠完全溶解后，加入 5.6g 苯酚，水浴加热至 45℃，保持搅拌，使苯酚溶解，冷却待用，无需加热。将配制好的一氯乙酸钠溶液直接加入到盛有苯酚钠溶液的三口烧瓶中，三口烧瓶上配置搅拌器、回流冷凝管和温度计。开启搅拌器，小火加热，使反应温度保持在 100～110℃之间 2h[3]。

反应结束后，待反应混合物稍冷却，用约 11mL 20％盐酸将混合物的 pH 值调至 1～2，并搅拌冷却至有结晶析出，抽滤后得苯氧乙酸粗产品。用 5mL 水洗涤粗产品，抽干后，粗品倒入 250mL 烧杯中，用 20mL 20％碳酸钠水溶液尽量溶解粗产品，再加入 30mL 水使之完全溶解，然后转入分液漏斗中。加入 10mL 乙醚，摇荡、静置分层，除去乙醚层[4]。再用 20％盐酸将水层酸化至 pH 值为 1～2，静置、冷却结晶，抽滤后用少量冷水洗涤滤饼两次，干燥后即得精制产物。

苯氧乙酸纯品为无色针状结晶，m.p.98～99℃。

2. 2,4-二氯苯氧乙酸的制备

在 50mL 三口烧瓶上配置搅拌器，温度计和滴液漏斗。依次向三口烧瓶中加入 1g 苯氧乙酸和 12mL 冰醋酸，开动搅拌器，使苯氧乙酸全部溶解。然后在 20～25℃[5]下边搅拌边滴加 20mL 含氯 7％的次氯酸钠水溶液。加料完毕，在室温下继续搅拌 5min，将反应液倒入盛有 50mL 水的烧杯中，用玻璃棒边搅拌边用滴管滴加 20％盐酸，将混合物的 pH 值调到 3～5。

用二氯甲烷对酸化后的反应混合物进行萃取（25mL×2），然后用 15mL 水洗涤二氯甲烷萃取液[6]，再用 5％碳酸钠水溶液对二氯甲烷萃取层作反萃取（30mL×2），合并水相，并将水相倒入盛有 25g 碎冰的烧杯中，加入 20％盐酸酸化，产物析出。过滤，滤饼水洗后，再抽滤，烘干，称重。粗产品为黄色晶体，用 CCl_4 重结晶后可得白色晶体。

2,4-二氯苯氧乙酸纯品为无色结晶，m.p.137～138℃。

【注意事项】

1. 加入食盐水有利于抑制氯乙酸水解。

2. 反应温度超过 40℃时，一氯乙酸易发生水解。

3. 刚开始反应时，反应混合物 pH 值为 12，随着反应的继续，其 pH 值逐步变小，直至 pH 值为 7～8，反应即告结束。

4. 此步骤意在使产物成盐溶于水，让未反应而游离出来的少量酚溶于乙醚，然后加以分离。

5. 这一步反应是在 20～25℃条件下进行，随着 NaOCl 溶液的滴入，反应液温度一般高于 30℃，用冰冷却。若温度过高，对产率会造成较大影响。

6. 此步进行萃取的目的是将产物和钠盐层分离出来，并进行纯化。产物难溶于水，故可用水洗涤。

【思考题】

1. 以酚钠和一氯乙酸做原料制醚时，为什么要先使一氯乙酸成盐？可否用苯酚和一氯乙酸直接反应制备醚？

2. 用碳酸钠中和一氯乙酸时为什么要加入食盐水？

3. 在苯氧乙酸合成过程中，为何 pH 值会发生变化，以 pH 值 7～8 作为反应终点的依据是什么？

4. 2,4-二氯苯氧乙酸制备时温度应该控制在多少？萃取的目的是什么？

实验四十一　安息香的辅酶合成及其转化

【实验目的】

1. 了解安息香缩合反应和安息香转化的基本原理，学习以维生素 B_1 为催化剂的合成安息香的原理和实验步骤。

2. 学习氧化反应的原理和氧化剂的使用。

3. 掌握二苯乙二酮在碱性溶液中重排生成二苯基乙醇酸的机理和实验方法。

4. 进一步巩固加热回流、重结晶和脱色的操作技能。

【实验原理】

芳香醛在氰化钠作用下，分子间发生缩合生成二苯羟乙酮，二苯羟乙酮也称安息香，因此，此类反应也称为安息香缩合。

反应机理类似于羟醛缩合反应，在氰化钾的催化下，碳负离子对碳基发生亲核加成反应。

安息香缩合反应既可发生在相同的芳香醛之间，也可以发生在不同的芳香醛之间，但是，不论哪种情况，反应都有一定局限性，即受芳香醛结构本身的限制。实验表明，芳羰基的邻、对位上若有给电子基团时，则不易发生缩合，因为给电子基使羰基碳原子的电正性下降，不利于碳负离子的生成，但可增加碳负离子的活性；相反，当芳羰基的邻、对位上有较强的吸电子基团时，可使羰基碳原子的电正性增加，但由于吸电子基的影响，使生成的碳负离子的活性降低，不易与羰基发生亲核加成反应。因此，当两种不同结构的芳香醛分别带有给电子基和吸电子基时，带有给电子基的醛往往提供碳负离子，带有吸电子基的醛提供羰基，这种反应比较顺利，并能得到一种主要产物，即羟基连在含有吸电子基团的芳环一边。

$$O_2N-\!\!\!\!\bigcirc\!\!\!\!-CHO + H_3CO-\!\!\!\!\bigcirc\!\!\!\!-CHO \longrightarrow O_2N-\!\!\!\!\bigcirc\!\!\!\!-\underset{\underset{H}{|}}{\overset{\overset{OH}{|}}{C}}-\overset{O}{\overset{\|}{C}}-\!\!\!\!\bigcirc\!\!\!\!-OCH_3$$

由于氰化钠是剧毒品，使用不当会造成危害，本实验采用维生素 B₁（thiamine）盐酸盐代替氰化物催化安息香缩合反应，反应条件温和、无毒，产率较高。

维生素 B₁ 是一种具有生物活性的辅酶，是一种生物化学反应催化剂，在生命过程中起重要作用，其化学名称为硫胺素或噻胺，结构如下：

$$\left[\begin{array}{c} \end{array}\right] Cl^- \cdot HCl$$

在反应中，维生素 B₁ 噻唑环上的氮和硫的邻位氢在碱作用下被夺走，变为碳负离子，形成苯偶姻。其机理如下（以下反应只写噻唑环的变化，其余部分相应用 R 和 R′ 表示）。

（a）在碱作用下，碳负离子和邻位带正电的氮形成稳定的两性离子——叶立德（Ylide）。

（b）噻唑环上的碳负离子与苯甲醛的羰基发生亲核加成，形成烯醇加合物，环上带正电荷的氮起到调节电荷的作用。

（c）烯醇加合物再与苯甲醛作用形成一个新的辅酶加合物

（d）辅酶加合物解离得到安息香，辅酶复原。

二苯羟乙酮（安息香）在有机合成中常用作中间体，可发生氧化反应生成 α-二酮。α-二酮亦可继续反应，发生重排反应，生成二苯羟乙酸。

$$\underset{\overset{\displaystyle OH}{Ph}}{\overset{\displaystyle}{\underset{O}{\parallel}}}Ph \xrightarrow{HNO_3} Ph\underset{O}{\overset{O}{\parallel\parallel}}Ph \xrightarrow{OH^-} \xrightarrow{H^+} \underset{\overset{\displaystyle OH}{Ph}}{\overset{\displaystyle}{Ph}}COOH$$

(1) 安息香的辅酶法合成

【实验试剂】

新蒸苯甲醛 10mL（0.098mol），维生素 B_1（盐酸硫胺素）1.8g，95％乙醇，10％氢氧化钠溶液。

【实验步骤】

在 100mL 锥形瓶中加入 1.8g 维生素 B_1，6mL 蒸馏水和 15mL 95％乙醇，用塞子塞上瓶口，放在冰盐浴中冷却。用一支试管取 5mL 10％NaOH 溶液，也放在冰浴中冷却。10min 后，用量筒取 10mL 新蒸的苯甲醛[1]。将冷透的 NaOH 溶液[2]加入冰浴中的锥形瓶中，并立即将苯甲醛加入锥形瓶，充分摇动使反应物混合均匀。然后装上回流冷凝管，加几粒沸石。放在温水浴中加热反应，水浴温度控制在 60～75℃之间，勿使反应物剧烈沸腾[3]。反应混合物逐渐呈橘黄色或橘红色均相溶液，维持 80～90min 后撤去水浴，让反应混合物逐渐冷到室温，此时浅黄色结晶[4]析出，再将锥形瓶放到冰浴中冷却令其结晶完全。如果反应混合物中出现油层，应重新加热使其变成均相，再慢慢冷却，重新结晶。如有必要可用玻璃棒磨擦锥形瓶内壁或投入晶种，加速结晶形成。

抽滤收集粗产物，用 50mL 冷水分两次洗涤固体。固体可用 95％乙醇重结晶[5]，如产物呈黄色，可用少许活性炭脱色，得产品约 4～5g，安息香纯品的 m.p. 为 134～136℃。

本实验约需 4h。

【注意事项】

1. 苯甲醛中不能含有苯甲酸，用前最好用 5％ $NaHCO_3$ 溶液洗涤，然后减压蒸馏，并避光保存。

2. 维生素 B_1 在酸性条件下是稳定的，但易吸水，在水溶液中易被空气氧化失效。光及铜、铁、锰等金属离子均可加速氧化。在氢氧化钠溶液中噻唑易开环。因此，反应前维生素 B_1 溶液及氢氧化钠溶液必须用冰水冷透。否则维生素 B_1 在碱性条件下会分解。这是本实验成败的关键。

$$\text{（结构式）} \xrightarrow{NaOH} \text{（结构式）}$$

3. 反应过程中，溶液在开始时不必沸腾，反应后期可适当升高温度至缓慢沸腾（80～90℃）。

4. 如没有晶体析出，加少量安息香晶体以助析出。

5. 安息香在热的 95％乙醇中的溶解度为 12～14g/mL。

(2) 二苯乙二酮的合成

【实验原理】

$$\underset{\overset{\displaystyle OH}{Ph}}{\overset{\displaystyle}{\underset{O}{\parallel}}}Ph \xrightarrow[NH_4NO_3]{Cu(OAc)_2} Ph\underset{O}{\overset{O}{\parallel\parallel}}Ph$$

【实验试剂】

安息香(自制)4.3g(0.020mol),硝酸铵 2g(0.025mol),冰醋酸 125mL,2％醋酸铜溶液,95％乙醇。

【实验步骤】

在 50mL 圆底烧瓶中加入 4.3g 安息香,12.5mL 冰醋酸,2g 粉状硝酸铵和 2.5mL 2％醋酸铜溶液[1~2],加入几粒沸石,装上回流冷凝管,缓慢加热并时加振摇。当反应物溶解后,开始放出氮气,继续回流 1.5h 使反应完全。将反应混合物冷至 50~60℃,在搅拌下倾入 20mL 冰水中,析出二苯乙二酮结晶。抽滤,用冷水充分洗涤,尽量压干,粗产物干燥后约重 3~3.5g,产物如足够纯净,可用于下步合成。若要得到纯品,可用 75％的乙醇重结晶,熔点为 94~96℃。

纯二苯乙二酮为黄色结晶,m. p.95℃。

本实验约需 4h。

【注意事项】

1. 安息香可用浓硝酸氧化成 α-二酮,但由于产生的二氧化氮对环境产生污染,因此,可采用一种温和的氧化剂——醋酸铜。反应中,安息香被氧化成 α-二酮,铜盐本身被还原成亚铜盐。产生的亚铜盐可被硝酸铵重新氧化生成铜盐,硝酸本身被还原为亚硝酸铵,后者在反应中分解为氮气和水。

2. 2％醋酸铜可用下述方法制备:溶解 25g 一水合硫酸铜于 100mL 10％醋酸水溶液中,充分搅拌后滤去碱性铜盐的沉淀。

(3) 二苯乙醇酸的合成

【实验原理】

【实验试剂】

二苯乙二酮(自制)2.5g(0.012mol),氢氧化钾 2.5g(0.045mol),95％乙醇,浓盐酸。

【实验步骤】

在 50mL 圆底烧瓶中,溶解 2.5g 氢氧化钾于 5mL 水中,然后加入 5mL 95％乙醇。混合均匀后,将 2.5g 二苯乙二酮加入其中并振荡,待固体全部溶解后,溶液呈深紫色。安装回流冷凝管,回流 15min。加热过程中可能有固体析出。冷却,冰水中放置 1h[1],充分析出固体。抽滤,用少量无水乙醇洗涤固体,得到白色二苯乙醇酸钾。

将上述酸的钾盐溶于 65mL 水中,若有不溶物可滤去。然后,用 3mL 浓盐酸与 20mL 水配成的溶液加入其中,即有白色结晶析出。静止冷却后,抽滤,固体用冷水洗几次。干燥后的粗产物约重 1.5~1.8g,熔点 147~148℃。

进一步纯化可用水重结晶[2],并加入少量活性炭脱色,得产品约 1.5g,纯二苯乙醇酸为无色晶体,m. p.148~149℃。

本实验约需 4h。

【注意事项】

1. 也可将反应物用表面皿盖住,放置到下一次实验,二苯乙醇酸钾将在此段时间内结晶。

2. 粗产物也可用苯重结晶,每克粗产品约需 6mL 苯;亦可用乙醇重结晶。

【思考题】

写出下列转变的机理：

(1)

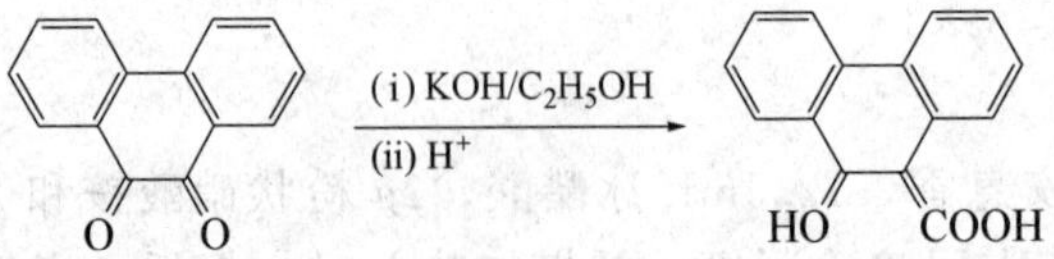

$$\xrightarrow[\text{(ii) } H^+]{\text{(i) KOH/C}_2\text{H}_5\text{OH}}$$

(2)

$$\text{Ph-C-C-Ph} \xrightarrow[\text{CH}_3\text{OH}]{\text{CH}_3\text{ONa}} \begin{array}{c} \text{Ph OH O} \\ \text{Ph-C-C-OCH}_3 \end{array}$$

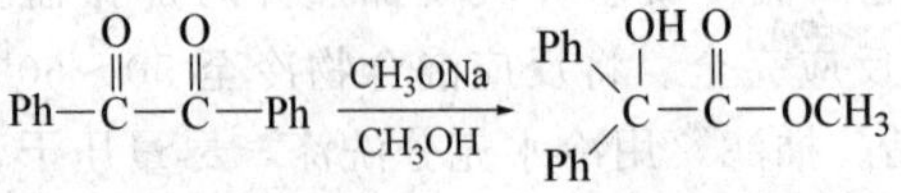

实验四十二　己内酰胺的制备

己内酰胺在液态下无色，在固态下为白色、片状，手触有润滑感，并有特殊的气味，具有吸湿性，易溶于水和苯等，受热起聚合反应，遇火能燃烧。

己内酰胺主要用于生产聚酰胺 6（尼龙 6）。聚酰胺 6 又可加工为民用丝，工业丝，工程塑料等。

【实验目的】

1. 掌握用环己醇的氧化反应制取环己酮的方法和原理；了解实验室制备环己酮肟的方法；并掌握实验室以贝克曼（Beckmann）反应制备己内酰胺的方法和原理，掌握环己酮肟发生贝克曼重排的历程。

2. 掌握高、低沸点蒸馏操作，掌握和巩固低温操作、干燥和减压蒸馏等基本操作。

【实验原理】

己内酰胺的合成先由环己醇氧化得到环己酮：

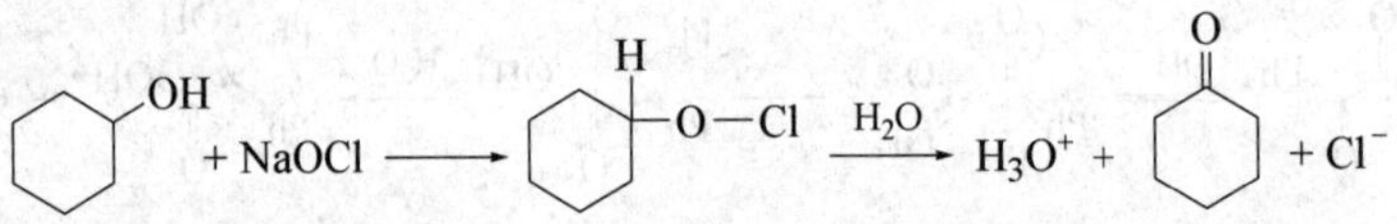

环己酮与羟胺反应生成环己酮肟。环己酮肟在酸（如硫酸、五氯化磷）作用下，发生贝克曼重排生成己内酰胺：

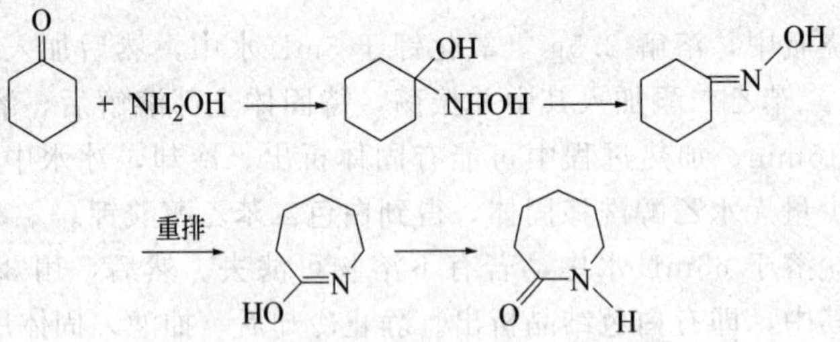

(1) 环己酮的制备

【实验试剂】

环己醇 10.4mL（0.100mol），次氯酸钠溶液（含量不小于 11%），乙酸，无水碳酸钠，饱和亚硫酸氢钠溶液，碳酸氢钠，氯化钠，淀粉-碘化钾试纸。

【实验步骤】

将 10.4mL 环己醇和 25mL 乙酸加入 250mL 三口烧瓶中，按图 3-3（c）连接实验装置，并在冷凝管上口接一装有粒状碳酸氢钠的干燥管[1]。在搅拌下滴加 11% 次氯酸钠溶液[2]，控制滴加速率使反应温度保持在 30～35℃，滴加约 75mL 后，反应混合物呈黄绿色，继续搅拌 5～6min 观察反应混合物是否不褪色，或用淀粉-碘化钾试纸检查[3]。如果反应混合物不再呈黄绿色，应继续滴加次氯酸钠溶液直至使淀粉-碘化钾试纸变为蓝色。然后再加入 5mL 使次氯酸钠溶液过量。在室温下继续搅拌 15min，后滴加饱和亚硫酸氢钠溶液（1～5mL）使反应混合物变为无色，此时淀粉-碘化钾试纸呈现原色。

把反应装置改为蒸馏装置，加入 60mL 水和几粒沸石，蒸馏收集 100℃ 以前的馏分（约 50mL）[4]，分批向馏出液中加入无水碳酸钠，直至无气体产生为止（约需无水碳酸钠 6.5～7g），再加入 10g 氯化钠，搅拌 15min，使溶液饱和。用分液漏斗分出环己酮放到 50mL 锥形瓶中，水层用 25mL 甲基叔丁基醚萃取，醚层与环己酮合并，用无水硫酸镁干燥。分出硫酸镁后，蒸馏回收甲基叔丁基醚，再收集 150～155℃ 馏分，即为产品环己酮。

【注意事项】

1. 碳酸氢钠可以吸收可能释放出的氯气。

2. 在通风橱中转移次氯酸钠溶液。

3. 用玻璃棒或滴管蘸少许反应混合物，点到淀粉-碘化钾试纸上，如果立即出现蓝色表明有过量的次氯酸钠存在（正结果）。

4. 环己酮-水共沸点 95℃，低于 100℃ 蒸馏出来的主要是环己酮、水和少量的乙酸。

【思考题】

1. 制备环己酮还有什么方法？

2. 除用固体碳酸氢钠吸收氯以外，还有什么办法可以吸收氯？

（2）环己酮肟的制备

【实验试剂】

环己酮 7.8mL（0.075mol），羟胺盐酸盐 7g（0.100mol），结晶乙酸钠 10g。

【实验步骤】

在 250mL 锥形瓶中，放入 50mL 水和 7g 羟胺盐酸盐，摇动使其溶解。分批加入 7.8mL 环己酮，摇动，使其溶解。在一烧杯中，把 10g 结晶乙酸钠溶于 20mL 水中，将此乙酸钠溶液滴加到上述溶液中，边加边摇动锥形瓶，即可得粉末状环己酮肟。为使反应进行完全，用橡皮塞塞紧瓶口，用力振荡约 5min。把锥形瓶放入冰水浴中冷却。粗产物在布氏漏斗上抽滤，用少量水洗涤，尽量挤出水分。取出滤饼，放在空气中晾干。产物可直接用作贝克曼重排实验。产量：7～8g。

纯环己酮肟为无色棱柱状晶体，m. p. 90℃。

【思考题】

1. 为什么在反应中要加入乙酸钠？

2. 为什么要把反应混合物先放到冰水浴中冷却后再过滤？

3. 粗产物抽滤后，用少量水洗涤除去的是什么杂质？用水量的多少对实验结果有什么影响？

（3）己内酰胺的制备

【实验试剂】

环己酮肟 10g（0.088mol），硫酸（85%）20mL，20% 氨水，二氯甲烷。

【实验步骤】

在 600mL 烧杯[1]中加入 10g 环己酮肟和 20mL 85％的硫酸，搅拌使其充分混合。在石棉网上用小火加热烧杯，当开始出现气泡时（约在 120℃），立即停止加热。此时发生强烈的放热反应[2]。待冷却后将此溶液转入到 250mL 装配有机械搅拌器、温度计和恒压滴液漏斗[3]的三口烧瓶中，用冰盐浴冷却，当液体温度下降到 0～5℃时，由滴液漏斗缓慢地滴加 20％氨水[4]，直至溶液对石蕊试纸呈碱性。

将反应物混合物过滤，滤液用二氯甲烷[5]萃取（20mL×5）。合并二氯甲烷萃取液，用 5mL 水洗涤，分去水层。在热水浴上蒸出二氯甲烷后，用油浴加热，减压蒸馏。为了防止己内酰胺在冷凝管内凝结，可将接收瓶与克氏蒸馏头直接相连。收集 137～140℃/1.6kPa（12mmHg）的馏分。产量约 5g。

己内酰胺为白色小叶状结晶。m. p. 69～71℃。

【注意事项】

1. 贝克曼重排反应放热剧烈，故用大烧杯以利散热。

2. 反应在几秒钟内即完成，形成棕色略稠液体。

3. 反应体系必须与大气相通。可以采取各种措施：在固定温度计的橡皮塞上刻一直的沟槽；用有平衡管的滴液漏斗；用两口连接管。

4. 氨水开始要缓慢滴加。中和反应温度控制在 10℃以下，避免在较高温度下己内酰胺发生水解。

5. 也可以用氯仿。

【思考题】

1. 为什么用冰盐浴冷却三口烧瓶使温度降至 0～5℃时才缓慢滴加氨水？

2. 加入氨水的目的是什么？

3. 为什么用二氯甲烷萃取滤液？

实验四十三   1,1-二苯基-1-丁烯-3-酮的合成

【实验目的】

1. 掌握用 Grignard 试剂与酯基进行加成反应生成叔醇的方法和原理；掌握活泼基团的保护与脱保护。

2. 巩固油水分离器、重结晶和减压蒸馏等基本操作。

【实验原理】

乙酰乙酸乙酯是典型的 β-酮酸酯，同时具有羰基、酯基和活泼亚甲基的反应特性，从而可转变为多种类型的化合物，在有机合成中经常使用，是重要的有机合成试剂。本实验首先采用乙二醇将乙酰乙酸乙酯中的酮羰基保护起来，再利用 Grignard 试剂与酯基进行加成反应生成叔醇，然后脱去保护基，再进行脱水反应，得到目标化合物。

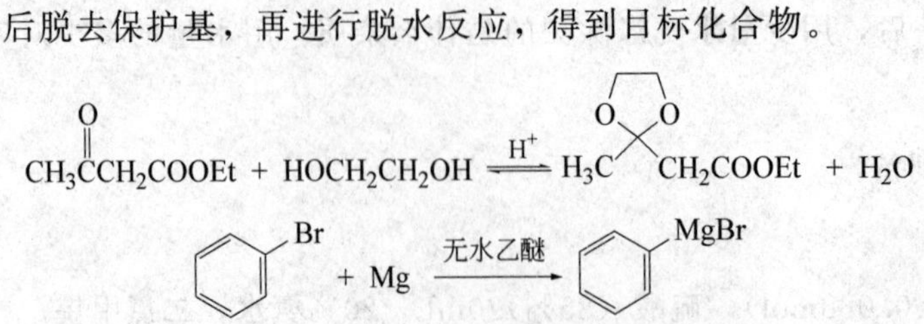

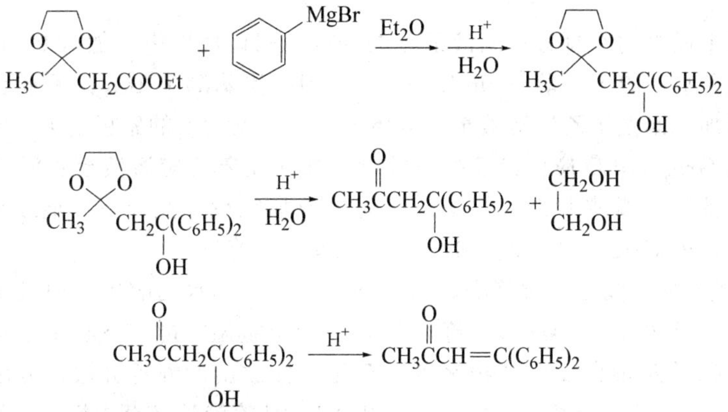

在酯基与 Grignard 试剂反应时，为使乙酰乙酸乙酯的酮羰基不受干扰，必须加以保护。可以看出，在有机合成中基团的保护非常必要。

(1) 乙酰乙酸乙酯乙二醇缩酮的制备

【实验试剂】

乙酰乙酸乙酯（新蒸）2.0mL（0.016mol），乙二醇 1.0mL（0.018mol），一水合对甲苯磺酸 0.15g，无水甲苯 60mL。

【实验步骤】

在 50mL 圆底烧瓶中加入 0.15g 一水合对甲苯磺酸，2.0mL（0.016mol）新蒸的乙酰乙酸乙酯，1.0mL 乙二醇和 20mL 无水甲苯。装上分水器和冷凝管，在分水器中加满无水甲苯，搅拌下加热回流 1h。随着反应的进行，反应生成的水随甲苯共沸蒸至油水分离器的分离管，其中的甲苯变浑浊，并逐渐有小水珠出现，沉积在分水器的下端，反应结束时可收集到大约 0.3mL 水，分水器中的甲苯仍呈浑浊状[1]。

将反应混合液冷至室温，先用 10mL 1mol·L^{-1} NaOH 水溶液洗涤，再用水洗涤（20mL×2），分出甲苯层并用约 5g 无水硫酸钠干燥。将干燥后的液体滤入 50mL 圆底烧瓶中，用水泵减压蒸馏除净甲苯，得浅黄色的乙酰乙酸乙酯乙二醇缩酮粗产品。粗产品一般可直接应用于下一步反应。必要时，可减压蒸馏进一步纯化，收集 110~116℃/3.332kPa 的馏分[2]。

本实验约需 4h。

【注意事项】

1. 制备缩酮的反应是可逆反应，利用共沸脱水的方法使平衡移动，以提高反应产率。

2. 缩酮的制备是关键性的第一步，其纯度直接关系到下面的反应。如果不经过提纯就用于下一步，就必须确保反应时间充足，保证原料尽可能转化为产物，同时，要求洗涤充分，以除去未反应的原料。

【思考题】

试设计一种能代替油水分离器的装置来完成分水实验。

(2) 1,1-二苯基-1-羟基-3-丁酮乙二醇缩酮的制备

【实验试剂】

乙酰乙酸乙酯乙二醇缩酮 2g（0.011mol），镁屑，碘，无水乙醚，溴苯 3.0mL（0.029mol），饱和 NH$_4$Cl 溶液。

【实验步骤】

在上口带有干燥管的冷凝管和滴液漏斗的 50mL 三口烧瓶中,加入 0.7g 镁屑、一小粒碘晶体和 14mL 无水乙醚[1]。将 3.0mL(0.029mol)溴苯溶于 14mL 无水乙醚放入滴液漏斗中。搅拌下滴加几滴溴苯乙醚溶液至反应体系中,片刻后碘的紫色消失,溶液由黄色变为乳白色时,说明 Grignard 反应已经发生。继续滴加入溴苯乙醚溶液至乙醚沸腾,控制滴加速率,保持反应液处于微沸状态。待溴苯乙醚溶液加完后,搅拌下、继续加热回流 0.5h,使镁屑基本消失,得 Grignard 试剂,此时反应液呈橙黄色[1]。

称取 2g 乙酰乙酸乙酯乙二醇缩酮,将其溶于 10mL 无水乙醚中,通过滴液漏斗滴入已制备的 Grignard 试剂中,滴毕继续回流 0.5h,冷却至室温。搅拌下在冷水浴中冷却,滴入 20mL 饱和 NH_4Cl 水溶液使反应产物水解,至无气体放出。静置分层,分出乙醚层,水层用乙醚萃取(20mL×2),合并乙醚层,用饱和 NH_4Cl 溶液洗涤至中性,再用无水硫酸钠干燥。水浴加热除去乙醚,瓶中残留的黄色油状物即为粗产品,用冰浴冷却并用玻璃棒摩擦瓶内壁使其结晶。1,1-二苯基-1-羟基-3-丁酮乙二醇缩酮的 m.p. 90~91℃。

本实验约需 6h。

【注意事项】

1. 水分对 Grignard 试剂的合成与反应影响很大,因此要求反应物、仪器等均需充分干燥。

(3) 1,1-二苯基-1-羟基-3-丁酮的制备

【实验试剂】

1,1-二苯基-1-羟基-3-丁酮乙二醇缩酮 1g(自制),丙酮,HCl(1mol/L),碳酸氢钠溶液(饱和),无水硫酸钠。

【实验步骤】

在 100mL 圆底烧瓶中加入 1g 重结晶后的 1,1-二苯基-1-羟基-3-丁酮乙二醇缩酮,40mL 丙酮和 20mL 1mol/L HCl 溶液,装上冷凝管,在搅拌下使反应混合物剧烈回流 0.5h。冷却后加入 20mL 饱和 $NaHCO_3$ 溶液,混合液用乙醚萃取(20mL×3),合并乙醚提取液,用饱和 $NaHCO_3$ 溶液和水各 20mL 洗涤,分出乙醚层,用无水硫酸钠干燥。将干燥后的溶液转移至 100mL 圆底烧瓶中,再水浴加热蒸净乙醚,得粗产品。粗产品用己烷重结晶,得白色针状晶体 1,1-二苯基-1-羟基-3-丁酮,m.p. 85~86℃。

本实验约需 6h。

(4) 1,1-二苯基-1-丁烯-3-酮的制备

【实验试剂】

1,1-二苯基-1-羟基-3-丁酮 0.35g(自制),盐酸(浓),碳酸氢钠溶液(饱和),丙酮,乙醚,无水硫酸钠。

【实验步骤】

称取 0.35g 1,1-二苯基-1-羟基-3-丁酮,将其置于 50mL 圆底烧瓶中,加入 1mL 浓盐酸、5mL 丙酮,装上回流冷凝管,在搅拌下加热回流 0.5h 后,冷却至室温,加入 10mL 水稀释,用乙醚萃取(10mL×2),乙醚提取液用饱和 $NaHCO_3$ 溶液和水各 5mL 洗涤,无水硫酸钠干燥,再水浴加热蒸除乙醚,得 1,1-二苯基-1-丁烯-3-酮粗产品。粗产品可采用柱色谱法纯化。

1,1-二苯基-1-丁烯-3-酮为低熔点固体,m.p. 34~36℃,b.p. 192~194℃/1.20kPa。

本实验约需 6h。

【思考题】

缩酮的水解和醇的脱水能否在同一容器中即采用"一锅法"完成?

实验四十四　α-苯乙胺的合成与拆分

【实验目的】

1. 学习和掌握利用鲁卡特（Leukart）法合成 α-苯乙胺的原理和方法。
2. 学习和掌握外消旋化合物的拆分方法。

【实验原理】

非手性条件下,用一般化学合成法合成手性混合物时,得到的都是外消旋体,例如,用鲁卡特法合成 α-苯乙胺生成的即为（±）-α-苯乙胺。可用酸性拆分试剂进行拆分,例如用（+）-酒石酸,可得到具有光活性的 α-苯乙胺。具有光学活性的（+）-酒石酸广泛存在于自然界,事实上,酿酒时所获得的一系列副产物中就有（+）-酒石酸。本实验通过（+）-酒石酸与外消旋（±）-α-苯乙胺反应形成非对映异构体的盐:（−）-α-苯乙胺-（+）-酒石酸盐和（+）-α-苯乙胺-（+）-酒石酸盐。前者在甲醇中的溶解度要比后者的小。因此,利用它们在溶解度上的差异可以让（−）-α-苯乙胺-（+）-酒石酸盐从溶液中先结晶析出,经纯化、碱化处理,即可得到（−）-α-苯乙胺。母液中所含的（+）-α-苯乙胺-（+）-酒石酸盐经过类似的处理,可获得另外一个对映体——（+）-α-苯乙胺。

合成:

$$C_6H_5\overset{O}{\overset{\|}{C}}CH_3 + 2HCO_2NH_4 \longrightarrow C_6H_5\overset{CH_3}{\overset{|}{C}}H—NHCHO + NH_3\uparrow + CO_2\uparrow + 2H_2O$$

$$C_6H_5\overset{CH_3}{\overset{|}{C}}H—NHCHO + HCl + H_2O \longrightarrow C_6H_5\overset{CH_3}{\overset{|}{C}}HNH_3^+Cl^- + HCOOH$$

$$C_6H_5\overset{CH_3}{\overset{|}{C}}HNH_3^+Cl^- + NaOH \longrightarrow C_6H_5\overset{CH_3}{\overset{|}{C}}HNH_2 + NaCl + H_2O$$
（±）-α-苯乙胺

拆分:

（±）-α-苯乙胺　　（+）-酒石酸

（−）-α-苯乙胺-（+）-酒石酸盐　　（−）-α-苯乙胺

（+）-α-苯乙胺-（+）-酒石酸盐　　（+）-α-苯乙胺

【实验试剂】

甲酸铵 22.2g（0.352mol），苯乙酮 12mL（0.103mol），30g（+）-酒石酸（0.200mol），甲醇，乙醚，50%氢氧化钠水溶液。

(1)（±）-α-苯乙胺的合成

【实验步骤】

装置：以 250mL 三口烧瓶作反应器，搭建一蒸馏装置，侧口装温度计，温度计插到液面下，尾气吸收。用电炉加热。

在 250mL 三口烧瓶中加入 22.2g 甲酸铵，12mL 苯乙酮及几粒沸石，缓慢加热至 150～155℃，混合物开始溶解同时有馏分馏出，并不断放出气泡（氨和二氧化碳），反应 1.5h，温度可达 185～190℃，停止加热，将馏分倒入分液漏斗中。分出有机层（苯乙酮），倒回反应瓶中，补加几粒沸石继续反应 1h，保持温度在 184～186℃。

反应结束后，冷却，将反应液倒入 250mL 分液漏斗中，用 10mL 水洗涤反应物，以除去甲酸铵，分出油层，水相用乙醚萃取（10mL×2），合并有机相。在有机相中加 20mL 浓盐酸及几粒沸石，蒸出乙醚，然后改装成回流装置，缓缓沸腾 40～50min，以分解 N-甲酰-α-苯乙胺。冷却，反应液用 10mL 乙醚提取以除去未反应的苯乙酮，将水解后的酸性水溶液移至简易水蒸气蒸馏装置中，加入事先准备好的冷的氢氧化钠溶液（10g 氢氧化钠溶于 15mL 水），进行水蒸气蒸馏，收集至馏出物为弱碱性为止。馏出液用乙醚萃取（10mL×3），合并萃取液，用固体氢氧化钠干燥。蒸出乙醚，（注意：蒸馏头磨口处涂上少许凡士林，防止黏结），收集 180～190℃的馏分，称重，计算产率。

(2)（±）-α-苯乙胺的拆分

在 500mL 圆底烧瓶中，置入 15.6g（+）-酒石酸、210mL 甲醇和两粒沸石，配置回流冷凝管，水浴加热使之溶解。用滴管从回流冷凝管上端向瓶中慢慢滴加 2.4mL（±）-α-苯乙胺，边滴加边振摇（滴加速率不宜快，否则易起泡），使之混合均匀。滴加完毕，冷却至室温，静置过夜，有颗粒状棱柱形晶体析出[1]。过滤，所得晶体用少量冷甲醇洗涤两次，置放在表面皿上晾干，即得（-）-α-苯乙胺-（+）-酒石酸盐。称重。

将上述所获（-）-α-苯乙胺-（+）-酒石酸盐溶入 4 倍量的水中，加入 3.6mL 14mol·L^{-1}氢氧化钠水溶解，充分振摇后溶液呈强碱性。用乙醚萃取（10mL×3），合并乙醚萃取液，用无水硫酸钠干燥，过滤，热水浴蒸除乙醚，收集 180～190℃的馏分或减压蒸馏收集 84～85℃/3.47kPa（26mmHg）馏分，即为（-）-α-苯乙胺，称重、计算产率。

纯（-）-α-苯乙胺的 b. p. 184～186℃，$[\alpha]_D^{20}=-39.3°$（CH$_3$OH）

将产品配成 10mL 甲醇溶液，测定旋光度 α 和比旋光度 $[\alpha]$，计算产品的光学纯度 ee%。

$$[\alpha]=\alpha/cl$$

式中，α 为样品的旋光度；c 为质量浓度，g/mL；l 为盛液管的长度，dm。

$$ee\%=\frac{[\alpha]_{测定}}{[\alpha]_{理论}}\times100\%$$

【注意事项】

1. 如果析出的晶体中夹杂有针状晶体，会导致产物的光学纯度下降。此时，可用热水浴对锥形瓶缓缓加热，并不时振摇，针状晶体因易溶解而逐渐消失。当溶液中只剩少量棱柱形晶体时（留作晶种），停止加热，再让溶液在室温下慢慢冷却结晶。

【思考题】

1. 本实验以苯乙酮与甲酸铵合成（±）-α-苯乙胺，甲酸铵在这里起什么作用，写出中间产物的结构。

2. 推测本反应的反应机理。

第8章 设计性实验

此环节在于使学生了解有机化学发展的前沿，锻炼和培养学生查阅文献及从前人研究的基础上提取所需知识的能力。进一步使学生将基础实验中所学的基本操作和原理相互贯穿，达到从独立设计、操作到表征系统、完整的训练目的。

对于给定的实验题目，学生不仅要了解国内外近 10 年相关的研究状况，而且还需了解相关的原理、方法及应用。同时根据实验要求进行具体实验方案的设计。

8.1 天然表面活性剂的合成及表面活性测定

目前，表面活性剂呈"绿色"发展趋势——由天然再生资源加工，对人体刺激小，易生物降解。以天然可再生资源为原料合成低毒或无毒及对环境友好的表面活性剂是当今表面活性剂发展的热点。天然有机物在自然界中来源广泛，含量丰富。由于其多数无刺激、毒副作用小、安全性高、易生物降解、配伍性能好，因此可作为新型表面活性剂的原料。同时，在医药、食品、化妆品及洗涤用品、日用品等方面也有广阔的应用前景。

实验举例：烷基糖苷的合成

在反应器中加入一定量的糖、十二醇、催化剂，然后缓慢升温至设定温度，并控制一定的反应压力。反应结束后加碱中和产物，趁热过滤，最后减压蒸馏去除过量的十二醇，即得粗产品。反应式如下：

$$n\ \text{糖} + C_{12}H_{25}OH \underset{}{\overset{H^+}{\rightleftharpoons}} \text{烷基糖苷} (OC_{12}H_{25})_n$$

实验设计要求：

查阅文献，了解表面活性剂的分类与作用机理。

参照实验举例，选择不同碳链的醇为底物设计合理的合成路线。

（1）合理的合成路线应含有以下几个方面：①根据反应原理选择合适的实验装置；②合适的原料物质的量配比；③反应温度、时间等主要参数；④合理的分离手段；⑤产物结构的分析和表征方法。

（2）提前列出实验所需药品、设备和玻璃仪器清单，供教师提前准备；对某些危险或特殊药品的使用和保管方法要提前预习，写在预习报告上；相关试剂的配制要查阅手册。

（3）预测实验过程中可能出现的问题，提出相应的处理方法；根据物质的性质，对产物的后处理方法做出判断。

（4）测定合成化合物的 HLB 值。

参考资料

[1] 曾平，谢维跃，蒋佑清 . N-酰基氨基酸型表面活性剂的合成与应用进展 [J]. 精细与专用化学品，

2008，16（24）：13-16.

[2] 刘军海. *N*-十二烷基-*β*-氨基丙酸型表面活性剂的合成方法及应用 [J]. 中国洗涤用品工业，2008，3：45-46.

[3] Chortyk O T，Pomonis J G，Johnson A W. Synthesis and characterization of insecticidal sucrose esters [J]. Journal of Agriculture Food Chemistry，1996，44：1551-1557.

[4] 冯练享，陈均志. 烷基糖苷表面活性剂的合成方法及其应用 [J]. 中国洗涤用品工业，2006，（2）：29-31.

[5] 邓金环，严挺，蔡再生. 绿色表面活性剂烷基多苷的合成研究 [J]. 印染助剂，2006，23（11）：22-23.

8.2　美拉德（Maillard）反应制备香味剂

美拉德反应又称褐变反应，是1912年法国化学家 Maillard 首次发现的，它广泛用于食品加工（如烘、烤、炒、炸、煮等）和长效食品的储存。食品在加热过程中，会发生氧化、脱羧、缩合和环化等构成的美拉德反应，因而可以产生具有特征的多种香味物质。这些香味物质被作为天然香料用于食品加工中。

查阅资料，合成牛肉味香味料、鸡肉味香味料、海鲜味香味料、坚果味香味料等。

实验举例：牛肉味香料味制备

将牛油、植物水解蛋白、半胱氨酸盐酸盐、盐酸维生素 B$_1$、丙氨酸、牛肉萃取物加入反应器后，加入一定量水，在 105℃，搅拌反应 4h，冷却至 70℃，分去水层，即为产物。

实验设计要求：

（1）参照实验举例，查阅相关参考文献，设计合理的合成路线。

（2）合理的合成路线应含有以下几个方面：①根据合成原理选择合适的实验装置；②原料的选择及合理的配比；③反应温度、时间等主要参数；④反应的酸碱性。

（3）提前列出所需药品、设备和玻璃仪器以备老师准备；对某些危险或特殊药品的使用、保管方法要提前预习，写在预习报告上；相关试剂的配制要查阅手册。

（4）明确了解影响反应成败的因素，如水量和酸碱度，在反应时，加以控制。

（5）能预测、处理实验过程中的问题。

参考资料

[1] 王德峰. 食用香味料制备与应用手册 [M]. 北京：中国轻工业出版社，1999.

[2] 刘国成，黄荣文，张加研. 松香胺和葡萄糖美拉德反应初步研究 [J]. 西南林学院学报，2009，29（4）：88-90.

8.3　非水介质中的酶催化合成反应

酶的高效率、专一性及温和的反应条件使酶在生物体的新陈代谢中发挥了巨大的作用。长期以来，人们认为水溶液是生物酶大分子体现催化活性的天然介质。1984年美国 Klibanov M. 首次发现酶在有机溶剂中具有极高的热稳定性和较高的催化活性，这是酶催化领域的重大突破的里程碑。酶在有机溶剂中不仅能保持其生物活性，更重要的是在有机溶剂中酶的底物专一性、立体选择性都在一定程度上发生了改变，这引起了合成化学家们的极大兴趣。

查阅近 10 年的文献，了解非水介质中酶催化的优点、可完成的各类化学反应，设计天然表面活性剂糖酯的合成。

实验举例：葡萄糖乙酯的合成

D-葡萄糖 3.96g（$C_6H_{12}O_6 \cdot H_2O$，20mmol）、乙酸乙烯酯 5.6g（80mmol）溶于 100mL 无水吡啶中，加入 1.0g 枯草杆菌碱性蛋白酶（10mg/mL），放入 50℃ 恒温振荡培养箱中反应 12h，转速 250r/min。反应过程用薄层色谱（TLC）跟踪监测，展开剂为乙酸乙酯：甲醇：水（$V:V:V=17:2:1$），碘显色。反应结束后，过滤除去酶，滤液经减压蒸馏除去溶剂吡啶后得粗品。粗品经正己烷洗涤多次，然后柱色谱分离得纯品，洗脱剂为乙酸乙酯：甲醇：水（$V:V:V=100:10:1$）。

实验设计要求：

（1）根据所给示例，结合文献，选择性设计合成单糖（葡萄糖、甘露糖、半乳糖）、双糖（蔗糖、麦芽糖）与不同链长（$C_{12} \sim C_{18}$）的脂肪酸酯的合成。

（2）合理的合成路线应含有以下几个方面：①根据合成原理选择合适的实验装置；②合理的原料物质的量配比；③反应温度、时间等主要参数；④酶的选择；⑤选择合理的分离手段；⑥产物结构的分析表征方法。

（3）考察酶在不同溶剂中催化反应的区域选择性，并确证产物在不同酶、溶剂下的结构。

（4）提前列出所需药品、设备和玻璃仪器清单，供教师提前准备；对酶的使用、保管方法要提前预习，写在预习报告上。

（5）预测实验中可能出现的问题，提出相应的处理方法。

参考资料

[1] Castillo E，Pezzotti F，Navarro A，et al. Lipase-catalyzed synthesis of xylitol monoesters：solvent engineering approach [J]. Journal of Biotechnology，2003，102（3）：251-259.

[2] Sin Y M，Cho K W，Lee T H. Synthesis of fructose esters by Pseudomonas sp. lipase in anhydrous pyridine [J]. Biotechnology Letter，1998，20（1）：91-94.

[3] D' Antona N，El-Idrissi M，Ittobane N，et al. Enzymatic procedures in the preparation of regioprotected D-fructose derivatives [J]. Carbohydrate Research，2005，340（2）：319-323.

8.4 离子液体的合成及在有机合成中的应用

离子液体（ionic liquids），又称室温离子液体。它是由有机阳离子和无机阴离子构成，在室温或近室温下呈液态的盐类。

阳离子主要有：烷基取代的咪唑阳离子，烷基取代的吡啶阳离子，烷基季铵盐阳离子，烷基季镎盐阳离子，烷基锍盐阳离子。其中，研究较多的是烷基取代的咪唑盐阳离子和烷基取代的吡啶盐阳离子。

阴离子主要有 $AlCl_4^-$，BF_4^-，PF_6^-，CF_3COO^-，$CF_3SO_3^-$ 和 SbF_6^- 等。

合成方法：

常用的是一步法：通过酸碱中和或季铵化反应一步合成离子液体，此操作简单，副产物少，产品易纯化。如 1-丁基-3-甲基咪唑的合成。

二步法：通过季铵化反应制备含目标阳离子的卤盐（阳离子 X 型离子液体），然后用目标阴离子 Y^- 置换出 X^- 得到目标产物，水洗后，用有机溶剂提取离子液体，最后真空脱去溶剂得到纯净的离子液体。

实验设计要求：

（1）查阅文献，了解离子液体不同于一般液体的特点、发展动态以及在有机合成、外消旋体拆分中的应用。

（2）根据文献，合成含咪唑基的离子液体。

（3）合理的合成路线应含有以下几个方面：①根据反应原理选择合适的实验装置；②合理的原料物质的量配比；③反应温度、时间等主要参数；④合理的分离手段；⑤产物结构的分析、表征方法，结构的确定。

（4）将合成的离子液体用于酯化反应，比较其与一般液体的不同。

（5）在用离子液体进行的有机反应中，要注意反应物的物质的量比、浓度、反应温度、反应时间等参数，并选择合适的分析方法（气相色谱、高压液相色谱等）。

参考资料

[1] Park S, Kazlauskas R J. Improved preparation and use of room-temperature ionic liquids in lipase-catalyzed enantio-and regioselective acylations [J]. Journal of Organic Chemistry, 2001, 66（25）：8395-8401.

[2] Lau R M, Van Rantwijk F, Seddon K R, et al. Lipase-catalyzed reactions in ionic liquids [J]. Organic Letter, 2000, 2（26）：4189-4192.

[3] Nara S J, Mohile S S, Harjani J R, et al. Influence of ionic liquids on the rates and regioselectivity of lipase-mediated biotransformations on 3,4,6-tri-O-acetyl-D-glucal [J]. Journal of Molecular Catalysis B: Enzymatic, 2004, 28（1）：39-43.

[4] 解从霞，雍靓，张春华. 酸功能化离子液体催化合成柠檬酸三乙酯 [J]. 精细石油化工，2008，25（4）：20-23.

8.5　超声辅助下的有机化学反应

超声波是一种能量较低的机械波。利用超声波的空化、局部产生瞬时高温（高达5000℃）、高压（50MPa）等作用，使反应体系破碎、分散、混合和乳化，大大增加了反应界面，加速化学反应，提高反应产率。

超声合成具有提高产率、缩短时间、简化操作等特点，是一种对环境友好的有价值的实验方法。

实验举例：超声辅助下维生素 C 与棕榈酸的酯化反应

将一定量的棕榈酸加入到浓硫酸中（硫酸与棕榈酸的质量比为 3：1～6：1），在超声条件下使其完全溶解后，再加入维生素 C（棕榈酸与维生素 C 的物质的量比为 1：1～1.5：1），在一定超声功率下，24～50℃反应一定时间。反应完毕后，将混合物倾入 80g 碎冰中，不断剧烈搅拌，再转移到分液漏斗中，用乙酸乙酯萃取。乙酸乙酯层用饱和食盐水洗涤五次后用无水硫酸钠干燥，通过蒸除溶剂后得到白色固体。此固体用石油醚洗涤三次，真空干燥后得到纯品。用碘量法测定产品的含量。

实验设计要求：

(1) 查阅相关文献，对超声辅助下的水解反应或酯化反应进行综述。

(2) 根据所给示例，查阅文献，设计超声辅助下的水解或酯化反应。

(3) 合理的合成路线应含有以下几个方面：①根据合成反应原理选择合适的实验装置；②合理的原料配比；③反应温度、时间等主要参数；④超声波参数的设定，如功率、频率等；⑤合理的分离手段；⑥确定产物结构的表征方法确定产物结构。

(4) 总结实验，撰写研究报告，要求有结果和相应的讨论分析。

参考资料

[1] Raj C P，N. Dhas A，Cherkinski M，et al. Sonochemical synthesis of norbornane derivatives using allene cyclopentadiene Diels-Alder cycloaddition [J]. Tetrahedron Letter，1998，39（30）：5413-5416.

[2] Li J T，Li T S，Li L J，et al. Synthesis of ethyl α-cyanocinnamates under ultrasound irradiation [J]. Ultrasonics Sonochemistry，1999，6（4）：199-201.

[3] 张守民，李鸿，郑修成等. 超声在有机反应中的应用 [J]. 有机化学，2002，22（9）：603-609.

[4] Wen B，Eli W J，Xue Q J，et al. Ultrasound accelerated esterification of palmitic acid with vitamin C [J]. Ultrasonics Sonochemistry，2007，14（2）：213-218.

8.6　天然杀虫剂水芹烯的合成

水芹烯存在于花椒等植物的挥发油中，对储粮常见害虫具有明显的杀灭和抑制作用，是国外常用的生物杀虫剂的重要的活性组分之一。其有 α、β 两种构型，其中 β-型具有较强的杀虫活性。β-型水芹烯合成路线因原料不同而异，一般最常见的是以 β-蒎烯为原料，与亚硫酸氢钠反应后再热解，得到合成所需产物。

β-水芹烯结构式

实验设计要求：

(1) 查阅相关文献，选择合理的反应条件合成 β-水芹烯。

(2) 合理的合成路线应含有以下几个方面：①根据反应原理选择合适的实验装置；②合适的原料配比；③反应温度、时间等主要参数；④合理的分离手段；⑤产物结构的分析和表征。

(3) 提前列出所需药品、设备和玻璃仪器的清单，供教师提前准备。

(4) 预测实验中出现的问题，提出相应的处理方法。

(5) 撰写相关研究报告，要求有结果和相应的讨论分析。

参考资料

[1] 焦燕，朱岳麟，冯利利. 水芹烯的来源与精细化学应用 [J]. 生物质化学工程，2008，42（3）：59-63.

[2] 任宇红，王宇晓. β-水芹烯的微波合成 [J]. 林产化工通讯，2002，36（1）：7-8.

[3] 卢奎，刘延奇. 天然杀虫剂 β-水芹烯的合成 [J]. 天然产物研究与开发. 1996，8（4）：28-32.

8.7　香料乙基香兰素的合成

乙基香兰素属广谱型香料，是当今世界上最重要的合成香料之一。其香气较香兰素浓，是香兰素的 3～4 倍，具有浓郁的香荚兰豆香气，且留香持久。广泛用于食品、巧克力、冰淇淋、饮料以及日用化妆品中起增香和定香作用，还可做饲料添加剂、制药行业的中间体等。乙基香兰素为白色至微黄色针状结晶或结晶性粉末。

生产乙基香兰素的原料较多，常用的是以乙基愈创木酚为原料的合成方法，如乙基愈创木酚-乌洛托品法、乙基愈创木酚-甲醛法、乙基愈创木酚-三氯乙醛法、乙基愈创木酚-氯仿法、乙基愈创木酚-乙醛酸法等。除一般化学法外，还有电解法合成乙基香兰素。

实验举例：乙醛酸法：

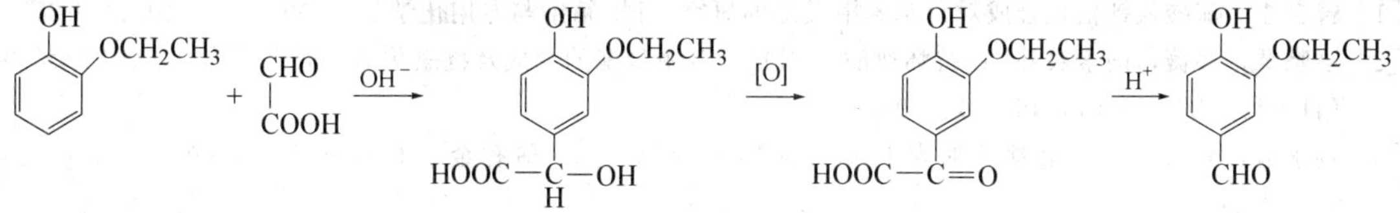

实验设计要求：

（1）查阅相关文献，总结研究现状。

（2）选择合理的反应路线合成目标产物。

（3）设计实验方案时，应该考虑合成的收率和三废问题。

（4）合理的合成路线应包含以下几个方面：①根据反应原理选择合适的实验装置；②合适的原料配比；③反应温度、时间等条件的控制；④选择合适的分离手段；⑤产物结构的表征。

（5）提前列出所需药品、设备和玻璃仪器清单，供教师提前准备。

（6）预测实验中可能出现的问题，提出相应的处理方法。

（7）撰写研究报告，要求有结果和相应的分析与讨论。

参考资料

[1] 张德善，项文彦，尹秀清等 . 乙基香兰素合成方法及研究新进展 [J]. 化工科技，2005，13（5）：59-62.

[2] 李英春，滕俊江 . 乙基香兰素的相转移催化合成 [J]. 应用化工，2004，33（1）：26-27.

[3] 其乐木格，丁绍民 . 用邻乙氧基苯酚电化学合成乙基香兰素的合成 [J]. 化学研究与应用，2001，13（3）：340-342.

8.8 防腐剂对羟基苯甲酸酯类的合成

对羟基苯甲酸酯是一类新一代高效低毒的食用性防腐剂，与常用的苯甲酸、山梨酸及其盐类相比，其抗菌能力强，pH 范围宽，使用量低。此产品使用安全、无异味、经济、方便，对人体刺激较小，已在食品、饮料、化妆品和医药等方面得到广泛应用。

实验举例：对羟基苯甲酸酯的合成路线：

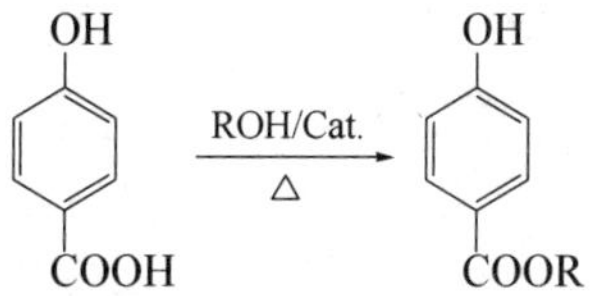

实验设计要求：

（1）查阅相关文献，综述对羟基苯甲酸酯的合成研究进展。

（2）选择合理的合成路线，合成目标产物（采用不同的醇得到相应的对羟基苯甲酸酯）。

（3）合理的合成路线应包含以下几个方面：①根据反应原理选择合适的实验装置；②合适的原料配比；③反应温度、时间等条件的控制；④选择合适的分离手段；⑤产物结构的表征方法和确证。

（4）考察不同催化剂对反应产率、反应时间的影响。

（5）对合成的对羟基苯甲酸酯进行结构确定。

（6）撰写研究报告，要求有结果和相应的分析与讨论。

参考资料

［1］曾育才. 硫酸氢钾催化合成对羟基苯甲酸酯的研究［J］. 精细与专用化学品，2008，16（10）：24-25.

［2］巫晓琴，乔薇，闫素君等. L-抗坏血酸-6-对羟基苯甲酸酯的合成及抗氧化活性研究［J］. 中山大学学报（自然科学版），2007，46（4）：59-62.

［3］杨水金，梁永光，孙聚堂. 对羟基苯甲酸酯的合成［J］. 稀有金属材料与工程，2003，32（12）：1033-1036.

第9章 有机化合物的定性鉴定

有机化合物的结构鉴定是有机化学研究的重要内容之一，也是每个化学工作者都会遇到的问题，而以波谱技术为代表的现代分析手段的发展使这一工作变得方便、快捷、精确。化学鉴定有定性分析和定量分析之分，前者是指确定化合物的物理常数、化学性质、元素及官能团的种类等；而后者是指确定有机化合物的分子量、分子式、各元素含量、各官能团的数目等。最后将各种结果综合起来推断出化合物的结构。

有机化合物的鉴定一般分为三种情况：

① 化合物的结构完全未知。例如，从天然产物中分离出来的全新化合物，无任何文献报道。这种情况需要做全面细致的定性和定量分析之后才能确定其结构。

② 已知或可以推断出某些结构信息的化合物。例如，某些合成实验的产物，虽无文献报道，属于全新的，但却可以从合成方法中推断出一些有用的信息，这样可以省去一些鉴定的步骤。

③ 已知化合物。按照经典反应合成出来的化合物，已有文献报道，其物理常数，化学性质及结构都是已知的。一般这类化合物只需要测定两三项物理常数与文献报道相一致，即可确定其结构。

9.1 化合物鉴定的一般步骤

有机化合物的鉴定没有固定的模式，实验者一般是根据已掌握的信息，结合自己的知识和经验确定实验方案的。一般步骤如下：

① 初步观察：包括物质形态、颜色、气味等，以粗略判断待鉴定化合物样品的种类。

② 灼烧实验：将约 0.2g 样品置于瓷坩埚上，用小火慢慢加热，待开始燃烧后移开火焰，观察燃烧现象。看样品是否熔融，是否升华或炭化；看样品是否燃烧，颜色如何，通过颜色可初步判断该化合物含有某类官能团。

③ 溶解度试验：溶解度试验有助于粗略判断化合物的类别，缩小试验的范围。

④ 物理常数的测定：对于文献已经报道的化合物，只需要测定几项物理常数，与文献相符，即可确定其结构。一般包括：熔点、沸点、折射率、比旋光度、密度、溶解度等。

化合物的定性鉴定除了上述的初步观察、灼烧试验、溶解度试验及物理常数测定外，还需要做元素定性鉴定和官能团的定性鉴定，最后再通过现代分析手段确定结构。由于有机化合物的定性鉴定内容较多，本章仅重点介绍官能团的定性鉴定。

9.2 官能团的定性鉴定

官能团的定性鉴定是利用有机化合物中各种官能团的不同特性，或与某些试剂反应产生的特殊现象。如颜色变化、析出沉淀、溶液分层等来判断样品中是否存在某些可预知的官能团。官能团的定性鉴定有反应快、操作简单的特点，可迅速提供待鉴定化合物的相关结构信息，是一种常用的方法。有机化合物分子在化学反应中直接发生变化的部分大多局限于官能团上，该类化合物的化学性质往往取决于官能团的特性，因此官能团的定性鉴定实验也常称为化合物的性质实验。

9.2.1 烷烃、烯烃、炔烃的性质鉴定

实验样品：2,3-二甲基-2-丁烯、环已烯、液体石蜡、苯、甲苯、苯乙炔

(1) 与溴的加成实验

取洁净干燥试管 2 支，分别加入液体石蜡、2,3-二甲基-2-丁烯 3 滴，再加入含 2.0%溴的四氯化碳溶液 2 滴，振荡后静置，观察、记录并解释实验现象。如无现象，放在日光下照射 10～15min 再观察。

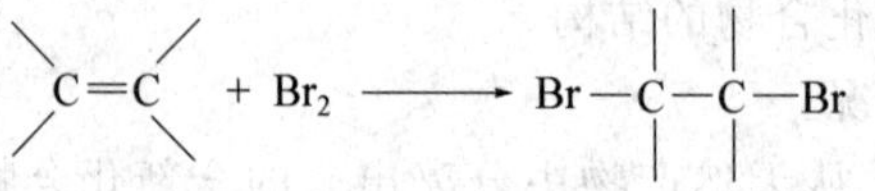

相关反应：

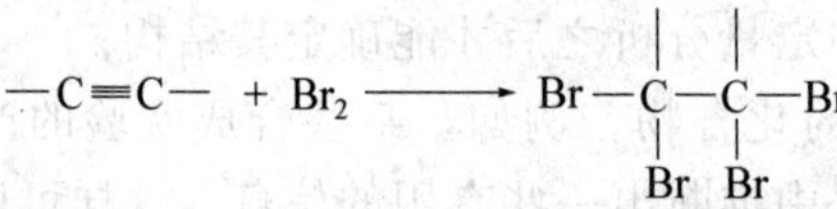

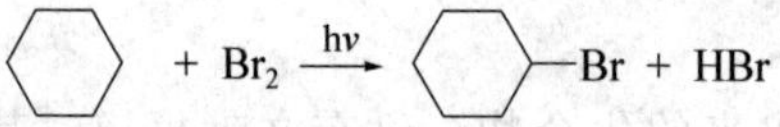

(2) 高锰酸钾氧化实验

取洁净试管 2 支，分别加入液体石蜡和 2,3-二甲基-2-丁烯 2 滴，再各加入 0.5%的酸性高锰酸钾 3 滴，振荡，观察、记录并解释实验现象。

取洁净试管 2 支，分别加入苯和甲苯各 1.0mL，再各加酸性高锰酸钾 2 滴，振荡，观察、记录并解释实验现象。

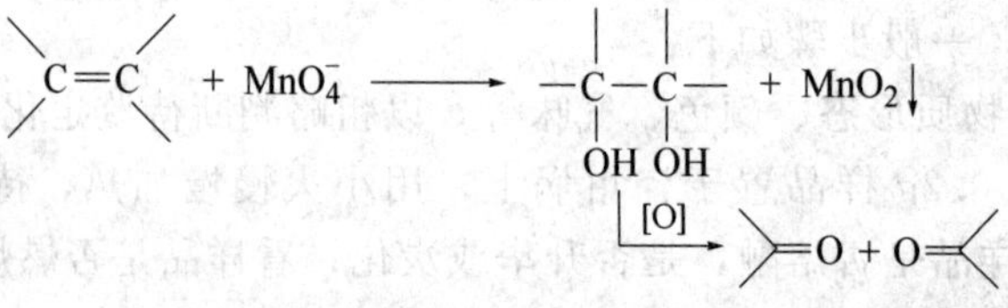

相关反应：$R-C\equiv C-R' + MnO_4^- \longrightarrow R-COO^- + R'-COO^- + MnO_2\downarrow$

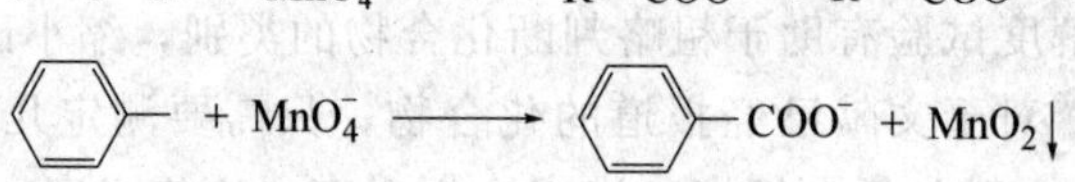

(3) 银氨溶液实验

将 2mL 2.0%硝酸银水溶液和 1 滴 10%氢氧化钠溶液加入到干净试管中（有灰色沉淀产生），然后滴加 1.0mol·L^{-1}的氨水至沉淀刚好完全溶解。将 2 滴试样（末端炔烃）加入此溶液中，观察、记录并解释实验现象。

相关反应：$R-C\equiv CH + Ag(NH_3)_2^+ NO_3^- \longrightarrow R-C\equiv CAg\downarrow$

(4) 铜氨溶液实验

末端炔烃含有较一般烷烃活泼的氢，可与铜氨溶液反应生成炔化铜沉淀。据此可鉴别末端炔烃类化合物。

将 2mL 水和 0.05g 氯化亚铜固体加入到一个干净试管中，然后滴加 $2.0mol \cdot L^{-1}$ 的氨水至沉淀刚好完全溶解。将 2 滴末端炔烃样品加入此溶液中，观察反应现象，记录实验结果并解释实验现象。

相关反应：
$$RC\equiv CH + Cu(NH_3)_2^+ Cl^- \longrightarrow RC\equiv CCu\downarrow$$

9.2.2　卤代烃的鉴定

(1) 硝酸银实验

实验样品：正氯丁烷、仲氯丁烷、叔氯丁烷、正溴丁烷、溴苯、苄基溴。

在小试管中加入 5.0% 硝酸银溶液 1mL，再加入 2 滴试样（固体试样配成乙醇溶液），振荡，观察有无沉淀生成。如立即生成沉淀，则试样可能为苄基卤、烯丙基卤或叔卤代烃。如无沉淀生成，可加热煮沸片刻再观察，若产生沉淀，则加入 1 滴 5.0% 硝酸并振荡，沉淀不溶者，试样可能为伯或仲卤代烃；若仍不能生成沉淀，则试样可能为乙烯基卤或卤代芳烃。

相关反应：
$$RX + AgNO_3 \longrightarrow RONO_2 + AgX\downarrow$$

实验原理及可能的干扰：本实验的反应为 S_N1 反应，氯代烃的活泼性取决于烃基结构。最活泼的卤代烃是那些在溶液中能形成稳定的碳正离子和带有良好离去基团的化合物。当烃基不同时，活泼性次序如下：

$$\langle\text{benzene}\rangle\text{-CH}_2X \approx \rangle\text{=}\langle_{CH_2X} \lesseqgtr R_3CX > R_2CHX > RCH_2X > CH_3X \gg \rangle\text{=}\langle_X \approx \langle\text{benzene}\rangle\text{-X}$$

故苄基卤、烯丙基卤和叔卤代烃不需加热即可迅速反应；伯及仲卤代烃需经加热才能反应；乙烯基卤代烃和卤代芳烃即使加热也不反应。

当烃基相同而卤素不同时，活泼性次序为：$RI > RBr > RCl > RF$。

氢卤酸的铵盐、酰氯也可与硝酸银溶液反应立即生成沉淀，可能干扰本实验。羧酸也能与硝酸银反应，但羧酸银沉淀溶于稀硝酸，不致形成干扰。

(2) 碘化钠溶液实验

往试管中加入 15% 碘化钠丙酮溶液，加入 4 滴试样并记下加入试样的时间，振荡后观察并记录生成沉淀的时间。若在 3min 内生成沉淀，则试样可能为伯卤代烃。如 5min 内仍无沉淀生成，可在 50℃ 水浴中温热 5min（注意浴温勿超过 50℃），移离水浴，观察并记录可能的现象变化。若生成沉淀，则样品可能为仲或叔卤代烃；若仍无沉淀生成，可能为卤代芳烃、乙烯基卤。

相关反应：
$$RCl + NaI \longrightarrow NaCl\downarrow + RI$$
$$RBr + NaI \longrightarrow NaBr\downarrow + RI$$

实验原理：碘化钠溶于丙酮，形成的碘负离子是良好的亲核试剂。在实验条件下，碘离子取代试样中的氯或溴是按 S_N2 历程进行的，反应的速率是 $RCH_2X > R_2CHX > R_3CX$，而卤代芳烃或乙烯基氯则不发生取代反应。生成的氯化钠或溴化钠不溶于极性较小的丙酮，因而成为沉淀析出，从析出沉淀的速率可以粗略推测试样的烃基结构。

9.2.3　醇的鉴定

(1) 卢卡斯试剂（Lucas 试剂）

实验样品：正丁醇、仲丁醇、叔丁醇、正戊醇、仲戊醇、叔戊醇、苄基醇。

Lucas 试剂的配制：将无水氯化锌在蒸发皿中加强热熔融，稍冷后放进干燥器中冷至室温，取出捣碎，称取 10g 溶于 7mL 浓盐酸（$d=1.187$）。配制过程需搅拌，并把容器放在冰水浴中冷却，以防 HCl 大量挥发。

伯、仲叔醇的鉴定：在小试管中加入 3 滴样品及 2mL Lucas 试剂，塞住管口振荡后仔细观察。若立即出现浑浊或分层，则样品可能是苄基醇、烯丙基醇或叔醇；若静置后仍不见浑浊，则放在温水浴中温热 5min，振荡后再观察，出现浑浊并出现分层者为仲醇，不发生反应者为伯醇。

相关反应：
$$ROH + HCl \xrightarrow{ZnCl_2} RCl + H_2O$$

实验原理与局限：醇的羟基被氯离子取代，生成的氯代烃不溶于水而产生浑浊。反应的速率取决于烃基结构。苄基型醇、烯丙型醇和叔醇立即反应；仲醇需温热才能反应；伯醇在实验条件下无明显反应。氯化锌的作用是与醇形成盐以促使 C—O 键的断裂。多于 6 个碳原子的醇不溶于水，故不能用此法鉴定。甲醇、乙醇所生成的氯代烃有较大挥发性，故亦不适于此法。该实验的关键在于尽可能保持盐酸的浓度。为此，所用器具都需干燥，配制试剂时用冰水浴冷却，加热反应时温度不宜过高，以防止 HCl 大量逸出。

（2）乙酰氯实验

实验样品：乙醇、丙醇、异戊醇。

取无水的醇样品 0.5mL 于干燥试管中，逐渐加入 0.5mL 乙酰氯，振荡，注意是否发热。向管口吹气，观察有无 HCl 的白雾逸出。静置 2～3min 后加入 5mL 水，再加入碳酸氢钠粉末使呈中性，如有酯的香味，说明样品为低级醇。

相关反应：
$$CH_3COCl + ROH \longrightarrow CH_3COOR + HCl\uparrow$$

实验原理与局限：乙酰氯直接作用无水乙醇，发热并生成酯。低级醇的乙酸酯有特殊水果味，易检出。高级醇的乙酸酯香味很淡或无香味，不易检出。

（3）硝酸铈铵实验

实验样品：乙醇、丙醇、异丙醇、正丁醇。

不超过 10 个碳的醇能与硝酸铈铵反应，形成的络合物显红色或橙红色。根据反应中的颜色变化可以鉴别小分子醇类化合物。

在一个干净试管中，将 2 滴样品溶于 2mL 水中（不溶于水的样品加 1mL 醋酸或二氧六环），再加入 1mL 硝酸铈铵溶液，用力振摇试管。观察反应体系的颜色变化，记录实验现象。

相关反应：
$$(NH_4)_2Ce(NO_3)_6 + R_2CHOH \longrightarrow (NH_4)_2Ce(OCHR_2)(NO_3)_5 + HNO_3$$
$$\text{红色}$$

9.2.4　酚的鉴定

（1）酚的弱酸性

实验样品：苯酚、间苯二酚、对苯二酚、邻硝基苯酚。

取 0.2g 样品于洁净试管中，逐渐加水振荡至全溶，用 pH 试纸检验水溶液的弱酸性。若不溶于水，可逐滴加入 5% 氢氧化钠溶液至全溶，再滴加 5% 盐酸溶液使其析出。

相关反应（以苯酚为例）：

$$\text{OH} + \text{NaOH} \longrightarrow \text{ONa} \xrightarrow{\text{HCl}} \text{OH} + \text{NaCl}$$

实验原理：酚类化合物具有弱酸性，与强碱作用生成酚盐而溶于水，酸化后酚重新游离出来。

(2) 三氯化铁实验

在洁净试管中加入 1.0 mL 1% 的样品水溶液或稀乙醇溶液，再加入 2 滴 1% 的三氯化铁水溶液，观察各种酚所表现的颜色。

相关反应（以苯酚为例）：

$$6\,\text{OH} + \text{FeCl}_3 \longrightarrow 3\text{HCl} + [\text{Fe}(\text{OC}_6\text{H}_5)_6]^{3-} + 3\text{H}^+$$

实验原理：酚类与 Fe^{3+} 络合，生成的络合物电离度很大而显现出颜色。不同的酚，其络合物的颜色大多不同，常见者为红、蓝、紫、绿等色。间羟基苯甲酸、对羟基苯甲酸、大多数硝基苯酚类无此颜色反应。α-萘酚、β-萘酚及其他一些在水中溶解度太小的酚，其水溶液的颜色反应不灵敏或不能反应，必须使用乙醇溶液才可观察到颜色反应。有烯醇结构的化合物也可与三氯化铁发生颜色反应，反应后颜色多为紫红色。

(3) 溴水实验

在一干燥试管中加入 1 mL 四氯化碳和几滴样品，待样品溶解后，边摇动边滴加 5% 溴的四氯化碳溶液，观察反应情况，记录实验现象。

相关反应：

$$\text{OH} + 3\text{Br}_2 \longrightarrow \text{Br}\underset{\text{Br}}{\overset{\text{Br}}{\text{OH}}}\downarrow + 3\text{HBr}$$

9.2.5 醛和酮的鉴定

(1) 2,4-二硝基苯肼实验

实验样品：乙醛水溶液，丙酮，苯乙酮。

2,4-二硝基苯肼试剂的配制：取 2,4-二硝基苯肼 1g，加入 7mL 浓盐酸，溶解后，将此溶液倒入 75mL 95% 乙醇中，用水稀释至 250mL，必要时过滤备用。

取 2,4-二硝基苯肼试剂 2mL 放入试管中，加入 3 滴试样，振荡，静置片刻，若无沉淀生成，可微热 1min 后再振荡，冷后有橙黄色或橙红色沉淀生成，表明样品是羰基化合物。

相关反应：

$$\underset{R}{\overset{R}{{>}}}\text{C=O} + \text{H}_2\text{NHN}\!-\!\!\!\!\underset{\text{O}_2\text{N}}{\overset{}{\bigcirc}}\!\!\!-\!\text{NO}_2 \longrightarrow \underset{R}{\overset{R}{{>}}}\text{C=NHN}\!-\!\!\!\!\underset{\text{O}_2\text{N}}{\overset{}{\bigcirc}}\!\!\!-\!\text{NO}_2$$

(2) 碘仿实验

实验样品：乙醛水溶液，正丁醛，丙酮，乙醇

在试管中加入 1mL 水和 3 滴试样（不溶或难溶于水的试样），可加入几滴二氧六环使之溶解，再加入 1mL 10% 氢氧化钠溶液，然后滴加碘-碘化钾溶液至溶液呈浅黄色，振荡后析

出黄色沉淀为正性试验。若不析出沉淀，可用温水浴微热，若溶液变成无色，继续滴加 2 滴碘-碘化钾溶液，观察结果。

碘-碘化钾溶液的配制：溶解 4g 碘和 10g 碘化钾于 50mL 水中。

相关反应：
$$RCOCH_3 \xrightarrow{I_2,\ NaOH} RCOONa + CHI_3 \downarrow$$

实验原理及局限：甲基酮与次碘酸钠反应会生成碘仿，因此，该反应称为碘仿反应，碘仿是一个不溶于 NaOH 溶液的黄色沉淀物，可根据此实验现象判断反应是否发生。但是碘仿反应只能鉴别甲基酮类化合物。

(3) 土伦试剂（Tollens 试剂）

实验样品：乙醛水溶液、丙酮、苯甲醛、苯乙酮

土伦试剂是银氨离子 $Ag(NH_3)_2^+$（硝酸银的氨水溶液），它与醛反应时，醛被氧化成酸，银离子被还原成单质银，附着在试管壁上形成银镜，因此称该反应为银镜反应。土伦试剂与酮不发生上述反应，所以该实验可区别醛和酮。

将 2mL 5％的硝酸银溶液和 2 滴 10％的氢氧化钠溶液加入一个干净试管中，然后边摇动边逐滴加 5％的氢氧化铵溶液直到生成的氧化银沉淀恰好完全溶解为止。在试管中加入几滴样品（不溶于水的样品先用少量乙醇溶解），在室温放置片刻，若无银镜出现，需在沸水浴中温热几分钟观察银镜是否生成。记录实验结果。

相关反应：
$$RCHO + 2Ag(NH_3)_2^+ OH^- \longrightarrow RCOONH_4 + 3NH_3 + H_2O + 2Ag \downarrow$$

(4) 菲林试剂（Fehling 试剂）

实验样品：乙醛水溶液、丙酮、苯甲醛、苯乙酮

菲林试剂是由硫酸铜溶液和含碱的酒石酸盐溶液等量混合配制而成的。混合时硫酸铜的铜离子和碱性酒石酸钾钠形成一个深蓝色铜络离子溶液。与醛反应时 Cu^{2+} 络离子被还原成为红色的氧化亚铜，从溶液中沉淀出来，蓝色消失，而醛被氧化成酸。

菲林试剂氧化脂肪醛的速率较快，但不与芳香醛和简单酮反应。α-羟基酮，α-酮、醛可被还原。

利用实验中的颜色变化，及利用醛和酮、脂肪醛和芳香醛氧化性能的区别，可以很快地鉴别脂肪醛和酮及脂肪醛和芳香醛。

相关反应：
$$RCHO + Cu^{2+} + NaOH \longrightarrow RCOONa + Cu_2O \downarrow$$

9.2.6 胺的鉴定

(1) 兴斯堡实验（Hinsberg 实验）

实验样品：苯胺，N-甲基苯胺，N,N-二甲基苯胺

取 3 支试管，配好塞子，在试管中分别加入 1mL 液体样品、2.5mL 10％氢氧化钠溶液和 1mL 苯磺酰氯，塞好塞子，用力摇振 3～4min。手触试管底部，哪支试管发热，为什么？取下塞子，振摇下在水浴中温热 1min，冷却后用 pH 试纸检验 3 支试管内的溶液是否呈碱性，若不呈碱性，可再加几滴氢氧化钠溶液。观察下述三种情况并判断试管内是哪一级胺。

① 如有沉淀或油状物析出，加入浓碱并振摇后沉淀溶解，表明为伯胺。

② 如有沉淀或油状物析出，加入盐酸溶液或浓碱沉淀都不溶解，表明为仲胺。

③ 试验时无反应发生，溶液仍有油状物，表明为叔胺。

相关反应：

$$1° 胺 + 磺酰氯 \longrightarrow 沉淀 \underset{H^+}{\overset{NaOH}{\rightleftharpoons}} 沉淀溶解$$

N-苯基-对甲苯磺酰胺
在碱中溶解

$$2° 胺 + 磺酰氯 \longrightarrow 沉淀（既不溶于酸，又不溶于碱）$$

N,*N*-二乙基-对甲苯磺酰胺
不溶于碱，亦不溶于酸

$$3° 胺 + 磺酰氯 \longrightarrow 3° 胺油状物$$

（2）亚硝酸实验

实验样品：苯胺，*N*-甲基苯胺，丁胺

在一支大试管中加入 3 滴（0.1mL）试样和 2mL 30％硫酸溶液，混匀后在冰盐浴中冷却至 5℃以下。另取 2 支试管，分别加入 2mL 10％亚硝酸钠水溶液和 2mL 10％氢氧化钠溶液，并在氢氧化钠溶液中加入 0.1g β-萘酚，混匀后也置于冰盐浴中冷却。

将冷却后的亚硝酸钠溶液在振荡下加入冷的胺溶液并观察现象，在 5℃或低于 5℃时大量冒出气泡表明为脂肪族伯胺，形成黄色油状液或固体通常为仲胺。

在 5℃时无气泡或仅有极少量气泡冒出，取出一半溶液，让温度升至室温或在水浴中温热，注意有无气泡（氮气）冒出，向剩下的一半溶液中滴加 β-萘酚碱溶液振荡后如有红色偶氮染料沉淀析出，则表明未知物肯定为芳香族伯胺。

相关反应：

$$1°胺 \quad RNH_2 \xrightarrow[0\sim5℃]{NaNO_2,HCl} R—\overset{+}{N}\equiv NCl^- \xrightarrow{-N_2} R^+ \longrightarrow 醇、烯、卤代烃的混合物$$

$$2°胺 \quad R_2NH \xrightarrow{NaNO_2,HCl} R_2N—N=O \quad 黄色油状物或固体$$

9.2.7 羧酸的鉴定

（1）溶解度和酸性实验

实验样品：乙酸，苯甲酸

水溶性酸可用 pH 试纸直接测量水溶液的 pH 值。非水溶液的羧酸可将试样溶于少量乙醇或甲醇，然后滴加水使溶液恰至变浊，再加入 2 滴醇使溶液变清，用 pH 试纸测量溶液的酸性。

取少量试样溶于 5％的碳酸氢钠溶液，观察现象。如化合物为羧酸，溶液中将产生二氧化碳气泡。

（2）酸值测定

准确称量约 0.2g 酸于 125mL 锥形瓶中，用含有少量乙醇或醇的 50mL 水溶液溶解，必要时可加以温热。然后用标准氢氧化钠溶液（浓度约为 0.1mol·L^{-1}）滴定，用酚酞作指示剂。计算酸值可以得到分子量的信息。

9.2.8　酯的鉴定（氧肟酸铁实验）

实验样品：乙酸乙酯，苯甲酸乙酯

氧肟酸铁实验是指酯首先与羟胺作用形成羟肟酸，后者与三氯化铁在弱酸性溶液中络合形成洋红色的可溶性氧肟酸铁。

在开始前必须先进行初步实验，以确定待试样品中有无与三氯化铁起颜色反应的官能团，如有，则不能用此实验鉴别。

将 2 滴液体未知物或几粒未知物晶体溶于 1mL 95％乙醇，加入 1mL 1mol/L 的盐酸及 2 滴 5％三氯化铁溶液，溶液应是黄色，如有橙、红、蓝、紫等颜色出现，不能进行氧肟酸铁实验。

如待试样品不显示烯醇特征，按下述方法进行。在试管中混合 1mL 0.5mol/L 盐酸羟胺的乙醇溶液，0.2mL 6mol/L 氢氧化钠溶液和 2 滴液体样品或 0.05g 固体酯。将溶液煮沸，稍冷后加入 2mL 1mol/L 的盐酸，如溶液浑浊，加入约 2mL 乙醇使其变清。然后加入 1 滴 5％三氯化铁溶液。如果产生的颜色很快褪去，继续滴加三氯化铁溶液直至溶液不变色为止。深的洋红色表示正性试验。

相关反应：

$$R-\overset{\overset{\displaystyle O}{\|}}{C}-OR' + NH_2OH \longrightarrow R-\overset{\overset{\displaystyle O}{\|}}{C}-NHOH + R'OH$$

羟肟酸

$$3R-\overset{\overset{\displaystyle O}{\|}}{C}-NHOH + FeCl_3 \longrightarrow \left[R-\overset{O}{C}\overset{}{\underset{NH-O}{}}\right]_3 Fe + 3HCl$$

羟肟酸铁（洋红色）

9.2.9　糖的鉴定

（1）α-萘酚实验（Molish 实验）

实验样品：葡萄糖，果糖，蔗糖，麦芽糖

在试管中加入 0.5mL 5％糖水溶液，滴入 2 滴 10％ α-萘酚的乙醇溶液，混合均匀后把试管倾斜，沿管壁慢慢加入 1mL 浓硫酸（勿摇动），硫酸在下层，试液在上层，若两层交界处出现紫色环，表示溶液含有糖类化合物。

实验原理：糖在浓硫酸或浓盐酸作用下脱水形成的糠醛及其衍生物与 α-萘酚作用形成紫红色复合物，在糖溶液和浓硫酸的液面间形成紫环，因此又称紫环反应。自由存在和结合存在的糖均呈正性反应。此外，各种糠醛衍生物、葡萄糖醛酸以及丙酮、甲酸和乳酸均呈颜色近似的正性反应。因此，负性反应证明没有糖类物质的存在；而正性反应则说明有糖存在的可能性，需要进一步通过其他糖的定性试验才能确定有糖的存在。

相关反应：

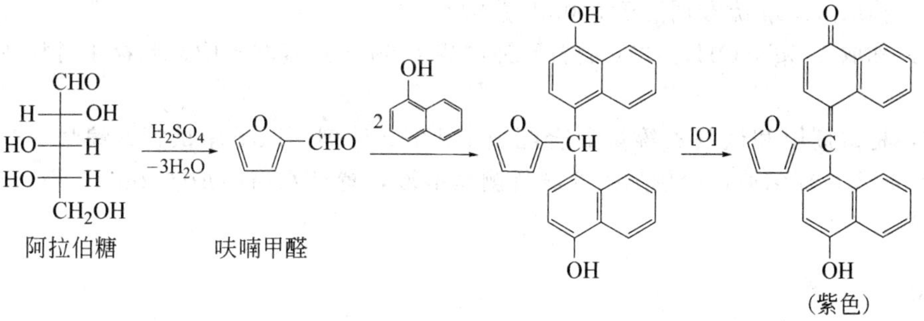

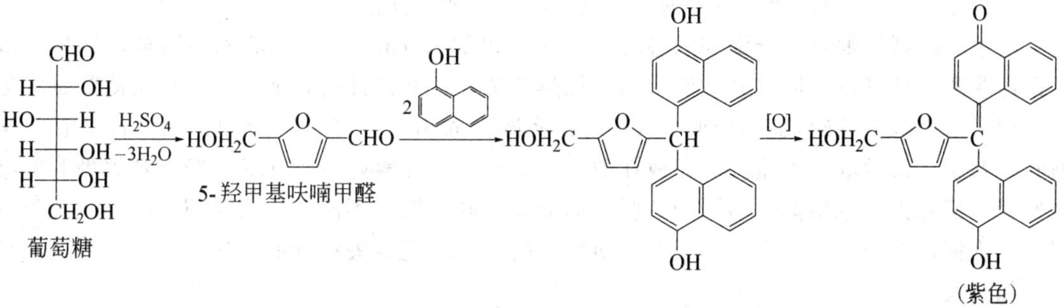

（2）土伦实验（Tollens 实验）

实验样品：葡萄糖，果糖，麦芽糖，蔗糖

在干净的试管中加入 1mL Tollens 试剂，再加入 0.5mL 5％糖溶液，在 50℃水浴中温热，观察有无银镜生成。实验原理见醛、酮的鉴定部分。

（3）Benedict 实验

实验样品：1％葡萄糖溶液；1％蔗糖溶液；1％淀粉溶液。

Benedict 试剂是 Fehling 试剂的改良。Benedict 试剂利用柠檬酸作为 Cu^{2+} 的络合剂，其碱性较 Fehling 试剂弱，灵敏度高，干扰因素少。

Benedict 试剂的配制：将 170g 柠檬酸钠和 100g 无水碳酸钠溶于 800mL 水中，另将 17g 硫酸铜溶于 100mL 热水中。将硫酸铜溶液缓缓倾入柠檬酸钠-碳酸钠溶液中，边加边搅，最后定容至 1000mL，该试剂可长期使用。

取干净试管，编号，分别加入 2mL Benedict 试剂和 3 滴待测糖溶液，沸水浴中加热 5min，取出后冷却，观察各管中的颜色变化。

相关反应：　　　　$R-CHO+Cu^{2+}+H_2O \longrightarrow RCOOH+Cu_2O\downarrow$

（4）菲林实验（Fehling 实验）

实验样品：1％葡萄糖溶液；1％蔗糖溶液；1％淀粉溶液。

Fehling 试剂是含有硫酸铜和酒石酸钾钠的氢氧化钠溶液。硫酸铜与碱溶液混合加热，则生成黑色的氧化铜沉淀。若同时有还原糖存在，则产生黄色或砖红色的氧化亚铜沉淀。为防止铜离子和碱反应生成氢氧化铜或碱性碳酸铜沉淀，Fehling 试剂中加入酒石酸钾钠，它与 Cu^{2+} 形成的酒石酸钾钠络合铜离子是可溶性的络离子，该反应是可逆的。平衡后溶液内保持一定浓度的氢氧化铜。Fehling 试剂是一种弱的氧化剂，它不与酮和芳香醛发生反应。

试剂甲：称取 34.5g 硫酸铜溶于 500mL 蒸馏水中。

试剂乙：称取 125gNaOH、137g 酒石酸钾钠溶于 500mL 蒸馏水中，贮存于带橡皮塞的玻璃瓶中。

临用前，将试剂甲和试剂乙等量混合配成 Fehling 试剂。取干净试管，编号，各加入 Fehling 试剂 1mL。摇匀后，分别加入 3 滴待测糖溶液，置沸水浴中加热 3min，取出冷却，观察沉淀和颜色变化。

(5) 成脎实验

实验样品：1％葡萄糖、麦芽糖、乳糖、阿拉伯糖、蔗糖

取干净的试管编号，分别加入各样品溶液，再加入 1mL 新配制的苯肼试剂，摇匀，取少量棉花塞住试管口，同时放入沸水浴中加热煮沸，并开始计时，随时将出现沉淀的试管取出，记录出现沉淀的时间。加热 20min 后，将试管取出，让其自行冷却，比较各试管产生糖脎的顺序。最后取出少量沉淀，放在载玻片上用盖玻片盖好后，在显微镜下观察糖脎的结晶形状。糖脎为黄色结晶，不同糖的脎结晶形状不同，熔点不同，生成时间不同，因此可以用于鉴别糖，这个反应，在早年费歇尔研究糖的构型时起着关键性的作用。

相关反应：

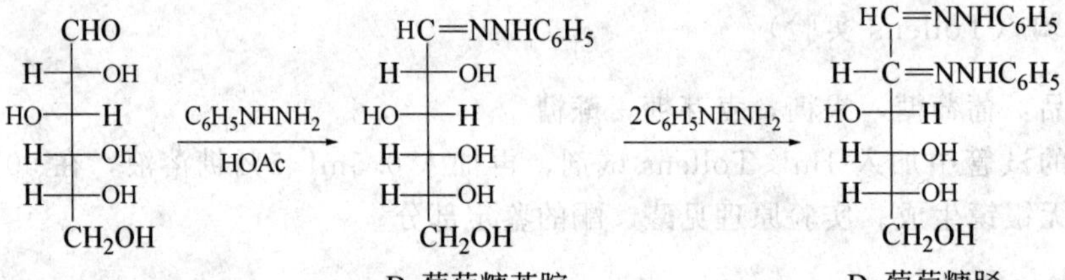

D- 葡萄糖苯腙　　　　　　D- 葡萄糖脎

9.2.10　氨基酸、多肽和蛋白质的鉴别

(1) 茚三酮显色实验

实验样品：甘氨酸、丙氨酸、谷胱氨酸、酪蛋白

取一张小滤纸片，滴加 1 滴 0.5％样品溶液，吹干后加 1 滴 0.1％茚三酮乙醇溶液，再加热吹干，观察、记录并解释实验现象。

取干净试管编号，分别滴加 3 滴 0.5％样品溶液，再各加 2 滴 0.1％茚三酮乙醇溶液，混合均匀后，放在沸水中加热 2min。观察、记录并解释实验现象。

相关反应：

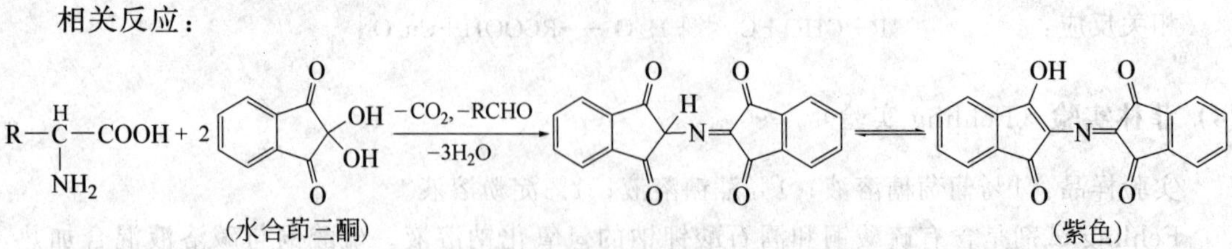

（水合茚三酮）　　　　　　　　　　　　　　　　　（紫色）

(2) 双缩脲实验

实验样品：尿素，氢氧化钠，硫酸铜

尿素加热至 180℃左右，生成双缩脲并放出一分子氨。双缩脲在碱性环境中能与 Cu^{2+} 结合生成紫红色化合物，此反应称为双缩脲反应。蛋白质分子中有肽键，其结构与双缩脲相似，也能发生此反应。可用于蛋白质的定性或定量测定。

取少量尿素结晶，放在干燥试管中。用微火加热使尿素熔化。熔化的尿素开始硬化时，停止加热，尿素放出氨，形成双缩脲。冷后，加 10％氢氧化钠溶液约 1mL，振荡混匀，再加 1％硫酸铜溶液 1 滴，再振荡，观察出现的粉红颜色。要避免添加过量硫酸铜，否则，生成的蓝色氢氧化铜能掩盖粉红色。

取干净试管编号，分别滴加 3 滴 5％的样品溶液，再滴加 3 滴上述溶液，边加边摇动，观察、记录并解释实验现象。

紫红色络合物的结构：

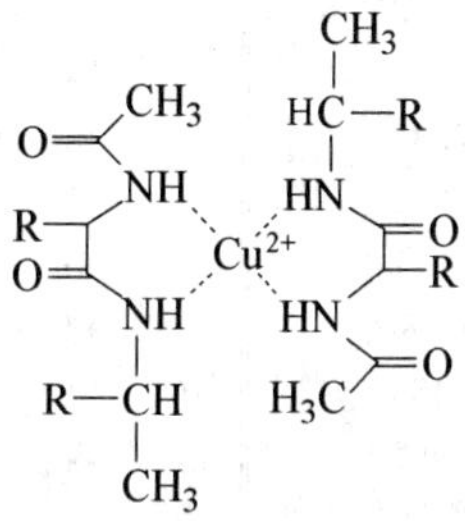

(3) 米伦反应（Millon 反应）

实验样品：氨基酸，蛋白质，浓硝酸，汞

Millon 试剂是含有微量亚硝酸的 $Hg(NO_3)_2$ 溶液。在 30mL 浓硝酸（$d=1.42$）中溶解 20g 汞（水浴加温可助溶），溶解后加入两倍体积的蒸馏水稀释，静置澄清后，取它上层的清液备用。这种试剂可长期保存使用。

取干净试管编号，分别滴加 3 滴 5％的样品溶液，再滴加 3 滴上述 Millon 试剂，边加边摇动，观察、记录并解释实验现象。

含有酚羟基的氨基酸、蛋白质与 Millon 试剂作用，生成砖红色沉淀。

附　　录

附录1　常用元素的元素符号及其相对原子质量表

元素名称	符号	相对原子质量	元素名称	符号	相对原子质量
银	Ag	107.87	锂	Li	6.941
铝	Al	26.982	镁	Mg	24.305
硼	B	10.811	锰	Mn	54.938
钡	Ba	137.33	钼	Mo	95.94
溴	Br	79.904	氮	N	14.007
碳	C	12.011	钠	Na	22.9898
钙	Ca	40.08	镍	Ni	58.69
氯	Cl	35.453	氧	O	15.999
铬	Cr	51.996	磷	P	30.974
铜	Cu	63.54	铅	Pb	207.2
氟	F	18.998	钯	Pd	106.42
铁	Fe	55.84	铂	Pt	195.08
氢	H	1.0079	硫	S	32.06
汞	Hg	200.5	硅	Si	28.085
碘	I	126.905	锡	Sn	118.6
钾	K	39.098	锌	Zn	65.38

附录2　常用洗涤剂的配制及使用

名　称	配制方法	适用范围	说　明
铬酸洗液	用5～10g重铬酸钾溶于少量热水中,冷却后缓慢加入100mL浓硫酸,搅拌,得红褐色洗液,冷后注入干燥试剂瓶中盖严备用。(可根据需要配制成不同的浓度)	有很强的氧化性,能浸洗去绝大多数污物	可反复使用,洗液呈墨绿色时,说明已失效(可加入固体高锰酸钾使其再生)。成本较高,有腐蚀性和毒性,使用时不要接触皮肤及衣物
碱性高锰酸钾洗液	将4g高锰酸钾溶于少量水中,向该溶液中慢慢加入10%的氢氧化钠溶液至100mL。洗液呈紫红色	有强碱性和氧化性,能浸洗去各种油污。与铬酸洗液相比,它腐蚀性小,毒性小,配制简单、安全。实验室中常用接近饱和的碱性高锰酸钾溶液清洗仪器	洗后若仪器壁上面有褐色二氧化锰,可用盐酸、稀硫酸或亚硫酸钠溶液洗去。可反复使用,直至碱性及紫色消失为止
硝酸-过氧化氢洗液	15%～20%硝酸和5%过氧化氢混合	浸洗特别顽固的化学污物	贮于棕色瓶中,现用现配,久存易分解
强碱洗液	浓NaOH溶液	黑色焦油,可用加热的浓碱液洗去	
稀硝酸		用以浸洗铜镜、银镜等	
稀盐酸		浸洗除去铁锈、二氧化锰、碳酸钙等	
稀硫酸		浸除铁锈、二氧化锰等	

附录 3　实验室常用制冷剂的组成及制冷温度

制冷剂	含量/%	低共熔温度/℃	制冷剂	含量/%	低共熔温度/℃
氯化钡	22.5	−7.8	硝酸钠	37	−18.5
氯化钙	29.8	−55	溴化钠	40.3	−28
氯化镁	21.6	−33.6	硫酸铵	38.3	−19.05
氯化铵	18.6	−15.8	氢氧化钠	19	−28
氯化钠	23.3	−21.13	氢氧化钾	31.5	−65

上表列出左栏中的无水物料在与冰组成的低共熔混合物中所占的百分数，低共熔温度是该物质和冰的混合物可以达到的最低温度。最常使用的是氯化钠和冰或氯化钙和冰的混合物作为冷却剂，它们分别可以提供−21.13℃和−55℃的最低温度。

附录 4　实验室常用的非水冷却浴

物质	温度/℃	物质	温度/℃
乙醇＋干冰	−72	液氨,沸点	−33.4
乙醚＋干冰	约−78	液氧,沸点	−183
氯仿＋干冰	−77	液氮,沸点	−196
二氧化硫,沸点	−10	液态空气,沸点	−192

附录 5　常用干燥剂的性能与应用范围

干燥剂	性质	与水作用产物	适用范围	备注
$CaCl_2$	中性	$CaCl_2 \cdot nH_2O$ $n = 1, 2, 4, 6$, （30℃以上失水）	烃、卤代烃、烯、醚、硝基化合物、中性气体、氯化氢，因形成络合物而不能干燥醇、酚、胺、酰胺及某些醛酮	作用快但效力不高，是良好的初步干燥剂，廉价，含有碱性杂质氢氧化钙
Na_2SO_4	中性	$Na_2SO_4 \cdot 10H_2O$ （30℃以上失水）	酯、醇、醛、酮、酸、腈、酚、酰胺、卤代烃、硝基化合物等以及能用氯化钙干燥的化合物	作用慢，性能弱，用于有机液体的初步干燥
$MgSO_4$	中性	$MgSO_4 \cdot nH_2O$ $n = 1, 2, 4, 5, 6, 7$ （48℃以上失水）	适用于各种化合物的干燥	作用快，效力较弱
$CaSO_4$	中性	$CaSO_4 \cdot 0.5H_2O$ 加热2~3h失水	烷、芳香烃、醚、醇、醛、酮	吸水量小、作用快，效力高，常与硫酸镁(钠)配合用于最后干燥
K_2CO_3	(弱)碱性	$K_2CO_3 \cdot 1.5H_2O$ $K_2CO_3 \cdot 2H_2O$	醇、酮、酯、胺、杂环等碱性化合物	作用快，效力较弱
H_2SO_4	(强)酸性	$H^+ OHSO_3^-$	脂肪烃、烷基卤化物	脱水效力高
KOH NaOH	(强)碱性	溶于水	胺、杂环等碱性化合物	快速有效
金属钠	(强)碱性	反应型	醚、三级胺、烃中痕量水分	效力高，需经初步干燥后才可用，干燥后需蒸馏
P_2O_5	酸性	反应型	醚、烃、卤代烃、腈中痕量水分、酸溶液、二硫化碳(干燥枪、保干器)	吸水效力高，干燥后需蒸馏
CaH_2	碱性	反应型	碱性、中性、弱酸性化合物	效力高，先经初步干燥后再用，干燥后需蒸馏
CaO BaO	碱性	反应型	低级醇类、胺	效力高，干燥后需蒸馏
分子筛	中性	物理吸附	各类有机化合物、不饱和烃(保干器)	快速高效

附录 6　气体钢瓶使用注意事项

在实验室可以使用气体钢瓶直接获得各种气体。

气体钢瓶是储存压缩气体的特制耐压钢瓶。使用时，通过减压阀（气压表）有控制地放出气体。由于钢瓶的内压很大（有的高达 15MPa），而且有些气体易燃或有毒，所以在使用钢瓶时要注意安全。使用钢瓶的注意事项：

① 钢瓶应存放在阴凉、干燥、远离热源处。可燃性气体钢瓶必须与氧气钢瓶分开存放。实验室中应尽量少放钢瓶。

② 绝不可使油或其他易燃性有机物沾在气体钢瓶上（特别是气门嘴和减压阀）。也不得用棉、麻等物堵漏，以防燃烧引起事故。

③ 使用钢瓶中的气体时，要用减压阀（气压表）。各种气体的气压表不得混用，以防爆炸。开启气门时应站在减压表的一侧，以防减压表脱出而被击伤。

④ 不可将钢瓶内的气体全部用完，一定要保留 0.05MPa 以上的残留压力（减压阀表压）。可燃性气体如乙炔应剩余 0.2～0.3MPa。

⑤ 为了避免各种气瓶混淆而用错气体，通常在气瓶外面涂以特定的颜色以便区别，并在瓶上写明瓶内气体的名称。

除盛毒气的钢瓶外，钢瓶的工作压力一般都在 150kg·cm^{-2} 左右。按国家标准规定涂成各种颜色以示区别，如下表所示：

钢瓶内所装气体	钢瓶颜色	横条颜色	字体颜色	钢瓶内所装气体	钢瓶颜色	横条颜色	字体颜色
氮气	黑	棕	黄	二氧化碳	黑		黄
氢气	深绿	红	红	氨气	黄		黑
氯气	草绿	白	白	其他一切可燃气体	红		
压缩空气	黑		白	其他一切不可燃气体	黑		
氧气	天蓝		黑				

附录 7　常用有机化合物的物理常数

名　称	分子量 M	熔点 m.p./℃	沸点 b.p./℃	d_4^{20}	n_D^{20}	溶解度		
						水	醇	醚
环戊烷	70.13	−93.88	49.26	0.7457	1.4065	i	∞	∞
戊烷	72	−129.8	36.07	0.6262	1.3547	0.036	∞	∞
环己烷	84.16	6.47	80.74	0.7786	1.4266	i	∞	∞
正己烷	86.18	−95	68.95	0.6603	1.3751	i	50^{33}	s
环己烯	82.14	−103.5	82.98	0.8109	1.4465	si	∞	∞
间二甲苯	106.17	−47.87	139.1	0.8642	1.4972	i	∞	∞
1,3,5-三甲苯	120.19	−66.5	215.9	0.8631	1.4969	i	∞	∞
对硝基甲苯	137.14	52	237.7	1.286	1.5382	i	vs	vs
间二硝基苯	168.11	90.62	301	1.571		0.3	3.3	s
蒽	178.24	216.1	339.9	1.25			s	s
一氯甲烷	50.49	−97.73	−27.2	0.9159	1.3398	280^{10}	510^{20}	
1-氯丁烷	92.57	−123.1	78.44	0.8862	1.4021	0.07^{15}	∞	∞
2-氯丁烷	92.57	−131.3	68.5	0.8732	1.3971		∞	∞
叔丁基氯	92.57	−25.4	50.7	0.8420	1.3857	i	vs	vs
溴甲烷	94.00	−95.3	3.56	1.6755	1.4218	si	s	s

续表

名　称	分子量 M	熔点 m. p. /℃	沸点 b. p. /℃	d_4^{20}	n_D^{20}	溶解度		
						水	醇	醚
溴乙烷	108.97	−118.6	38.4	1.4604	1.4239	1.06[0]	∞	∞
1-溴丁烷	137.03	−112.4	101.6	1.2758	1.4401	0.06[25]	∞	∞
仲丁基溴	137.03	−111.9	91.9	1.2585	1.4366	i		∞
异丁基溴	137.03	−117.4	91.4	1.2640	1.4360	0.06[18]	∞	∞
叔丁基溴	137.03	−16.2	73.25	1.2209	1.4278	0.06[13]	∞	∞
溴苯	157.02	−30.82	156	1.4885	1.5601	i	vs	vs
碘甲烷	141.95	−66.1	42.5	2.28	1.5308	si	vs	vs
碘乙烷	155.97	−108	72.3	1.9358	1.5133			
三碘甲烷	393.73	119	218	4.188		si	si	si
仲丁醇	74.12	−104.7	98.5	0.8063	1.3978	12.5[10]	∞	∞
异丁醇	74.12	−108	108.2	0.802	1.3968	10[15]	∞	∞
异戊醇	88.15	−117.2	131.2	0.8012	1.4072	2[14]	∞	∞
叔戊醇	88.15	−8.4	102	0.8095	1.4052	s	∞	∞
环己醇	100.16	25.15	161.1	0.9655	1.4641	3.6[20]	s	s
苯甲醇	108.13	−15.3	205.5	1.0454	1.5396	si	vs	vs
甘油	92.09	18.2	290	1.2613	1.4746	∞	∞	si
二甘醇	106.12	−6.5	245	1.11	1.4475	∞	∞	∞
2-甲基-2-己醇	116.20		141～142	0.8119	1.4175			
三甘醇	150.17	−4.0	285	1.1274	1.4578	∞	∞	
月桂醇	186.33	24	259	0.8201	1.428	i	s	s
三苯甲醇	260.33	164.2	380	1.199		i	s	s
苯酚	94.11	43	181.75	1.0576	1.5509	8.2[15]	s	vs
间苯二酚	110.11	109～110	280	1.272		vs	vs	vs
对苯二酚	110.11	170～171	287	1.33		s	vs	vs
邻硝基苯酚	139.11	45～46	216	1.2942[40]	1.5723	0.2	s	s
对硝基苯酚	139.11	113～114	279	1.479[30]		1.6	vs	vs
β-萘酚	144.19	121～123	295	1.28		si	vs	vs
对叔丁基苯酚	150.21	101	239.5	0.908	1.4787	si	s	s
2,4-二硝基苯酚	184.11	1.683[24]	116	1.7		i	i	i
苦味酸	229.11	122.5		1.767		vs	s	vs
环氧乙烷	44.05	−111	10.7	0.8824	1.3597	s	s	s
呋喃	68.08	−85.65	31.36	0.9514	1.4214	i	vs	vs
二甘醇单甲醚	120	−76	194	1.02		∞		
苯乙醚	122	−29.5	1	70.60	0.9666	i	s	s
二甘醇二乙醚	162.22	−44.3	188.4	0.9082	1.4115	∞		
二苯醚	170.14	26.84	257.9	1.0148	1.5787	si	s	s
β-萘乙醚	172.22	37.5	282	1.0640	1.5932			
2,4-二硝基苯甲醚	198.14	88	207～208	1.341		i	s	s
石油醚			30～60	0.625				
			60～90	0.660				
甲醛	30.03	−92	−19.4	0.815		s	s	∞
乙醛	44.05	−123	20.4	0.7780	1.3311	∞	∞	∞
正丁醛	72.12	−99	75.7	0.8170	1.3843	4	∞	∞
苯甲醛	106.13	−26	179.1	1.0415	1.5463	0.3	∞	∞
对硝基苯甲醛	151.12	106～107		1.496		si	s	si
环戊酮	84.12	−51.3	130.65	0.9487	1.4366	i	s	∞
3-戊酮	98.15	−16.4	155.65	0.9478	1.4507	s	s	s
环己酮	98.15	−16.4	155.65	0.9487	1.4507	s	s	s
苯乙酮	120.16	20.5	202.0	1.0281	1.5371	i		s
二苯甲酮	182.21	48.5	305.4	1.0869	1.5975[45]	i	s	s

续表

名 称	分子量 M	熔点 m. p. /℃	沸点 b. p. /℃	d_4^{20}	n_D^{20}	溶解度 水	醇	醚
正丁酸	88.12	−4.26	163.5	0.9582	1.3980	∞	∞	∞
乙二酸	90.04	189		1.653	1.540	vs	vs	vs
乳酸	90.08	16.8	122	1.249		∞	∞	∞
一氯乙酸	94.5	62.8	189	1.4013	1.4351	vs	s	s
正己酸	116.14	−7.5	223	0.9181	1.4221	i	∞	∞
氯磺酸	116.52	−80	151	1.787	1.43714			
苯甲酸	122.12	122	249.2	1.2659		0.21[17]	46.6[18]	60[13]
二氯乙酸	128.94	13.5	194	1.5634	1.4658	∞		∞
水杨酸	138.12	159	211	1.443	1.565	0.16[4]	49.6[15]	50.5[15]
己二酸	146.14	153	337.5	1.360		1.4[18]	s	si
肉桂酸	148.16	133	300	1.2475		si	s	vs
酒石酸	150.09	206	分解	1.697	1.3843	139[20]	25[15]	0.4[15]
氢化肉桂酸	150.18	47~48	280			vs	vs	vs
三氯乙酸	163.39	57.5	197.5	1.6298	1.4603	120[15]	s	s
间硝基苯甲酸	167.12	142		1.610		0.02[15]	0.9[10]	2.2[16]
对硝基苯甲酸	167.12	242.3		1.58		si	s	s
间甲基苯甲酸	136.2	111~113	263	1.494		si	s	s
对硝基肉桂酸	179.18	286					s	s
苯磺酸	158.2	43	137			vs	vs	i
乙酰氯	78.5	−112	51.8	1.1051	1.3897	∞	∞	∞
顺丁烯二酸酐	98.06	52.8	202	1.48		16.3[30]	i	si
醋酸酐	102.09	−73.1	138.6	1.082	1.3903			
邻苯二甲酸酐	148.11	131.6	259.1	1.527		si	s	si
己二酰氯	183.03	125~128	126	0.963	1.4263		∞	∞
乙酸乙酯	88.12	−83.57	77.1	0.9003	1.3723	8.5[15]	∞	∞
乙酸丁酯	116.16	−77.9	126.5	0.8825	1.3941			
乙酰乙酸乙酯	130.14	−45	180.4	1.0282	1.4191	13[17]	∞	∞
乙酸异戊酯	130.15	−78.5	142	0.876	1.4003	i	∞	∞
苯甲酸乙酯	150.18	−34.6	213	1.0282	1.5007	i	s	∞
丙二酸二乙酯	160.17	−49	198~199	1.055	1.4143	si	s	s
氨	17.03	−77.75	−33.42		1.325			
二甲胺	45.09	−93	7.4	0.6804	1.350	s	s	s
乙酰胺	59.07	82.3	221.2	1.1590	1.4278	s	vs	i
乙二胺	60.10	8.5	117.3	0.898	1.4568	vs	vs	si
盐酸羟胺	69.49	151		1.67		s	s	i
二乙胺	73.14	−50	55.5	0.7074	1.3864	s	s	s
醋酸铵	77.08	114		1.17				
苯胺	93.13	−6.3	184.13	1.0217	1.5863	3.6[18]	∞	∞
三乙胺	110.19	−115	89	0.7255	1.4003	∞	∞	∞
己二胺	116.21	285~295		1.331		vs	s	s
α-苯乙胺	121.18	0.9395	80.81					
N,N-二甲苯胺	121.18	2.45	194.15	0.9557		si	∞	∞
喹啉	129.15	−15	273.3	1.090	1.6268	0.6	∞	∞
乙酰苯胺	135.17	114~116	305	1.2105		0.462	vs	vs
二苯胺	169.23	52.8	302	1.16		i	50[15]	s
N-溴代丁二酰亚胺	177.98	173-175	182 分解	2.097				
过氧化苯甲酰	242.23	103~106		1.33		i	si	s

注：(1) 相对密度，如未特别说明，一般表示为 d_4^{20}，即表示物质在20℃时相对与4℃水的密度；(2) 折射率，如未特别说明，一般表示为 n_D^{20}，即以钠灯为光源、20℃时所测的 n 值；(3) 溶解度，i：不溶；si：略溶；s：可溶；vs：易溶；∞：混溶（任意比例相溶）；8.5[15]：即在15℃下，每100份相应溶剂中溶解8.5份该物质。

附录 8 二元共沸混合物

组分(沸点)		共沸点/℃	共沸物组成(质量百分数)	
A(沸点/℃)	B(沸点/℃)		A/%	B/%
水(100)	苯(80.2)	69.3	8.9	91.9
水(100)	甲苯(110.8)	84.1	19.6	80.4
水(100)	氯仿(61.1)	56.1	2.5	97.5
水(100)	乙醇(78.4)	78.1	4.5	95.5
水(100)	正丁醇(117.8)	92.4	38	62
水(100)	异丁醇(108.0)	90.0	33.2	66.8
水(100)	仲丁醇(99.5)	88.5	32.1	67.9
水(100)	叔丁醇(82.8)	79.9	11.7	88.3
水(100)	烯丙醇(97.0)	88.2	27.1	72.9
水(100)	苄醇(205.2)	99.9	91	9
水(100)	乙醚(34.5)	34.2	1.3	98.7
水(100)	二氧六环(101.3)	87	20	80
水(100)	四氯化碳(76.8)	66	4.1	95.9
水(100)	丁醛(75.7)	68	6	94
水(100)	三聚乙醛(115)	91.4	30	70
水(100)	甲酸(100.8)	107.3(最高)	22.5	77.5
水(100)	乙酸乙酯(77.1)	70.4	6.1	93.9
水(100)	苯甲酸乙酯(212.4)	99.4	84.0	16.0
乙醇(78.3)	苯(80.2)	68.2	32.4	67.6
乙醇(78.3)	氯仿(61.1)	59.4	7	93
乙醇(78.3)	四氯化碳(76.8)	65.1	15.8	84.2
乙醇(78.3)	乙酸乙酯(77.1)	71.8	30.8	69.2
甲醇(64.7)	四氯化碳(76.8)	55.7	20.6	79.4
甲醇(64.7)	苯(80.2)	58.3	39.6	60.4
乙酸乙酯(77.1)	四氯化碳(76.8)	74.8	43	57
乙酸乙酯(77.1)	二硫化碳(46.3)	46.1	7.3	92.7
丙酮(56.5)	二硫化碳(46.3)	39.2	34	66
丙酮(56.5)	氯仿(61.1)	65.5	20	80
丙酮(56.5)	异丙醚(69)	54.2	61	39
己烷(69)	苯(80.2)	68.8	95	5
己烷(69)	氯仿(61.1)	60.0	28	72
环己烷(80.8)	苯(80.2)	77.8	45	55

附录 9 三元共沸混合物

组分(沸点)			共沸物组成(质量百分数)			共沸点/℃
A(沸点/℃)	B(沸点/℃)	C(沸点/℃)	A/%	B/%	C/%	
水(100)	甲醇(64.7)	氯仿(61.1)	4.0	15.0	81.0	52.6
水(100)	乙醇(78.3)	乙酸乙酯(77.1)	7.8	9.0	83.2	70.3
水(100)	乙醇(78.3)	四氯化碳(76.8)	4.3	9.7	86.0	61.8
水(100)	乙醇(78.3)	苯(80.2)	7.4	18.5	74.1	64.9
水(100)	乙醇(78.3)	环己烷(80.8)	7	17	76	62.1
水(100)	乙醇(78.3)	氯仿(61.1)	3.5	4.0	92.5	55.5
水(100)	乙醇(78.3)	环己烯(82.9)	7.0	20.0	73.0	64.1
水(100)	乙醇(78.3)	正丁醛(75.7)	9.0	11.0	80.0	67.2
水(100)	异丙醇(82.5)	苯(80.2)	7.5	18.7	73.8	66.5
水(100)	正丁醇(117.8)	乙酸乙酯(77.1)	29	8	63	90.7
水(100)	正丁醇(117.8)	正丁醚(141.9)	29.3	42.9	27.7	91
水(100)	异戊醇(131.4)	乙酸异戊酯(142.0)	44.8	31.2	24.0	93.6
水(100)	二硫化碳(46.3)	丙酮(56.4)	0.81	75.21	23.98	38.04

附录 10　常用有机溶剂中英文对照及性质表

溶　剂	熔点/℃	沸点/℃	折射率 n_D^{20}	相对密度 d_4^{20}	在水中的溶解度 /(g/100mL)
烃					
正戊烷(易燃) n-Pentane	−130	36	1.3580	0.626	0.036
正己烷(易燃) n-Hexane	−100	69	1.3748	0.659	不溶
环己烷(易燃) Cyclohexane	6.5	81	1.4255	0.779	不溶
正庚烷(易燃) n-Heptane	−91	98	1.3370	0.684	不溶
甲基环己烷(易燃) Methylcyclohexane	−126	101	1.4222	0.77	不溶
苯(易燃、毒) Benzene	5.5	80	1.5007	0.879	0.5
甲苯(易燃) Toluene	−93	111	1.4963	0.865	不溶
邻二甲苯(易燃) o-Xylene	−24	144	1.5048	0.897	不溶
乙苯(易燃) Ethylbenzene	−95	136	1.4952	0.867	不溶
对二甲苯(易燃) p-Xylene	12	138	1.4954	0.866	不溶
醚					
乙醚(易燃) Diethylether	−116	35	1.3503	0.715	7
四氢呋喃(易燃) Tetrahydronfuran(THF)	−103	66	1.4070	0.887	混溶
乙二醇二甲醚 Dimethoxyethane(glyme,DME)	−69	85	1.3790	0.867	混溶
二氧六环 Dioxane	12	101	1.4203	1.034	混溶
二正丁醚(易燃) Dibuthyl ether	−98	142	1.3988	0.764	不溶
苯甲醚(易燃) Anisole	−31	154	1.5160	0.995	不溶
二缩乙二醇二甲醚 Diglyme	−64	162	1.4073	0.937	混溶
卤代烃					
二氯甲烷 Dichloromethane	−97	40	1.4240	1.325	2
氯仿(毒) Chloroform	−63	61	1.4453	1.492	0.5
四氯化碳(毒) Carbon Tetrachloride	−23	77	1.4595	1.594	0.025
1,2-二氯乙烷 1,2-Dichloroethane	−35	83	1.4438	1.256	0.9
氯苯 Chlorobenzene	−46	132	1.5236	1.106	不溶
邻二氯苯 1,2-Dichlorobenzene	−17	178	1.5501	1.305	不溶

续表

溶　剂	熔点/℃	沸点/℃	折射率 n_D^{20}	相对密度 d_4^{20}	在水中的溶解度 /(g/100mL)
醇					
甲醇 Methanol	−98	65	1.3280	0.791	混溶
乙醇(95%) Ethanol	−	78.2	−	0.816	混溶
无水乙醇 Ethanol	−130	78.5	1.361	0.798	混溶
异丙醇 i-Propanol	−90	82	1.3770	0.785	混溶
正丙醇 n-Propanol	−127	97	1.3840	0.804	混溶
叔丁醇 t-Butanol	25	83	1.3860	0.786	混溶
正丁醇 n-Butanol	−90	118	1.3985	0.810	9.1
2-甲氧基乙醇(毒) 2-Methoxyethanol	−85	124	1.4020	0.965	混溶
2-乙氧基乙醇 2-Ethoxyethanol	−90	135	1.4068	0.930	混溶
乙二醇(毒) Ethylene glycol	−13	198	1.4310	1.113	混溶
非质子极性溶剂					
丙酮(易燃) Acetone	−94	56	1.3584	0.791	混溶
乙腈(易燃、毒) Acetonitrile	−48	81	1.3440	0.783	混溶
硝基甲烷 Nitromethane	−29	101	1.3820	1.137	9.1
二甲基甲酰胺 Dimethylformamide(DMF)	−61	153	1.4305	0.944	混溶
二甲亚砜 Dimethyl sulfoxide(DMSO)	18	189	1.4780	1.101	混溶
甲酰胺 Formamide	2	210	1.4440	1.134	混溶
六甲基磷酰三胺 Hexamethylphosphoramide(HMPA,HMPT)	7	230	1.4579	1.030	混溶
N,N-二甲基乙酰胺 N,N-Dimethylactamide	−20	165	1.4375	0.937	混溶
环丁砜 Tetramethylene sulfone	27	285	1.4840	1.261	混溶
其他					
二硫化碳(易燃、毒) Carbon disulfide	−112	46	1.6270	1.266	0.3
乙酸乙酯(易燃) Ethyl acetate	−84	76	1.3720	0.902	10
丁酮(易燃) Methyl ethyl ketone	−86	80	1.3780	0.805	27.5
水 Water	0	100	1.330	1.000	−
甲酸 Formic acid	8.5	101	1.3721	1.220	混溶
吡啶 Pyridine	−42	115	1.5090	0.978	混溶
乙酸 Acetic acid	16	117	1.3720	1.049	混溶
硝基苯(毒) Nitrobenzene	5	210	1.5513	1.204	0.2

附录11　有机化学文献和手册中常见的英文缩写

缩写	英文	中文	缩写	英文	中文
aa	aceticacid	醋酸	inflam	inflammable	易燃的
abs	absolute	绝对的	infus	infusible	不溶的
ac	acid	酸	lig	ligroin	石油醚
Ac	acetyl	乙酰基	liq	liquid	液体，液态的
ace	acetone	丙酮	m	melting	熔化
al	alcohol	醇（通常指乙醇）	$m-$	meta	间（位）
alk	alkali	碱	Me	methyl	甲基
Am	amyl[pentyl]	戊基	met	metallic	金属的
amor	amorphous	无定形的	min	mineral	矿石，无机的
anh	anhydrous	无水的	$n-$	normal chain	正、直连
aqu	aqueous	水的，含水的	n	refractive index	折射率
atm	atmosphere	大气，大气压	$o-$	ortho	邻（位）
b	boiling	沸腾	org	organic	有机的
Bu	butyl	丁基	os	organic solvents	有机溶剂
bz	benzene	苯	$p-$	para	对（位）
chl	chloroform	氯仿	peth	petroleum ether	石油醚
col	colorless	无色	Ph	phenyl	苯基
comp	compound	化合物	pr	propyl	丙基
con	concentrated	浓的	py	pyridine	吡啶
cr	crystals	结晶	rac	racemic	外消旋的
ctc	carbon tetrachloride	四氯化碳	s	soluble	可溶解的
cy	cyclohexane	环己烷	sl	slightly	轻微的
d	decomposes	分解	so	solid	固态
dil	diluted	稀释，稀的	sol	solution	溶液，溶解
diox	dioxane	二氧六环	solv	solvent	溶剂，有溶解力的
DMF	dimethyl formamide	二甲基甲酰胺	st	stable	稳定的
DMSO	dimethyl sulfoxide	二甲亚砜	sub	sublimes	升华
Et	ethyl	乙基	sulf	sulfuric acid	硫酸
eth	ether	醚，乙醚	sym	symmetrical	对称的
exp	explode	爆炸	$t-$	tertiary	第三的，叔
et. ac	ethyl acetate	乙酸乙酯	temp	temperature	温度
flr	fluorescent	荧光的	tet	tetrahedron	四面体
h	hot	热	THF	tetrahydrofuran	四氢呋喃
h	hour	小时	to	toluene	甲苯
hp	heptane	庚烷	v	very	非常
hx	hexane	己烷	vac	vacuum	真空
hyd	hydrate	水合的	w	water	水
i	insoluble	不溶的	wh	white	白（色）的
$i-$	iso-	异	wr	warm	温热的
in	inactive	不活泼的	xyl	xylene	二甲苯

附录 12　化学试剂纯度等级和适用范围

通用的化学试剂，共分为四个纯度。市售化学试剂在瓶子的标签上用不同的符号和颜色标明它的纯度等级。下表是试剂的纯度及其适用范围。

纯度等级	优级纯 （一级）	分析纯 （二级）	化学纯 （三级）	实验试剂 （四级）
英文代号	G. R. Guarantee Reagent	A. R. Analytical Reagent	C. P. Chemical Pure	L. R. Laboratory Reagent
瓶签颜色	绿色	红色	蓝色	棕黄色
适用范围	用作基准物质，主要用于精密的科学研究分析实验	用于一般科学研究和分析实验	用于要求较高的无机和有机化学实验，或要求不高的分析检验	用于一般的实验和要求不高的科学实验

另外，比较常见的化学试剂分级还有：

	生 化 试 剂
BC（Biochemical）	
BP（British Pharmacopoeia）	英国药典
BR（Biological Reagent）	生物试剂
BS（Biological Stain）	生物染色剂
EP（Extra Pure）	特纯
FCM（For Complexometry）	络合滴定用
FCP（For Chromatography Purpose）	层析用
FMP（For Microscopic Purpose）	显微镜用
FS（For Synthesis）	合成用
GC（Gas Chromatography）	气相色谱
HPLC（High Pressure Liquid Chromatography）	高压液相色谱
Ind（Indicator）	指示剂
OSA（Organic Analytical Standard）	有机分析标准
PA（Pro Analysis）	分析用
Pract（Practical Use）	实习用
PT（Primary Reagent）	基准试剂
Pur（Pure Purum）	纯
SP（Spectrum Pure）	光谱纯
Tech（Technical Grade）	工业用
TLC（Thin Layer Chromatography）	薄层色谱
UV（Ultra Violet Pure）	分光纯、光学纯、紫外分光光度纯

附录 13　常用有机溶剂的纯化

1. 乙醇

沸点 $78.5℃$，折射率 $n_D^{20} 1.3616$，相对密度 $d_4^{20} 0.7893$。

市售的无水乙醇一般只能达到 99.5% 的纯度，在许多反应中须用纯度更高的绝对乙醇，须自己制备。通常工业用 95.5% 的乙醇不能用直接蒸馏法制取无水乙醇，因为 95.5% 的乙醇和 4.5% 的水形成共沸物。要把水除去，第一步是加入氧化钙（生石灰）煮沸回流，使其中的水与氧化钙形成氢氧化钙，然后将无水乙醇蒸出，这样可得到的最高纯度为约 99.5%。

纯度更高的无水乙醇可用金属镁或金属钠进行处理。

（1）无水乙醇（含量 99.5%）的制备

在 500mL 圆底烧瓶中，放置 200mL 95%乙醇和 50g 生石灰，放置一周或在水浴上加热回流 2～3h，蒸馏得无水乙醇。

（2）绝对乙醇（含量 99.95%）的制备

① 用金属镁制取　在 250mL 圆底烧瓶中，放置 0.6g 干燥纯净的镁条和 10mL 99.5%的乙醇，装上冷凝回流管，并在其上端加一无水氯化钙干燥管。在沸水浴上或直接加热使其微沸，移去热源，立刻加入几粒碘（此时注意不要振荡），即在碘粒附近发生作用，最后可达到相当剧烈的程度。有时若作用太慢则需要加热，若加碘后作用仍不开始，可再加入数粒。一般地讲，乙醇与镁的作用是缓慢的，若所用乙醇含水量超过 0.5%，则作用尤其困难。待全部镁溶解生成醇镁后，再加入 100mL 99.5%的乙醇和几粒沸石，回流 1h 后蒸馏，产品储于带有磨口塞或橡皮塞的容器中。

② 用金属钠制取　装置和操作同上。在 250mL 圆底烧瓶中，放置 2g 金属钠和 100mL 纯度至少为 99%的乙醇，加入几粒沸石。加热回流 30min 后，加入邻苯二甲酸二乙酯。再回流 10min。取下冷凝管，改成蒸馏装置，按接收无水乙醇的要求进行蒸馏。

【注释】

（a）由于乙醇具有非常强的吸湿性，所以在操作时，动作要迅速，尽量减少转移次数以防止空气中的水分进入，同时所用仪器必须事先干燥好。

（b）一般用干燥剂干燥有机溶剂时，在蒸馏前应过滤除去。但氧化钙与乙醇中的水反应生成氢氧化钙，在加热时不分解，故可留在烧瓶中一起蒸馏。

（c）金属钠虽能与乙醇中的水作用，产生氢气和氢氧化钠，但所生成的氢氧化钠又与乙醇发生平衡反应，因此单独使用金属钠不能完全除去乙醇中的水，须加入过量的高沸点酯，如邻苯二甲酸二乙酯与生成的氢氧化钠作用，抑制上述反应，从而达到进一步脱水的目的。

2. 甲醇

沸点 64.96℃，折射率 $n_D^{20}1.3288$，相对密度 $d_4^{20}0.7914$。

市售的甲醇，系由合成而来，含水量在 0.5%～1%。由于甲醇不与水形成共沸物，可用高效分馏柱将少量水除去。精制甲醇含有 0.02%的丙酮和 0.1%的水，一般已可应用。要制得无水甲醇，可用镁再处理除水（与制备无水乙醇相同）。甲醇有毒，处理时应防止吸入其蒸气。

3. 乙醚

沸点 34.51℃，折射率 $n_D^{20}1.3526$，相对密度 $d_4^{20}0.71378$。

普通乙醚常含有 2%乙醇和 0.5%水，久藏的乙醚常含有少量过氧化物。制备无水乙醚时首先要检验有无过氧化物。

（1）过氧化物的检验和除去

在干净的试管中放入 2～3 滴浓硫酸，1mL 2%碘化钾溶液（若碘化钾溶液已被空气氧化，可用稀亚硫酸钠溶液滴到黄色消失）和 1～2 滴淀粉溶液，混合均匀后加入等体积的乙醚一起振荡，出现蓝色即表示有过氧化物存在。除去过氧化物可用新配制的硫酸亚铁稀溶液。将 100mL 乙醚和 20mL 新配制的硫酸亚铁溶液放在分液漏斗中剧烈摇动后分去水溶液，重复数次，至无过氧化物为止。

（2）醇和水的检验和除去

乙醚中放入少许高锰酸钾粉末和一粒氢氧化钠。放置后，氢氧化钠表面附有棕色树脂，即证明有醇存在。水的存在用无水硫酸铜检验。

(3) 绝对乙醚的制备

在 250mL 圆底烧瓶中，放置 100mL 除去过氧化物的普通乙醚和几粒沸石，装上冷凝管。冷凝管上端通过一带有侧槽的橡皮塞，插入盛有 10mL 浓硫酸的滴液漏斗。通入冷凝水，将浓硫酸慢慢滴入乙醚中，由于脱水作用所产生的热，乙醚会自行沸腾。加完后摇动反应物。

待乙醚停止沸腾后，拆下冷凝管，改成蒸馏装置。在收集乙醚的接收瓶支管上连一氯化钙干燥管，并用与干燥管连接的橡皮管把乙醚蒸气导入水槽。加入沸石后，用事先加热好的水浴加热蒸馏，注意蒸馏速率不可太快。当收集到约 70mL 乙醚且蒸馏速率显著变慢时，即可停止蒸馏。瓶内所剩残液，倒入指定的回收瓶中，切不可将水加入残液中。

将蒸馏收集的乙醚倒入干燥的锥形瓶中，加入 1g 钠屑或钠丝，然后用带有氯化钙干燥管的软木塞塞住，或在木塞中插入一末端拉成毛细管的玻璃管，这样既可防止潮气侵入，又可使产生的气体逸出。放置 24h 以上，使乙醚中残留的少量水和乙醇转化为氢氧化钠和乙醇钠。如不再有气泡逸出，同时钠的表面较好，即可储放备用。如放置后，金属钠表面已全部发生作用，需要重新压入少量钠丝，放置至无气泡发生。

【注释】

(a) 硫酸亚铁溶液的配制：在 110mL 水中加入 6mL 浓硫酸，然后加入 60g 硫酸亚铁。硫酸亚铁溶液久置后容易氧化变质，应使用前临时配制。

(b) 也可在 100mL 乙醚中加入 4～5g 无水氯化钙代替浓硫酸作干燥剂；并在下步操作中用五氧化二磷代替金属钠而制得合格的无水乙醚。

4. 四氢呋喃

沸点 67℃ (64.5℃)，折射率 n_D^{20} 1.4050，相对密度 d_4^{20} 0.8892。

四氢呋喃系具乙醚气味的无色透明液体，市售的四氢呋喃常含有少量水分及过氧化物，如要制得无水四氢呋喃，可用氢化铝锂在隔绝潮气下回流 (通常 1000mL 约需 2～4g 氢化铝锂) 除去其中的水和过氧化物，然后在常压下蒸馏，收集 66℃ 的馏分。精制后的液体应在氮气氛中保存，如需较久放置，应加 0.025% 2,6-二叔丁基-4-甲基苯酚作抗氧剂。

处理四氢呋喃时，应先用小量进行试验，以确定其中只有少量水和过氧化物，作用不致过于激烈时，方可进行纯化。四氢呋喃中的过氧化物可用酸化的碘化钾溶液来检验。如过氧化物较多，应另行处理为宜。

5. 1,4-二氧六环

沸点 101.5℃，熔点 12℃，折射率 n_D^{20} 1.4424，相对密度 d_4^{20} 1.0336。

1,4-二氧六环作用与水相似，能与水任意混合。普通二氧六环中常含有少量二乙醇缩醛与水，久贮的二氧六环还可能含有过氧化物 (鉴定和除去参阅乙醚)。二氧六环的纯化方法：一般加入 10% 质量的浓盐酸与之回流 3h，同时慢慢通入氮气，以除去生成的乙醛，冷至室温，加粒状氢氧化钾，直到不能再溶解为止。然后分去水层，用固体氢氧化钾干燥过夜，过滤，再加金属钠加热回流 8～12h，蒸馏，收集 110℃ 的馏分，压入钠丝密封保存。

6. 丙酮

沸点 56.2℃，折射率 n_D^{20} 1.3588，相对密度 d_4^{20} 0.7899。

普通丙酮中常含有少量的水、甲醇、乙醛等还原性杂质。其纯化方法有：

① 于 100mL 丙酮中加入 0.5g 高锰酸钾回流，以除去还原性杂质，若高锰酸钾紫色很快消失，再加入少量高锰酸钾继续回流，至紫色不褪为止。然后将丙酮蒸出，用无水碳酸钾

或无水硫酸钙干燥，过滤后蒸馏，收集 55～56.5℃的馏分。用此法纯化丙酮时，须注意丙酮中含还原性物质不能太多，否则会过多消耗高锰酸钾和丙酮，使处理时间增长。

② 将 100mL 丙酮装入分液漏斗中，先加入 4mL 10%硝酸银溶液，再加入 3.6mL 1mol/L 氢氧化钠溶液，振摇 10min，除去还原性杂质，分出丙酮层，再加入无水硫酸钾或无水硫酸钙进行干燥。最后蒸馏收集 55～56.5℃馏分。此法比方法①要快，但硝酸银较贵，只宜做小量纯化用。

7. 苯

沸点 80.1℃，折射率 $n_D^{20} 1.5011$，相对密度 $d_4^{20} 0.87865$。

普通苯常含有少量水和噻吩，噻吩沸点 84℃，与苯接近，不能用蒸馏的方法除去。为制得无水无噻吩苯，可采用下列方法。

噻吩的检验：取 1mL 苯加入 2mL 溶有 2mg 吲哚醌的浓硫酸，振荡片刻，若酸层呈墨绿色或蓝色，即表示有噻吩存在。

噻吩和水的除去：将苯装入分液漏斗中，加入相当于苯体积七分之一的浓硫酸，振摇使噻吩磺化，弃去底层的酸液，再加入新的浓硫酸，重复操作直到酸层呈现无色或淡黄色，并检验无噻吩为止。将上述无噻吩的苯依次用水、10%碳酸钠溶液、水洗涤，用氯化钙干燥，蒸馏，收集 80℃的馏分。若要高度干燥可加入钠丝进一步去水。由石油加工得来的苯一般可省去除噻吩的步骤。

8. 二氯甲烷

沸点 40℃，折射率 $n_D^{20} 1.4242$，相对密度 $d_4^{20} 1.3255$。

二氯甲烷为无色挥发性液体，蒸气不燃烧，与空气混合也不发生爆炸，微溶于水，能与醇、醚混合。它可以代替醚、氯仿做萃取溶剂用。

二氯甲烷纯化可用浓硫酸振荡数次，至酸层无色为止。水洗后，用 5%的碳酸钠溶液洗涤，再用水洗涤，然后用无水氯化钙干燥，蒸馏收集 40～41℃的馏分。二氯甲烷不能用金属钠干燥，因会发生爆炸。同时注意不要在空气中久置，为免氧化应保存在棕色瓶中。

9. 氯仿

沸点 61.7℃，折射率 $n_D^{20} 1.4459$，相对密度 $d_4^{20} 1.4832$。

市场上供应的氯仿含有 1%的乙醇，是为防止氯仿分解为剧毒的光气作为稳定剂加入的。为了除去乙醇，可以将氯仿用其一半体积的水振摇数次，然后分出下层氯仿，用氯化钙干燥 24h，然后蒸馏。

另一种纯化方法是将氯仿与少量浓硫酸一起振荡两三次。每 1000mL 氯仿用 50mL 浓硫酸，分去酸层以后的氯仿用水洗涤，干燥，然后蒸馏。除去乙醇的无水氯仿应贮于棕色瓶中。避光存放，以免分解。

10. 1,2-二氯乙烷

沸点 83.7℃，折射率 $n_D^{20} 1.4448$，相对密度 $d_4^{20} 1.2531$。

1,2-二氯乙烷为无色油状液体，有芳香味，可与水形成恒沸物，沸点 72℃，其中含 81.5%的 1,2-二氯乙烷。1,2-二氯乙烷可与乙醇、乙醚、氯仿等相混溶。在结晶和提取时是非常有用的溶剂，比常用的含氯有机溶剂更为活泼。

一般纯化可依次用浓硫酸、水、稀 NaOH 溶液和水洗涤，用无水氯化钙干燥或加入五氧化二磷蒸馏即可。

11. 石油醚

石油醚为轻质石油产品，是低分子量烷烃类（主要是戊烷和己烷）的混合物。其沸程为

30~150℃，收集的温度区间一般为30℃左右。有30~60℃、60~90℃、90~120℃等沸程规格的石油醚。其中含有少量不饱和烃，沸点与烷烃相近，用蒸馏法无法分离，必要时可用浓硫酸和高锰酸钾把它除去。

石油醚的精制通常将石油醚用其体积十分之一的浓硫酸洗涤2~3次，再用10%的硫酸加入高锰酸钾配成的饱和溶液洗涤，直至水层中的紫色不再消失为止。然后再用水洗，经无水氯化钙干燥后蒸馏。若需绝对干燥的石油醚，可加入钠丝（与纯化"无水乙醚"相同）。

12. 乙酸乙酯

沸点77.06℃，折射率 n_D^{20} 1.3723，相对密度 d_4^{20} 0.9003。

市售的乙酸乙酯含量一般为95%~98%，含有少量水、乙醇和乙酸。可用下法纯化：

（1）于1000mL乙酸乙酯中加入100mL乙酸酐、10滴浓硫酸，加热回流4h，除去乙醇和水等杂质，然后进行分馏，收集76~77℃馏分。馏出液用20~30g无水碳酸钾振荡干燥后蒸馏，最后产物的沸点为77℃，纯度可达99.7%。

（2）将乙酸乙酯先用等体积的5%碳酸钠溶液洗涤，再用饱和氯化钙溶液洗涤，然后用无水碳酸钾干燥后蒸馏，收集77℃的馏分。

13. 二硫化碳

沸点46.25℃，折射率 n_D^{20} 1.6319，相对密度 d_4^{20} 1.2632。

二硫化碳为有毒化合物，能使血液和神经组织中毒。具有高度的挥发性和易燃性，因此，使用时应避免与其蒸气接触。

对二硫化碳纯度要求不高的实验，在二硫化碳中加入少量研碎的无水氯化钙干燥几小时，除去干燥剂后在水浴55~65℃下加热蒸馏，收集。如需要制备较纯的二硫化碳，在试剂级的二硫化碳中用0.5%高锰酸钾水溶液洗涤三次，除去硫化氢，再用汞不断振荡以除去硫，最后用2.5%硫酸汞溶液洗涤，除去所有的硫化氢（洗至没有恶臭为止），再经氯化钙干燥，蒸馏收集。

14. 吡啶

沸点115.5℃，折射率 n_D^{20} 1.5095，相对密度 d_4^{20} 0.9819。

分析纯的吡啶含有少量水分，可供一般实验用。如要制无水吡啶，可将吡啶与粒状氢氧化钾（钠）一同回流，然后隔绝潮气蒸出备用。干燥的吡啶吸水性很强，保存时应将容器口用石蜡封好。

15. 二甲亚砜

沸点189℃，熔点18.5℃，折射率 n_D^{20} 1.4783，相对密度 d_4^{20} 1.100。

二甲亚砜为无水、无臭、微带苦味的吸湿性液体。常压下加热至沸腾可部分分解。市售试剂级二甲亚砜含水量约为1%，通常先减压蒸馏。用4A型分子筛干燥，或用氢化钙粉末搅拌4~8h，再减压蒸馏收集76℃/1600Pa（12mmHg）馏分，放入分子筛备用。蒸馏时，温度不宜高于90℃，否则会发生歧化反应生成二甲砜和二甲硫醚，因而带臭味。二甲亚砜与某些物质混合时可能发生爆炸，例如氢化钠、高碘酸或高氯酸镁等，应予注意。

16. N,N-二甲基甲酰胺

沸点149~156℃，折射率 n_D^{20} 1.4305，相对密度 d_4^{20} 0.9487。

无色液体，与多数有机溶剂和水可任意混合，对有机和无机化合物的溶解性能较好。N,N-二甲基甲酰胺含有少量水分。常压蒸馏时有些分解，产生二甲胺和一氧化碳。在有酸

或碱存在时，分解加快。所以加入固体氢氧化钾（钠）在室温放置数小时后，即有部分分解。因此，最好用硫酸钙、硫酸镁、氧化钡、硅胶或分子筛干燥，然后减压蒸馏，收集 76℃/4800Pa（36mmHg）的馏分。其中如含水较多时，可加入其 1/10 体积的苯，在常压及 80℃ 以下蒸去水和苯，然后再用无水硫酸镁或氧化钡干燥，最后进行减压蒸馏。纯化后的 N,N-二甲基甲酰胺要避光贮存。N,N-二甲基甲酰胺中如有游离胺存在，可用 2,4 二硝基氟苯产生颜色来检查。

17. 冰醋酸

沸点 117.9℃，熔点 16～17℃，折射率 n_D^{20} 1.3716，相对密度 d_4^{20} 1.0492。

将市售乙酸在 4℃ 下慢慢结晶，并在冷却下迅速过滤，压干。少量的水可用五氧化二磷（10g·L^{-1}）回流干燥几小时除去。冰醋酸对皮肤有腐蚀作用，接触到皮肤或溅到眼睛里时，要用大量水冲洗。

附录 14　常见有机基团的 IR 特征吸收频率

化合物类型	官能团	吸收频率/cm^{-1}	强　度
饱和烃 （C—H）	—CH₃	2960,2870（伸缩）	强
		1460,1380（弯曲）	中
	—CH₂—	2960,2870（伸缩）	强
		1470（弯曲）	中
不饱和烃	＝CH₂	3100～3300（伸缩）	中
		1700～1100（弯曲）	强
	≡CH	3300（伸缩）	强
	C＝C	1680～1600	中～弱
	C≡C	2250～2100	中～弱
芳烃	＝C—H	3150～3050（伸缩）	强
		1000～700（面外弯曲）	强
	C＝C	1600～1400	中～弱
羰基化合物	醛基（C—H）	2820,2720	弱
	醛基（C＝O）	1740～1720	强
	酮（C＝O）	1725～1705	强
	羧酸（C＝O）	1725～1700	强
	酯（C＝O）	1750～1730	强
	酰胺（C＝O）	1700～1640	强
	酸酐（C＝O）	1810,1760	强
	C—O	1300～1000	强
醇、酚和羧酸类化合物	醇,酚（O—H）	3650～3600（游离）	中
		3400～3200（氢键）	中
	羧酸（O—H）	3300～2500	中
醚和酯	C—O	1300～1000	强
胺	伯胺（NH₂）	3500,3400	中
	仲胺（NH）	3350～3310	弱
氰基化合物	C≡N	2260～2240	强
硝基化合物	N＝O	1600～1500	极强
		1400～1300	
卤化物 （C—X）	C—F	1400～1000	极强
	C—Cl	800～600	强
	C—Br	600～500	强
	C—I	500	强

附录 15　各类氢原子的化学位移

质子的类型	化学位移 δ/ppm	质子的类型	化学位移 δ/ppm
RCH_3	0.9	ROH	1～5(温度、溶剂、浓度改变时影响很大)
R_2CH_2	1.3	RC$\underline{H_2}$OH	3.4～4
R_2CH	1.5	R—OCH_3	3.5～4
$\diagdown$C=CH_2	4.5～5.3	$\overset{O}{\underset{\parallel}{R-C-H}}$	9～10
—C≡CH	2～3		
CR_2=CHR	5.3	$R_2C\underline{H}COOH$	2
⬡—CH_3	2.3	$R_2CHCOO\underline{H}$	10～12
⬡—H	7.27	$\overset{O}{\underset{\parallel}{-C-O-CH_3}}$	3.7～4
RCH_2F	4	$\overset{=C}{\underset{H_3C}{\diagup}}C$=O	2～3
RCH_2Cl	3～4		
RCH_2Br	3.5	RNH_2	1～5(峰不尖锐,时常出现一个"馒头形"的峰)
RCH_2I	3.2		

参 考 文 献

[1] 封云芳. 合成化学实验 [M]. 杭州：浙江科学技术出版社，2002.

[2] 周科衍，吕俊民. 有机化学实验 [M]. 北京：高等教育出版社，1984.

[3] 吉卯祉，葛正华. 有机化学实验 [M]. 北京：科学出版社，2002.

[4] 王福来. 有机化学实验 [M]. 武汉：武汉大学出版社，2001.

[5] 范望喜. 有机化学实验 [M]. 武汉：华中师范大学出版社，2006.

[6] 刘军，周忠强. 有机化学实验 [M]. 武汉：武汉理工大学出版社，2009.

[7] 胡春. 有机化学实验 [M]. 北京：中国医药科技出版社，2007.

[8] 兰州大学、复旦大学化学系有机教研室编. 有机化学实验 [M]. 北京：高等教育出版社，1978.

[9] 曾昭琼. 有机化学实验 [M]. 第 3 版. 北京：高等教育出版社，2000.

[10] 李兆陇，阴金香，林天舒. 有机化学实验 [M]. 北京：清华大学出版社，2001.

[11] 王俊儒，马柏林，李炳奇. 有机化学实验 [M]. 北京：高等教育出版社，2007.

[12] 安哲，张枫. 有机化学实验 [M]. 北京：高等教育出版社，2005.

[13] 周志高，蒋鹏举. 有机化学实验 [M]. 北京：高等教育出版社，2005.

[14] 丁长江. 有机化学实验 [M]. 北京：科学出版社，2006.

[15] 关烨第，李翠娟，葛树丰修订. 有机化学实验 [M]. 北京：北京大学出版社，2002.

[16] 王清廉，沈凤嘉修订. 有机化学实验 [M]. 第 2 版. 北京：高等教育出版社，1994.

[17] 李妙葵，贾瑜，高翔，李志铭. 大学有机化学实验 [M]. 上海：复旦大学出版社，2006.

[18] 朱红军. 有机化学微型实验 [M]. 北京：化学工业出版社，2007.

[19] 谷珉珉，贾韵仪，姚子鹏. 有机化学实验 [M]. 上海：复旦大学出版社，1991.

[20] 王兴涌，尹文萱，高宏峰. 有机化学实验 [M]. 北京：科学出版社，2004.